中国通信学会普及与教育工作委员会推荐教材

21世纪高职高专电子信息类规划教材
21 Shiji Gaozhi Gaozhuan Dianzi Xinxilei Guihua Jiaocai

通信工程
制图与概预算

吴远华　主编

李玲　副主编

Electronic Information

人民邮电出版社

北　京

图书在版编目（CIP）数据

通信工程制图与概预算 / 吴远华主编． -- 北京：
人民邮电出版社，2014.9（2023.7重印）
21世纪高职高专电子信息类规划教材
ISBN 978-7-115-36211-7

Ⅰ．①通… Ⅱ．①吴… Ⅲ．①通信工程－工程制图－
高等职业教育－教材②通信工程－概算编制－高等职业教
育－教材③通信工程－预算编制－高等职业教育－教材
Ⅳ．①TN91

中国版本图书馆CIP数据核字(2014)第154050号

内 容 提 要

　　本书是国家示范性高职院校建设项目成果，是典型的项目式教学教材，是以项目任务为单位、以主流应用的专业项目为学习载体、按通信工程项目设计实施的顺序逐步组织教学；针对四个典型的真实生产任务承载"通信工程制图"和"工程概预算编制"两项核心技能，每个典型生产任务的项目实施都分为 6 个模块 (任务描述、任务分析、知识储备、任务实施、知识拓展、课后训练)进行讲解。所有典型生产任务的实施均以"项目导向、任务引领"为主要教学模式，重点突出高职教育注重动手能力培养的课程设计特点。

　　本书主要内容包括：架空线路工程制图与概预算，接入网络工程制图与概预算，通信管道工程制图与概预算，传输设备工程制图与概预算。

　　本书是高职院校光纤通信专业、通信网络与设备专业、通信技术（涉外工程方向）专业学生必修的核心课程教材，它将为学生实现零距离上岗提供项目化技能培养支持。

　　本书可以作为高职高专通信类专业的专业课教材，也可作为从事通信建设工程规划、设计、施工和监理的培训教材，特别适合初学者使用和参考。

◆ 主　　编　吴远华

　　副主编　李　玲

　　责任编辑　滑　玉

　　责任印制　彭志环　杨林杰

◆ 人民邮电出版社出版发行　　北京市丰台区成寿寺路 11 号

　　邮编　100164　电子邮件　315@ptpress.com.cn

　　网址　http://www.ptpress.com.cn

　　固安县铭成印刷有限公司印刷

◆ 开本：787×1092　1/16

　　印张：17　　　　　　　　　　2014 年 9 月第 1 版

　　字数：424 千字　　　　　　　2023 年 7 月河北第 16 次印刷

定价：45.00 元

读者服务热线：(010)81055256　印装质量热线：(010)81055316
反盗版热线：(010)81055315

前　言

　　快速发展的工业和信息化建设推动了通信建设市场规模的持续发展。在移动通信从 3G 网络平滑过渡到 4G 网络的今天，通信接入技术的宽带化、IP 化和无线化、智能化等发展趋势，对通信工程网络规划、工程设计、工程施工、维护和建设管理的从业人员提出了更高的业务要求和岗位胜任能力要求。

　　为适应通信运营企业工程设计、建设、维护、监理和工程财务人员等技能培养的需要，作者根据十几年的通信工程项目管理和教学经验，精心编写本书。本书打破了原来学科体系的框架，由知识演绎技术转变为由任务梳理能力，由能力归集知识，形成以"行动导向、项目教学"为特征的全新的职业教育模式。本书重点突出学生动手能力，遵循学生认知规律，并紧密结合企业职业岗位（群）的需要，将学科的内容按项目进行知识和技能的整合，在项目教学过程中体现"做中学"、"学中做"的教学理念。内容的选择本着够用、适用的原则，突出实际应用，注重培养学生的实际应用能力和拓展迁移能力。本书以项目任务为单位组织教学，以主流应用的专业项目为学习载体，按通信工程项目设计实施的顺序逐步展开。先提出学习目标，再根据项目任务描述进行任务分析，进而引出职业岗位的技能要求和所需知识，学生针对项目的各项任务进行相关知识学习，然后进行项目实施以实现学习目标，最后根据多元化的评价标准进行多元评价。让学生在技能训练过程中加深对专业知识、技能的理解和应用，培养学生的综合职业能力，满足学生的职业生涯发展的需要。

　　本书根据国家最新通信行业标准，对标通信企业工程设计职业岗位（群）任职要求，结合初学者的认知规律，选取了运营商近年来通信工程的典型建设案例，编制了四个典型项目的工程制图与概预算。项目一为架空线路工程制图与概预算；项目二为接入网工程制图与概预算；项目三为通信管道工程制图与概预算；项目四为传输设备工程制图与概预算。根据每个项目的独特性和专业性，提炼了认识图纸、绘图环境设置与图纸模板绘制、施工图绘制、手工方法编制概预算和软件方法编制概预算共 5 个典型学习任务单元来贯穿整个项目教学任务。通过典型项目的实训，具体介绍了工程制图的流程和制图方法，工程施工过程及施工工艺基础储备、工程概预算的编制程序、方法和流程。通过本书的学习，读者可以快速入门、掌握工程制图和概预算编制的技能。

　　本书由四川邮电职业技术学院吴远华任主编、李玲任副主编，由吴远华统编全稿。其中吴远华编写了项目一和项目二的学习单元 1～5，项目三的学习单元 5，项目四的学习单元 1、学习单元 4 和学习单元 5；李玲编写了项目三的学习单元 1～4；陈俊秀和周玉婷共同编写了项目四的学习单元 2 和学习单元 3；四川通信科研规划设计院高级工程师何杰、四川电信宜宾公司网络部总经理罗利华担任本书的主审。在本书的编写过程中，得到了四川通信科研规划设计院设计院、中国电信四川公司审计部、四川通信服务公司各相关设计单位的大力支持和帮助，在此一并表示感谢。

　　由于作者水平有限，书中难免会有疏漏和不妥之处，恳请广大读者批评指正。

编　者

目 录

架空线路工程制图与概预算

岗位目标

具备设计专业各类建设项目工程制图和概预算的相关知识，具备架空线路工程 CAD 制图和概预算编制能力，能够熟练运用 CAD 软件和概预算软件完成架空线路工程制图和概预算编制的生产任务。

能力目标

1. 具备架空线路工程图纸的正确识读能力。
2. 具备架空线路工程施工样板图绘制能力。
3. 具备架空线路工程概预算手工编制能力。
4. 具备架空线路工程概预算软件编制能力。

学习单元 1　认识架空线路工程图纸

知识目标

- 掌握通信工程图纸的制图规范。
- 领会架空线路工程图纸读图方法。

能力目标

- 能完成架空线路工程图例的识读。
- 能完成架空线路工程图纸的读图。

1.1.1　任务导入

任务描述：现有××架空光缆线路迁改工程施工图，如图 1-1 所示。建设单位要求设计单位在 1 周内完成该工程 CAD 制图及施工图预算编制。请完成以下学习型工作任务。

（1）通信工程制图规范是如何规定的？

（2）通信工程图纸的读图方法有哪些？

（3）完成指定项目工程图纸的读图任务。

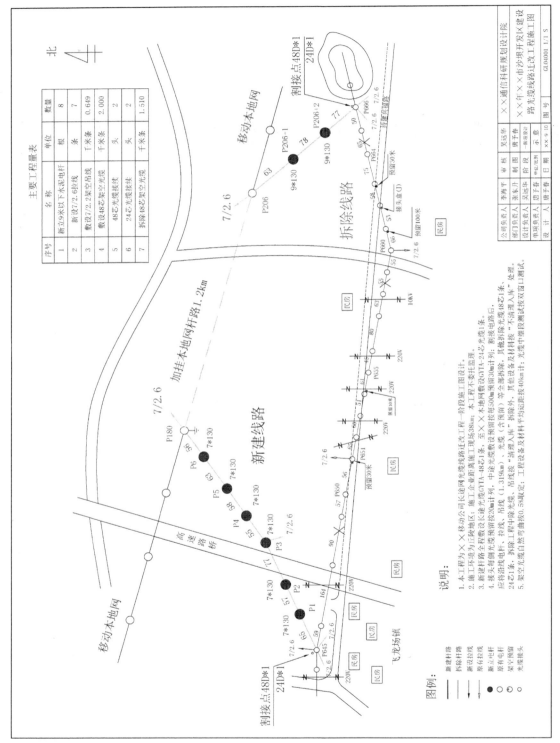

图 1-1 ×× 架空光缆线路迁改工程施工图

1.1.2 任务分析

要完成架空线路工程图纸的认识，读图前必须要进行一系列的知识准备。如什么是通信工程制图？什么是通信工程图纸？架空线路工程图纸的组成有哪些？通信工程制图规范是如何规定的？架空线路工程图纸的读图方法有哪些？

1.1.3 知识准备

一、通信工程制图基础

（一）什么是通信工程制图

通信工程制图就是将图形符号、文字符号按不同专业的要求画在一个平面上，使工程施工技术人员通过阅读图纸就能够了解工程规模、工程内容，统计出工程量及编制工程概预算。只有绘制出准确的通信工程图纸，才能对通信工程施工具备正确的指导性意义。

（二）什么是通信工程图纸

通信工程图纸是在对施工现场仔细勘察和认真收集资料的基础上，通过图形符号、文字符号、文字说明及标注来表达具体工程性质的一种图纸。它是通信工程设计的重要组成部分，是指导施工的主要依据。通信工程图纸里面包含了路由信息、设备配置安放信息、技术数据、主要说明等内容。

（三）架空线路工程图纸的组成及绘制要求

通信架空线路工程图纸一般由中继段杆路图、线路沿线路由主要参照物、工程图例、路由标注、工程说明、主要工程量表、图纸图签、图框、指北针等构成。如图1-2所示。

各组成部分的绘制要求如下。

（1）中继段杆路图：应标明中继段名称、AB站名、光缆敷设方式、接头编号、杆路杆号、杆线转角拉线、杆路间距等。

（2）路由主要参照物：应标明线路沿线所属乡镇村庄、道路名称；医院、学校、工厂等主要建筑物，河流、桥梁、森林、池塘、田地、丘陵、山地等地形地貌，输电线、其他运营商通信线路等"三线交越"信息。

（3）路由标注：应标明终端、中间预留情况；接头点位置、引上引下保护、敷设钢管型号及方式；短距离直埋及路由保护；跨路杆高、拉线及吊线程式；分歧点及其他线向，是否有其他类似线路平行敷设、与高压输电线交越处。

（4）主要工程量表：反映本工程的施工测量类工程量、杆路建筑类工程量、缆线敷设类工程量、工程接续与测试类工程量等，通过主要工程量表可以了解工程项目的投资规模大小情况。

（5）工程图例：应标明电杆的种类（木杆/水泥杆）、拉线的类别（新设/拆除）、线路的建设性质（新建杆路/原有杆路/拆除杆路）、中间预留点、接头点等信息。

（6）工程说明：一般是反映工程的概况（即对技术交底的内容给予必要说明）。如工程图纸的设计深度类别、施工地区类别、施工企业距离施工现场的距离、迁改工程迁改前后的线路情况、光缆测试的要求等。

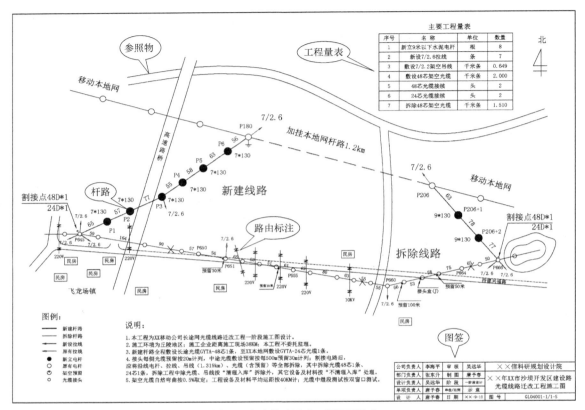

图 1-2　架空线路迁改工程图纸组成

（四）什么是通信工程制图标准

工程图纸是工程技术界的共同语言。一个工程项目在实施之前，设计者总是需要将建设方的建设意图和建设要求通过制图体现出来，如果制图的语言不规范，表达不符合要求，那么就很难达到技术交流和指导生产的目的。因此，工程制图就必须有一个统一的规定作为工程设计过程中的指导标准予以遵循，以确保图纸的绘制规格统一、画法一致、图面清晰，符合施工、存档和生产维护要求。

简言之，通信工程制图标准就是由国家相关权威部门颁布，是工程设计者在工程绘图设计过程中，必须遵循的制图规范和技术标准。

2007 年，中华人民共和国信息产业部修订并颁布了（通信管道与线路工程制图与图形符号（《YD/T 5015-2007》）行业标准。各通信运营企业在遵照相关国家标准和行业标准的前提下，为了提高设计效率、保证设计质量和适应通信工程建设的需要，结合企业实际编制了符合企业需求的工程制图标准。

1．通信工程制图的总体要求

（1）选取合适的图纸及表达手段，表述专业的性质、目的及内容。当多种手段可以达到目的时，应采用简单的表达方式。当多种画法均可表达目的时，图纸宜简不宜繁。

（2）图面应布局合理，排列均匀，轮廓清晰和便于识别。如系统图中电路或装置应按工作顺序排列，便于识别信息流向。

（3）选用合适的图线宽度，避免图中的线条过粗、过细。在通信线路工程中，一般习惯于将粗线条线宽按 0.6mm 设置，细线条按 0.25mm 设置。

（4）正确使用国标和行标的图形符号。派生新的符号时，应符合国标符号的派生规律，并应在合适的地方加以说明，如图例中适当位置。

（5）在保证图面布局紧凑和使用方便的前提下，应选择合适的图纸幅面，使原图大小适中、合理。

（6）应准确地按规定标注各种必要的技术数据和注释，并按规定进行书写或打印。

（7）工程图纸应按规定设置图签，并按规定的责任范围签字，一般不得用计算机打印代替签名。

（8）各种图纸应按规定顺序编号。编号的顺序应按图纸的主次关系，有系统的排列。

（9）线路工程图纸一般应从左到右的顺序制图，并在图纸的右上方位置设置方位标志"北"。指北的方向一般应向上或向左，不提倡向右，严禁向下。

（10）线路工程图纸的分段不得按主观想法随意分段，一般应按工程"起点至终点，分歧点至终点"的原则进行划分。

2．通信工程制图的统一规定

（1）图纸幅面、图框及图签的格式要求

在绘制工程图样时，图纸幅面的规格及图签格式，必须符合国家标准 GB 6988.1—2008《电气制图一般规则》的规定，应优先采用幅面代号为 A0、A1、A2、A3、A4 的基本幅面。必要时，允许加长幅面。如何选择图纸的合适幅面？一般应根据表述对象的规模大小、复杂程度、所要表达的详细程度、有无图签及注释的数量来选择合适幅面，图纸的基本幅面尺寸见表 1-1。

表 1-1　　　　　　　　　　　　　图纸的基本幅面尺寸　　　　　　　　　　（单位：mm）

幅面代号	A0	A1	A2	A3	A4
$L \times B$	841×1198	594×841	420×594	297×420	210×297
c	10			5	
a	25				

图框由内、外两框组成。外框用细实线绘制，大小为幅面尺寸，内框用粗实线绘制，内外框周边的间距尺寸与图框格式有关。图框格式为留有装订边 a，格式图框周边尺寸为 a、c，图幅尺寸规格如图 1-3 所示。但应注意，同一工程设计图纸应尽量采用一种图纸格式。

通信管道及线路工程图纸应有图签，若一张图不能完整画出，可分为多张图纸，第一张图纸使用标准图签，其后续图纸使用简易图签。

通信工程常用标准图签的规格要求如

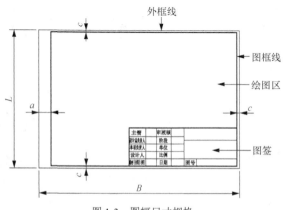

图 1-3　图幅尺寸规格

图 1-4 所示，简易图签规格要求如图 1-5 所示。

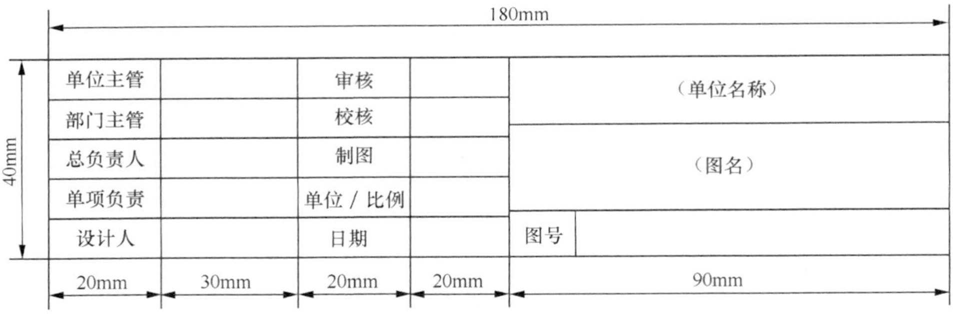

图 1-4 标准图签格式

图 1-5 简易图签格式

（2）图线的绘制要求

① 图线的一般要求见表 1-2。

表 1-2　　　　　　　　　　　　图线要求

名　　称	形　　式	宽度/mm	主要用途及 CAD 绘制命令组合
粗实线	————————————	0.6	一般在管线工程中表示新建设施
细实线	————————————	0.25	在管线工程中表示原有设施，及标注尺寸线、引出线、辅助线等
虚线	— — — — — — — — —	—	管线工程中表示待建或规划工程设施，以及线缆钉固和管道敷设时表示的人（手）孔等。新建与原有参照以上两条标准
点画线	——— - ——— - ———	—	轴线、对称中心线、分界线等

接图时必须严格按绘制内容方向坐标进行衔接，不得随意更改方向，接图线常用符号见表 1-3。

表 1-3　　　　　　　　　　　　接图线常用符号

序　　号	图　形　符　号	说　　明
1	‹—› A　　　　　‹—› A′	本张图纸内接图线
2	‹—›　　　　　　‹—› 接图 XXX-3/5	相邻图纸接图线。其中×××为工程编号或图纸名称，3/5 表示 5 张总图的第 3 张图纸

② 图线宽度可从以下系列中选用：0.25mm，0.3mm，0.35mm，0.5mm，0.6mm，0.7mm，1.0mm，1.2mm，1.4mm。

③ 通常只选用两种宽度的图线。粗线的宽度为细线宽度的两倍，主要图线粗些，次要图线细些。对复杂的图纸也可采用粗、中、细三种线宽，线的宽度按 2 的倍数依次递增。但线宽种类不宜过多。

④ 使用图线绘图时，应使图形的比例和配线协调恰当，重点突出，主次分明。

⑤ 细实线为最常用的线条。指引线、尺寸标注线应使用细实线。

⑥ 当需要区分新安装的设备时，粗线表示新建，细线表示原有设施，虚线表示规划预留部分。

⑦ 平行线之间的最小间距不宜小于粗线宽度的两倍，且不能小于 0.7mm。

在使用线型及线宽表示用途有困难时，可用不同颜色区分。

（3）比例

① 对于建筑平面图、平面布置图、管道及光电缆线路图等图纸，一般按比例绘制；方案示意图、系统图、原理图等可不按比例绘制，但应按工作顺序、线路走向、信息流向排列。

② 对于平面布置图、线路图和区域规划性质的图纸，推荐比例为：1:10、1:20、1:50、1:100、1:200、1:500、1:1000、1:2000、1:5000、1:10000 等。

③ 对于设备加固图及零件加工图等图纸推荐的比例为 1:2、1:4 等。

④ 应根据图纸表达的内容深度和选用的图幅，选择合适的比例。

对于通信线路及管道类的图纸，为了更方便地表达周围环境情况，可采用沿线路方向按一种比例，而周围环境的横向距离采用另外的比例或示意性绘制。

（4）尺寸标注

① 完整的尺寸标注应由尺寸数字、尺寸界线、尺寸线及其终端等组成。

② 图中的尺寸数字，一般应注写在尺寸线的上方或左侧，也允许注写在尺寸线的中断处，但同一张图样上注法尽量一致。

③ 尺寸数字应顺着尺寸线方向注写并符合视图方向，数值的高度方向和尺寸线垂直，并不得被任何图线通过。当无法避免时，应将图纸断开，在断开处填写数字。

④ 尺寸数字的单位除标高和管线长度以米（m）为单位外，其他尺寸均以毫米（mm）为单位。按此原则标注尺寸可不加单位的文字符号。若采用其他单位时，应在尺寸数字后加注计量单位的文字符号。

⑤ 尺寸界线用细实线绘制，两端应画出尺寸箭头，并指到尺寸界线上，以表示尺寸的起止。尺寸箭头宜用实心箭头，箭头的大小应按可见轮廓线选定，其大小在图中应保持一致。

（5）字体及写法

① 图中书写的文字（包括汉字、字母、数字、代号等）均应字体工整、笔划清晰、排列整齐、间隔均匀。其书写位置应根据图面妥善安排，文字多时宜放在图的下面或右侧。

② 文字内容从左向右横向书写，标点符号占一个汉字的位置。中文书写时，应采用国家正式颁布的简化汉字，字体宜采用宋体或仿宋体。

③ 图中的"技术要求"、"说明"或"注"等字样，应写在具体文字的左上方，并使用比文字内容大一号的字体书写。具体内容多于一项时，应按下列顺序号排列：1．2．3…；（1）、（2）、（3）…；①、②、③…。

在图中所涉及数量的数字，均应用阿拉伯数字表示。计量单位应使用国家颁布的法定计量单位。图纸编号的编排应尽量简洁，并符合相关国标要求。

（6）注释、标志和技术数据

① 当含义不便于用图示方法表达时，可以采用注释。当图中出现多个注释或大段说明性注释时，应当把注释按顺序放在边框附近。注释可以放在需要说明的对象附近；当注释不在需要说明的对象附近时，应使用指引线（细实线）指向说明对象。

② 标志和技术数据应该放在图形符号的旁边；当数据很少时，技术数据也可以放在图

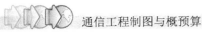

形符号的方框内；数据多时可以用分式表示，也可以用表格形式列出。

③ 当设计中需表示本工程前后有变化时，可采用斜杠方式：（原有数）/（设计数）；当设计中需表示本工程前后有增加时，可采用加号方式：（原有数）+（增加数）。

④ 在对图纸标注时，其项目代号及文字符号的使用应符合 YB/T5015—2007《电信工程制图与图形符号规定》以及 GB 50104-2001《建筑制图标准》的相关规定。

3．图形符号的使用

（1）图形符号的使用规则

当标准中对同一项目给出几种形式时，选用时应遵守以下规则。

① 优先使用"优选形式"。

② 在满足需要的前提下，宜选用最简单的形式（例如"一般符号"）。

③ 在同一种图纸上应使用同一种形式。

一般情况下，对同一项目宜采用同样大小的图形符号；特殊情况下，为了强调某方面或为了便于补充信息，允许使用不同大小的符号和不同粗细的线条。

绝大多数图形符号的取向是任意的。为了避免导线的弯折或交叉，在不引起错误理解的前提下，可以将符号旋转或取镜像形态，但文字和指示方向不得倒置。

标准中图形符号的引线是作为示例画上去的，在不改变符号含义的前提下，引线可以取不同的方向。但在某些情况下，引线符号的位置会影响符号的含义。

为了保持图画符号的布置均匀，围框线可以不规则地画出，但是围框线不应与元器件相交。

（2）图形符号的派生

标准中只是给出了图形符号有限的例子，如果某些特定的设备或项目标准中未作规定，允许根据已规定的符号组图规律进行派生。

派生图形符号是利用原有符号加工成新的图形符号。派生图形符号应遵守以下规律。

① （符号要素）+（限定符号）→（设备的一般符号）。

② （一般符号）+（限定符号）→（特定设备的符号）。

③ 利用 2～3 个简单符号→（特定设备的符号）。

④ 一般符号缩小后可作限定符号使用。

对急需的个别符号，如派生困难等原因，一时找不出合适的符号，允许暂时使用方框中加注文字符号的方式。

4．架空线路工程图形符号的使用（摘要）

要掌握架空线路的图纸绘制，不仅要熟悉相关的制图标准和规范，还必须要熟练本专业中常见的工程图例。根据（YD/T 5015-2007《电信工程制图与图形符号》）行业标准和通信企业标准的应用情况，以下梳理并摘要了当前架空线路中常见的图形符号，见表1-4～表1-9。

表 1-4   通信线路图形符号

序号	名称	图例	主要用途及 CAD 绘制命令组合
1-1	通信线路	——————	粗实线（0.6mm）：新建线路一般符号细实线（0.25mm）：原有线路一般符号
1-2	架空线路	——●——	新建架空线路的一般符号 粗实线（0.6mm）+圆环（内径 0，外径 6mm）
1-3	架空线路	——○——	原有架空线路的一般符号 粗实线+空心圆（半径 3mm）

表 1-5　　　　　　　　　　　　　通信杆路图形符号

序号	名称	图例	主要用途及 CAD 绘制命令组合
1-4	电杆的一般符号	○	可用文字符号 $\dfrac{A-B}{C}$ 标注 其中：A—杆路或所属部门 B—杆长 C—杆号
1-5	木杆	⊙	电杆的命名说明：电杆名称标识可采用道路、地理位置的名称，及子区域和局站名称来命名 木杆绘制： 圆 4 等分+直接+对象捕捉点标记 圆+多行文字编辑+N
1-6	水泥杆	○	
1-7	电力杆	Ⓝ	
1-8	更换电杆	⊘	圆+对象捕捉+直线
1-9	拆除电杆	⊗	圆+点等分圆+直线+剪切
1-10	单接杆	○○	圆+对象捕捉相切
1-11	品接杆	○○○	圆+复制+对象捕捉相切
1-12	H 形杆	○ᴴ 或 ⊙⊙	圆+复制+直线+对象捕捉相切
1-13	带撑杆的电杆	○→⊢	拆分组合：圆+箭头+直线。 圆：半径为 3mm；箭头：多段线（起始端点宽度为 0mm，末端点宽度为 3mm）
1-14	带撑杆拉线的电杆	○→●⊢	圆+多段线+复制+正交直线
1-15	引上杆	○●	小黑点表示电缆或光缆 圆（半径 3mm）+圆环（内径 0mm，外径 2mm）
1-16	通信电杆上装设避雷线	⊥	圆（半径 3mm）+正交直线+连续复制+辅助线+修剪
1-17	通信电杆上装设放电器	Ⓐ	在 A 处注明放电器型号
1-18	电杆保护用围桩	◎	河中打桩杆
1-19	单方拉线	○→	拉线的一般符号
1-20	双方拉线	←○→	圆+多段线+直线
1-21	四方拉线	⊕	圆+多段线+正交直线+连续复制+旋转
1-22	有高桩拉线的电杆	○─●→	圆+正交直线+多段线+连续复制

表 1-6　　　　　　　　　　　　线路设施与分线设备图形符号

序号	名称	图例	主要用途及 CAD 绘制命令组合
1-23	通信线路 巡房	⌂	直线+正交直线+复制
1-24	架空交接箱	⊠	矩形+对象捕捉角点+直线
1-25	落地交接箱	◤⊠	矩形+对象捕捉+直线+图案填充

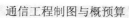

表1-7 光缆图形符号

序号	名称	图例	主要用途及 CAD 绘制命令组合
1-26	光缆参数标注	a/b	a—光缆芯数 b—光缆长度
1-27	永久接头		直线+圆环+选择线形颜色蓝色

表1-8 地形图常用符号

序号	名称	图例	主要用途及 CAD 绘制命令组合
1-28	房屋		正交直线
1-29	在建房屋	建	正交直线+多行文字编辑
1-30	围墙		正交直线+连续复制
1-31	围墙大门		正交直线+连续复制+圆弧
1-32	油库		正多边形+捕捉中点+直线+图案填充
1-33	打谷场（球场）	谷（球）	虚线+矩形+多行文字编辑
1-34	体育场	体育场	直线+圆弧+偏移+多行文字编辑
1-35	游泳池	泳	矩形+多行文字编辑
1-36	过街天桥		正交直线+正交连续复制
1-37	一般铁路		正交直线+图案填充+正交连续复制
1-38	电气化铁路		圆+正交直线+图案填充+正交连续复制
1-39	高速公路及收费站	收费站	正交直线+正交连续复制+多行文字编辑
1-40	一般公路		正交直线+偏移
1-41	建设中的公路		虚线+正交直线+偏移
1-42	大车路、机耕路		虚线+正交直线+偏移+直线
1-43	乡村小路		虚线+正交直线
1-44	铁路桥		正交直线+图案填充+正交连续复制 正交直线+镜像复制
1-45	公路桥		正交直线+镜像复制
1-46	人行桥		虚线+直线
1-47	常年湖	青湖	封闭连续直线+多行文字编辑

表1-9 指北针图形符号

序号	名称	图例	主要用途及 CAD 绘制命令组合
1-48	指北标志 1	北	在通信线路工程中使用如图所示的指北标志 直线+正交直线+多行文字编辑

（五）架空线路工程图纸的读图方法

（1）收集工程建设资料，了解工程项目背景。

（2）了解工程施工过程和施工工艺，提高对工程图纸描述信息的理解能力。

（3）熟悉本专业类别的工程图例。

（4）采用先全貌后局部的读图顺序阅读图纸信息。

（5）四结合读图法（图例与路由图、标注、文字说明、主要工程量结合）。

（6）以施工起点为读图方向，采用按路径穿越分类读图法保持读图的完整性。

二、分组讨论

（1）敷设一条 40km 的光缆线路需要经历哪些施工程序？

（2）你知道哪些架空线路工程的施工技术及施工工艺？图 1-6 所示为光缆线路施工程序正确吗？

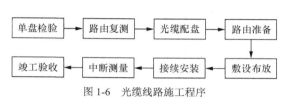

图 1-6 光缆线路施工程序

1.1.4 任务实施

采用合适的工程读图方法，完成图 1-1 所示的工程概况描述和工程量的统计。

步骤一：读出工程图纸的专业类别和图纸表现主题类别。

步骤二：理解架空线路工程图纸的组成，理解各组成部分的含义。

步骤三：熟悉本专业的工程图例，特别是常用图例，包含地形地貌图例；

步骤四：分解工程图纸的图块内容，对路由图上的表现主题和参照物进行识别。

步骤五：采用四结合法（图例与路由图结合、标注结合、文字说明结合、主要工程量结合）读懂各图块表现主题的具体含义。

步骤六：用文字说明和工程量表描述读图结果：本图纸为××架空光缆线路迁改工程施工图。因当地开发区建设需要，客户单位要求电信运营商搬迁线路。需新建架空线路649m，附挂本地网架空线路1.2km，新建杆路敷设48芯光缆1条，敷设24芯光缆1条，光缆中继段测试采用双窗口测试；电路割接后，需拆除原架空杆路 1.318km（包含拆除所有电杆、拉线、吊线，拆除48芯光缆1条，拆除24芯光缆1条）。工程施工企业距离施工现场为36km，施工环境为丘陵地区施工。

1.1.5 知识拓展

通信管道与线路工程制图与图形符号详见 YD/T 5015-2007《通信管道与线路工程制图与图形符号规范》。

1.1.6 课后训练

（1）绘制光缆线路工程施工程序图。

（2）完成对某船厂光缆线路迁改工程（见图 1-7）的工程量统计和工程概况描述。

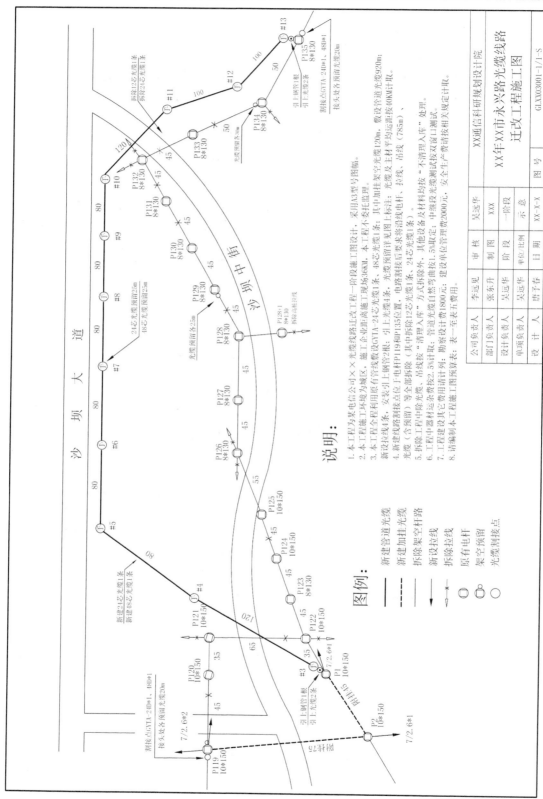

图 1-7 ××市沙坝船厂光缆线路迁改工程

学习单元 2　工程绘图环境设置与图纸模板绘制

知识目标

- 熟悉用户操作界面及其各部分功能。
- 掌握对象捕捉、缩放工具条等绘制平台的配置。
- 掌握参数选项设置、格式单位、图形界限的设置。
- 掌握通信工程图纸模板边框及图签格式的表格绘制。
- 掌握文字样式、表格样式、标注样式的设置。
- 掌握通信工程图签格式的尺寸标注。

能力目标

- 能完成所需功能的绘图环境配置和参数设置。
- 能完成文字样式、表格样式、标注样式设置。
- 能完成架空线路工程图纸模板的绘制。

1.2.1　任务导入

任务描述：现有某架空光缆线路迁改工程施工图。建设单位要求设计单位在 1 周内完成该工程 CAD 制图及施工图预算编制。请完成以下工作任务。

（1）完成架空线路工程绘图环境设置。

（2）完成架空线路工程图纸模板绘制，如图 1-8 所示。

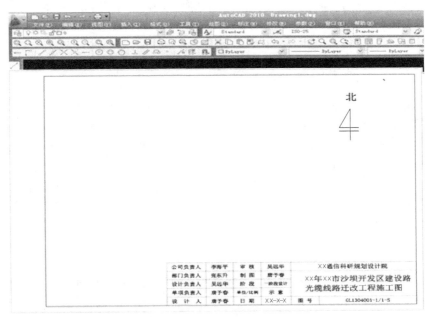

图 1-8　工程图纸模板绘制

1.2.2　任务分析

要完成架空线路工程绘图环境设置和图纸模板绘制，任务实施前需要完成一些知识和技能准备。

一、架空线路工程绘图环境设置

（1）什么是计算机辅助设计（CAD）？
（2）工程制图软件有哪些？
（3）架空线路工程绘图环境需要配置哪些内容？

二、架空线路工程图纸模板绘制

（1）架空线路工程图纸模板绘制的对象有哪些？
（2）绘制工程图纸模板的要求是如何规定的？
（3）如何绘制这些模板的图形对象？

1.2.3　知识准备

一、什么是计算机辅助设计

为了完成一个建设项目的工程施工，设计人员需要利用计算机及其图形设备帮助设计人员进行工程具体实施的设计工作。简称计算机辅助设计（Computer Aided Design，CAD）。在工程和产品设计中，计算机可以帮助设计人员担负计算、信息存储和制图等具备项目独特性的工作任务。在设计中通常要用计算机对不同方案进行大量的计算、分析和比较，以决定最优方案；设计人员通常用草图开始设计，将勘测的草图通过工程制图软件操作变为工程施工图；在设计中利用计算机可以进行与图形实体的编辑、放大、缩小、移动和旋转等有关的图形数据加工的工作。CAD 能够减轻设计人员的劳动，缩短工程设计周期和提高工程设计质量。

二、工程制图软件在通信企业的应用

目前，市面上工程制图设计软件品种繁多，按服务对象不同主要分为两大类。一类是满足基本用户需求的 AutoCAD　Simplified 通用软件，另一类是满足行业客户需求的 AutoCAD 二次开发专用系统软件。随着通信服务企业的信息化建设的不断发展，各通信服务企业都会结合本企业的实际需要，选择一款适合自己的通信工程绘图辅助设计专用软件，以提升企业的工程信息化应用水平。如天津网天信息技术有限公司开发的通信工程制图及辅助设计系统软件、北京成捷迅应用软件技术有限公司开发的通信线路设计绘图软件等，都能很好地满足通信工程建设的需要，提高工程的设计效率和设计质量。

三、AutoCAD 概述

AutoCAD 是由美国 Autodesk 公司开发的通用计算机辅助设计软件，具备易于掌握、使用方便、体系结构开放等特点，深受广大工程技术人员的欢迎。自 1982 年问世以来，AutoCAD 进行了 20 余次升级，每一次升级其功能都能得到很好的增强，AutoCAD 已广泛应用于机械、

建筑、通信、电子、航天、造船、石油化工、土木工程、冶金、农业、气象、纺织、轻工业等领域。在中国，AutoCAD 已成为工程设计领域中应用最为广泛的计算机辅助设计软件之一。

四、AutoCAD 2010 的用户界面介绍

AutoCAD 2010 的经典工作界面由标题栏、菜单栏、各种工具栏、绘图窗口、光标、命令窗口、状态栏、坐标系图标、模型/布局选项卡和菜单浏览器等组成，如图 1-9 所示。

1. 标题栏

标题栏，用于显示 AutoCAD 2010 的程序图标以及当前所操作图形文件的名称。

2. 菜单栏

菜单栏是主菜单，可利用其执行 AutoCAD 的大部分命令。单击菜单栏中的某一项，会弹出相应的下拉菜单，图 1-10 所示为"视图"下拉菜单。

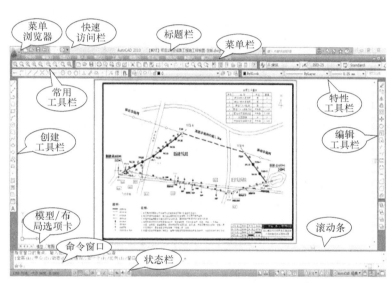

图 1-9　AutoCAD 2010 用户界面

图 1-10　"视图"下拉菜单

下拉菜单中，右侧有小三角的菜单项，表示它还有子菜单。图 1-11 所示为"缩放"子菜单；右侧有三个小点的菜单项，表示单击该菜单项后要显示出一个对话框；右侧没有内容的菜单项，单击它后会执行对应的 AutoCAD 命令。

3. 工具栏

AutoCAD 2010 提供了 40 多个工具栏，每一个工具栏上均有一些形象化的按钮。单击某一按钮，可以启动 AutoCAD 的对应命令。

用户可以根据需要打开或关闭任一个工具栏。方法是：在已有工具栏上右键单击，AutoCAD 弹出工具栏快捷菜单，通过其可实现工具栏的打开与关闭。

此外，通过选择与下拉菜单"工具"|"工具栏"|"AutoCAD"对应的子菜单命令，也可以打开 AutoCAD 的各工具栏。

4. 绘图窗口

绘图窗口是用户进行绘图的工作区域，类似于手工绘图时的图纸，所有的绘图结果都可

以直观地在这个窗口反映出来。窗口背景颜色为一般为黑色，用户可以根据自己的习惯通过工具—选项子菜单内的相应操作改变它的颜色。绘图窗口的下方有"模型"和"布局"选项卡，在需要的时候单击其标签可以在模型空间和图纸空间之间来回切换。

5．光标

当光标位于 AutoCAD 的绘图窗口时为十字形状，所以又称十字光标。十字线的交点为光标的当前位置。AutoCAD 的光标用于绘图、选择对象等操作。

6．坐标系图标

坐标系图标通常位于绘图窗口的左下角，表示当前绘图所使用的坐标系的形式以及坐标方向等。AutoCAD 提供有世界坐标系（World Coordinate System，WCS）和用户坐标系（User Coordinate System，UCS）两种坐标系。世界坐标系为软件默认坐标系。

7．命令窗口

命令窗口是 AutoCAD 显示用户从键盘键入的命令和显示 AutoCAD 提示信息的地方。默认时，AutoCAD 在命令窗口保留最后 3 行所执行的命令或提示信息。用户可以通过拖动窗口边框的方式改变命令窗口的大小，使其显示多于 3 行或少于 3 行的信息。

8．状态栏

状态栏用于显示或设置当前的绘图状态。状态栏上位于左侧的一组数字反映当前光标的坐标，其余按钮从左到右分别表示当前是否启用了捕捉模式、栅格显示、正交模式、极轴追踪、对象捕捉、对象捕捉追踪、动态 UCS、动态输入、显示/隐藏线宽、快捷特性、当前的绘图空间等信息。在通信工程制图中，常用的状态按钮分别是正交模式、对象捕捉、显示/隐藏线宽。

五、AutoCAD 2010 的主要功能

AutoCAD 2010 的功能比较强大，能够满足工程设计工作的需要，主要有二维绘图与编辑、创建表格、文字标注、尺寸标注、参数化绘图、三维绘图与编辑、视图显示控制、各种绘图实用工具、数据库管理、Internet 功能、图形的输入输出、图纸管理等。

六、分组讨论

请梳理架空线路工程需要绘制的典型图块有哪些？

1.2.4　任务实施

一、架空线路工程绘图环境配置与参数选项设置

（一）启动 AutoCAD 2010 图标进入软件用户界面，完成工作空间选择

第 1 次选择空间：单击 AutoCAD 用户界面屏幕右下角"状态栏"上"二维草图与注释"旁边的黑色向下小三角，即可切换到"AutoCAD 经典"模式，工作空间切换如图 1-11 所示。

第 1 次之后选择空间，也可以单击"工具"菜单栏—下拉菜单"工作空间"—选择"AutoCAD 经典"模式。

（二）完成绘图平台搭建，调用"对象捕捉工具条、缩放工具条配置"

"工具"菜单栏—下拉菜单"工具栏"—选择"AutoCAD"或光标移动到右上角工具条旁

边的灰色位置区域单击鼠标右键，弹出的快捷菜单中选择"AutoCAD"菜单，在该下拉菜单下勾选"对象捕捉"、"缩放"等工具完成所需功能的配置。绘图平台配置如图1-12所示。

图1-11 工作空间切换

图1-12 绘图平台配置

（三）完成绘图平台"所配置的工具栏及窗口"的全部锁定或解锁操作

单击"窗口"菜单栏下拉菜单—"锁定位置"—选择"全部—锁定或全部—解锁"。

（四）选择"文件"菜单，完成图形文件的管理操作

选择文件菜单或命令栏输入命令，完成图形文件的新建、打开、保存操作。

文件新建：单击"文件"—"新建"，弹出"选择样板"对话框—选择"acad.dwt"文件—打开，完成图形新建，如图1-13所示。文件打开：单击"文件"菜单—"打开"，弹出"选择文件"对话框，在查找范围选择框或滚动条可视框中选择后缀为"*.dwg"的格式文件即可完成文件打开操作。

图1-13 文件新建

文件保存：单击左上角"保存"快捷键，弹出"图形另存为"对话框—输入文件名"架空线路工程施工图样模板"，单击"保存于"下拉按钮选择存放位置，最后单击"保存"按钮。

（五）完成绘图环境参数设置：完成工具选项配置

（1）选择"工具—选项—显示选项卡—颜色—图形窗口颜色—选择"颜色下拉菜单"中的"黑色或其他颜色"，即完成绘图区域背景设置，如图1-14所示。

图 1-14　窗口颜色设置

（2）选择"工具—选项—显示选项卡—十字光标大小"，完成全屏光标设置，如图 1-15 所示。

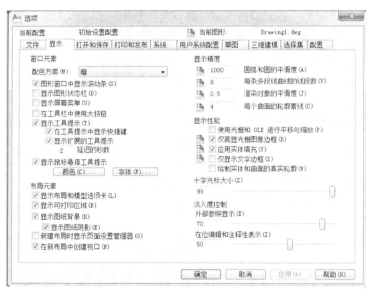

图 1-15　全屏光标设置

（3）选择"工具—选项—打开和保存"选项卡，在另存为对话框中选择保存为："AutoCAD 2007/LT2007"，完成"文件保存"版本号设置。

（4）选择"工具—选项—草图选项卡，找到"自动捕捉标记大小和靶框大小"，调整其滑块到满意的位置，可以完成其大小设置。选择"工具—选项—选择集"选项卡，设置"拾取框大小"和"夹点大小"等，如图 1-16、图 1-17 所示。

图 1-16 自动捕捉标记和靶框大小设置

图 1-17 拾取框大小和夹点大小设置

（六）完成格式单位、图形界限设置

（1）单击"格式"菜单栏—单位，完成图形单位长度、精度、插入时的缩放单位等设置，如图 1-18 所示。

图 1-18　格式单位设置

（2）单击"格式"菜单栏，在弹出的活动菜单上选择"图形界限"，操作后注意观察跟踪屏幕左下方"命令行"提示信息，重新设置模型空间界限（以 A3 图纸设置为例）：在命令行输入坐标"0，0"后按回车键，如图 1-19 所示，继续在命令行输入坐标，"420，297"后按回车键，如图 1-20 所示，即可完成设置。

图 1-19　格式图形界限设置

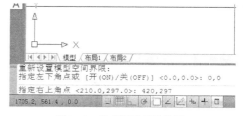

图 1-20　格式图形界限设置

（七）完成文字样式、表格样式、标注样式设置

1．文字样式设置

（1）单击"格式"菜单栏内子项目"文字样式"，弹出"文字样式"对话框，单击"新建"按钮，弹出"新建文字样式"对话框，输入样式名"架空线路工程"确定，可以看到当前样式名已更新为新输入的名字，如图 1-21 所示。

（2）字体：字体名方框内选择宋体（如果方框内没有选择对象宋体，在使用大字体前面的矩形框内去掉"钩"再重新选择即可），字体大小注释性、使文字方向与布局匹配、字体效果之颠倒和反向，应根据需要进行选择。

（3）字体样式为常规（默认）、在"高度"文本框内输入 2.5，宽度因子为 1（默认），倾斜角度为 0（默认）；最后单击"应用"按钮后关闭。

（4）若只设置一个样式名，则单击"置为当前"后关闭启动应用；若需继续新建样式，则单击"新建"按钮，输入新的样式名如"传输设备工程"后，将高度值 2.5 修改为 150 即可，如图 1-22 所示。

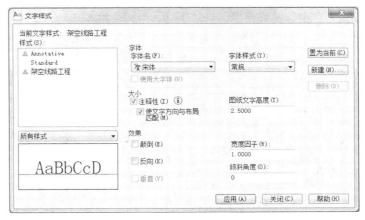

图 1-21　文字样式设置

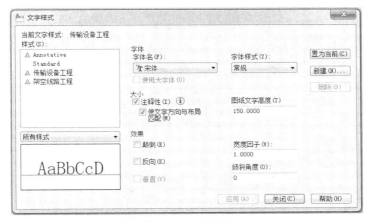

图 1-22　文字样式

2. 标注样式设置

（1）单击"格式"菜单栏子项目"标注样式"，弹出"标注样式管理器"对话框，单击"新建"按钮，弹出"创建新标注样式"对话框，如图 1-23 所示。

图 1-23　标注样式设置

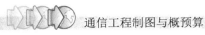
（2）输入样式名"架空线路工程"，选择基础样式为"standard"后确定，单击"继续"，弹出【新标注样式：架空线路工程】对话框，在此对话框上选择"符号与箭头""文字""主单位"三个选项卡进行设置即可，如图1-24、图1-25所示。

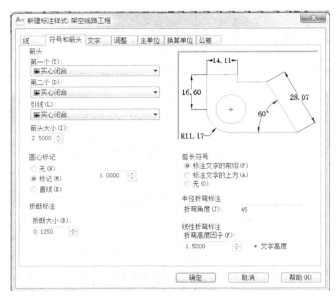

图1-24　符号与箭头选项卡设置

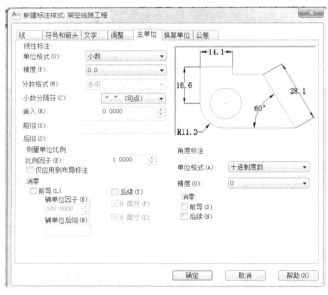

图1-25　主单位选项卡设置

① "符号与箭头"选项卡，设置"箭头大小"值为2.5，其他采用默认设置。

② "文字"选项卡"文字高度"设置为2.5，其他采用默认设置。

③ "主单位"选项卡线性标注"精度"设置为0.0格式，其他采用默认设置。

（3）新建样式名"传输设备工程"，操作步骤同前，但应将"箭头大小"值和"文字高度"分别设置为 150mm、120mm，其他为默认设置。新建样式名"电源设备工程"，操作步骤同前，但应将"箭头大小"值和"文字高度"分别设置为 130mm、100mm，其他为默认设置。

3．表格样式设置

单击"格式"菜单—表格样式—新建—创建新的表格样式—输入样式名—继续—新建表格样式—"常规"选项卡，选择"对齐正中"、页边距（水平、垂直）均设置为 1.5；文字选项卡—文字高度—输入 2.5—确定—置为当前—关闭，退出至窗口，如图 1-26 所示。

图 1-26　表格样式设置

文字高度设置：A4、A3 模板建议设置为 2.5mm，A2、A1 建议设置为 3.5mm。

二、架空线路工程图纸模板的绘制

（一）完成通信工程图纸模板边框的绘制

1．绘制外边框

单击矩形快捷键命令，指定外边框的左下角点（即命令行提示信息：指定第一角点）：在弹出的命令行输入（0，0）后按"回车"键；指定外边框的右上角点（即命令行提示信息：指定另一角点）：在弹出的命令行输入（x，y）后按"回车"键，则完成外边框绘制。

2．绘制内边框

（1）计算内边框坐标值：左下角坐标（25，10）右上角坐标（x–10，y–10）。

（2）单击矩形快捷键命令，指定外边框的左下角点（即命令行提示信息：指定第一角点）：在弹出的命令行输入（0，0）后按"回车"键。

3．在模型空间中显示图纸边框

当边框绘制完成后，单击工具栏上"范围缩放"，则可全屏显示已绘制的边框；然后单击工具栏上的"线宽控制"按钮将内边框线由 0.25mm 更改为 0.6mm 线径，之后单击状态栏上的"显示线宽"按钮，可以看到已绘制的图纸边框效果图。

4．注意事项

当输入法为全角标点状态时，矩形命令坐标输入会呈现形如"25，10"样式，则为无效执行状态；当输入法为半角标点状态时，矩形命令坐标输入呈现形如"25,10"样式，则为有效执行状态。

（二）完成通信工程图签格式的表格绘制

（1）表格样式设置：单击格式—表格样式—新建—创建新的表格样式—输入样式名—继续—新建表格样式—常规选项卡—对齐正中；新建表格样式—文字选项卡—文字高度—输入3.5—确定—置为当前—关闭退出至窗口。

（2）完成表格插入表格、表格编辑及文字编辑。

① 单击绘图—表格—插入表格，在对话框内完成"列数、行数、列宽"设置—光标移动到插入位置。

② 选择目标单元，完成鼠标行列的删除和单元格的合并调整。右键单击删除多余的标题行和表头行，选择单元格，单击鼠标右键特性—单元宽度（即列宽）、单元高度（即行高），完成"列数、行数、列宽、行高"参数值调整。

③ 完成项目信息的文字编辑。设置文字样式后，单击单元格完成文字编辑和排版。

（三）整理

梳理绘图对象，完成专业模板格式图层设置和梳理需要创建的块。

（1）梳理专业模板需要创建的图例名称，完成图层线型、线宽和颜色的设置。

（2）创建图层名：新立电杆、原有电杆、新设拉线、新建杆路、拆除杆路、架空预光缆接头等。

（3）需要创建的块梳理：图纸模板内外边框块、图签格式表格块、线路工程典型图例块、新设单股拉线块、新设三方拉线块、工程量表格块、指北针块等。

（四）完成线路工程图签格式的尺寸标注与简易指北针的绘制

（1）捕捉表格角点，利用线性标注+连续标注，完成图签格式的尺寸标注。

线性标注步骤如下。

① 单击状态栏上的"对象捕捉"为"<对象捕捉 开>"状态）。

② 单击"标注"工具栏上的 「﹁ "线性"按钮，或选择"标注"|"线性"命令，即执行DIMLINEAR 命令，AutoCAD 命令窗口提示如下。

指定第一条延伸线原点或 <选择对象>:

当光标为自动捕捉矩形方框状态时，用捕捉框选择 A 角点。之后 AutoCAD 命令窗口再次提示："指定第二条延伸线原点或 <选择对象>:"。

此时，用捕捉框再选择 B 角点（即选择标注的线段 AB），之后将光标向标注物体的外围方向推出一段合适的距离（即标注的位置）之后单击鼠标左键确定，则线性标注完成。AutoCAD 命令窗口提示：标注文字 = 15.9，如图 1-27 所示。

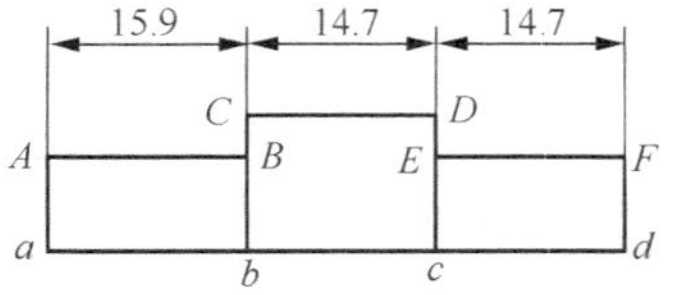

图 1-27　线段标注

连续标注步骤如下。

若要实现如图 1-27 所示的 CD 线段和 EF 线段连续标注，在对 AB 线段完成线性标注之后，单击"标注"工具栏上的 ᚆ（连续）按钮，或选择"标注"|"连续"命令，　AutoCAD

命令窗口提示如下。

指定第二条延伸线原点或 <选择对象>:

此时，用矩形捕捉框连续选择 D 点、F 点之后，按回车键完成整个标注，再按 Esc 键光标还原为十字光标状态。

学生练习：

请完成图 1-28 所示工程图签的线性标注和连续标注。

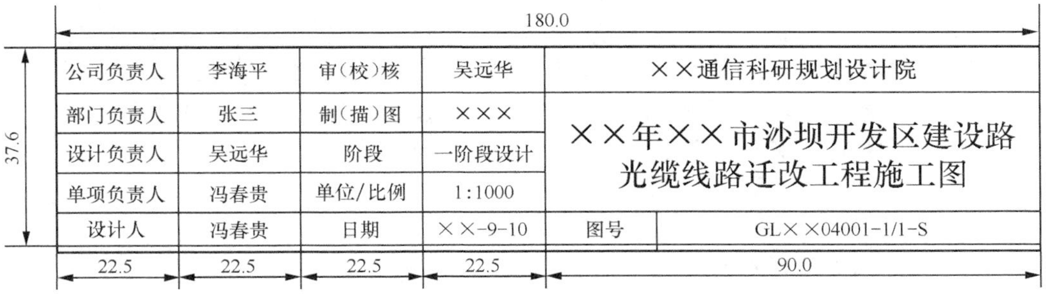

公司负责人	李海平	审（校）核	吴远华	××通信科研规划设计院		
部门负责人	张三	制（描）图	×××	××年××市沙坝开发区建设路光缆线路迁改工程施工图		
设计负责人	吴远华	阶段	一阶段设计			
单项负责人	冯春贵	单位／比例	1:1000			
设计人	冯春贵	日期	××-9-10	图号	GL××04001-1/1-S	

180.0
37.6
22.5 22.5 22.5 22.5 90.0

图 1-28 线性标注与连续标注

（2）利用直线命令、直线+正交命令、文字编辑命令完成简易指北针的绘制。

① 单击"状态栏"上的"正交模式"，命令行显示为"<正交 开>"。

② 单击左边快捷工具栏上的直线"⬜"绘制横短竖长的垂直相交的十字线，然后关闭"状态栏"上的"正交模式"，置为"<正交 关>"，同时单击"状态栏"上的"对象捕捉"，置为"<对象捕捉 开>"，之后单击"直线"快捷命令，利用光标自动捕捉框捕捉左边两点连成斜线。

③ 单击屏幕左边快捷工具栏上的文字"A"编辑按钮，光标移动到想要绘制符号的适当位置再双击，在弹出的文字编辑框内输入"北"，简易指北针即绘制完成，如图 1-29 所示。

图 1-29 简易指北针

1.2.5 知识拓展

一、线性标注

线性标注指标注图形对象在水平方向、垂直方向或指定方向的尺寸，又分为水平标注、垂直标注和旋转标注三种类型。水平标注用于标注对象在水平方向的尺寸，即尺寸线沿水平方向放置；垂直标注用于标注对象在垂直方向的尺寸，即尺寸线沿垂直方向放置；旋转标注则标注对象沿指定方向的尺寸，命令为 DIMLINEAR。

二、连续标注

连续标注指在标注出的尺寸中，相邻两尺寸线共用同一条尺寸界线，命令为DIMCONTINUE。

1.2.6 课后训练

（1）巩固练习架空线路工程绘图环境的设置操作。

（2）绘制架空线路工程光缆配线图 CAD 模板。

（3）完成××船厂光缆线路迁改工程施工图绘制。

学习单元 3 架空线路工程施工样板图绘制

知识目标

- 掌握直线、圆、圆弧、正多边形、矩形的绘制、点的绘制和对象等分。
- 掌握图形的复制与删除。修剪和延伸对象。样条曲线、图案填充。
- 掌握架空线路工程二维图形及图形实体的绘制、块的创建与块使用。
- 领会架空线路工程样板图绘制。

能力目标

- 能完成基本二维图形的绘制。
- 能完成架空线路工程二维图形及图形实体的绘制。
- 能完成块创建与编辑。
- 能完成架空线路工程样板图绘制。

1.3.1 任务导入

任务描述：现有某架空光缆线路迁改工程施工图，如图 1-30 所示。建设单位要求设计单位在 1 周内完成该工程 CAD 制图及施工图预算编制。请完成工程施工样板图绘制。

1.3.2 任务分析

要完成一幅架空光缆线路迁改工程的图纸绘制，绘图前必须要进行一系列的工程制图的知识储备和技能准备。如何利用计算机辅助设计（即 CAD）进行二维图形的绘制？如何进行架空线路工程的图形实体绘制？如何绘制一张完整的建设项目工程图纸?

1.3.3 知识准备

特别指出，本项目技术储备中所要求输入的数值，单位是毫米；均要在绘图环境 "格式—单位" 下拉菜单中完成对应的设置，且图形显示的结果均只能在绘制基准环境下查看（如绘制正文的图形对象基准是以 2.5 字号大小来确定的，因此模型空间绘图比例必须放大到 2.5 字号大小的状态下）。若出现看不到显示结果的现象，说明操作人员是在开放的空间环境进行的随机绘制操作，此时只须要单击 "缩放工具条" 上的 "范围缩放" 按钮，即可查看到执行结果（后续项目下同）。

一、绘图前的技术储备

（一）AutoCAD 2010 图形文件管理

启动 AutoCAD 图标进入软件用户界面，选择文件菜单，完成图形文件的新建、保存操作。

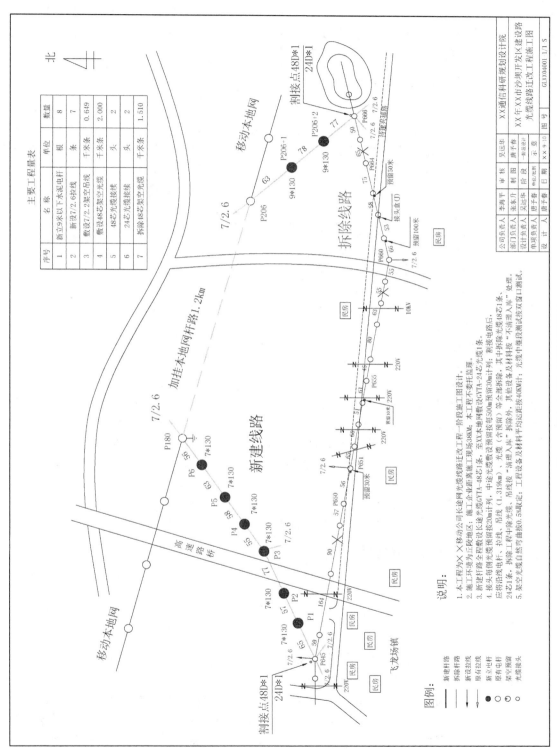

图 1-30 某架空线路工程样板图绘制

文件新建：文件—新建—选择样板文件对话框—选择"架空线路工程施工图样模板.dwt"文件—打开，完成图形新建；文件保存：单击左上角"保存"快捷键—弹出图形另存为对话框—更新文件名为"架空光缆线路迁改工程施工图"—单击"保存于下拉按钮"选择存放地点—最后单击"保存"按钮，完成图形文件保存。

（二）命令的输入和数据的输入

1. 命令的输入

在 AutoCAD 中，对任何一种操作（或命令）的执行都同时提供了 3 种不同的方式。方式 1：菜单栏，完整清晰；方式 2：工具栏，直观明了；方式 3：命令行，执行速度快，用户可以根据绘制对象的需要及个人绘图的习惯，选择最适合自己的输入方法。

（1）命令的主动结束。当一个命令在执行中途，想主动结束该命令，则可按"Esc 键"取消执行。

（2）命令的重复。当需要重复执行××命令时，可以在绘图区域单击鼠标右键，选择"重复××命令"或直接按"Enter"键。

（3）命令的撤销。在菜单栏单击"编辑"——"放弃"；或在命令栏输入"U"命令；或在工具栏单击"放弃"按钮，可以撤销。

（4）命令的重做，在菜单栏单击"编辑"—"重做"；或在命令栏输入"REDO"命令；或在工具栏单击"重做"按钮，可以重做命令。

2. 数据的输入

在 AutoCAD 中，可以通过输入数据来实现精确绘图。一般有以下几种方法。

（1）移动鼠标定点。当所需要的点在鼠标所确定的位置时，直接单击鼠标左键即可。

（2）键盘输入点坐标定点。坐标按数值的类型分为直角坐标和极坐标两种；按相对性分为绝对坐标和相对坐标两种。这里只介绍绝对直角坐标和相对直角坐标两种。

① 绝对直角坐标：$(x，y)$ 即所给点与坐标原点 $(0，0)$ 的水平、垂直距离分别为 x、y。

② 相对直角坐标：$(@ x，y)$ 即所给点与图上指定点 $(x_0，y_0)$ 的水平、垂直距离分别为 x、y。

（3）键盘直接输入距离定点。用鼠标导向，从键盘直接输入相对上一点的距离，按回车键确定点的位置。适用于绘制一般水平线、垂直线，或设置有明确方向的线等。

（三）基本二维图形及图形实体的绘制

1. 直线的绘制

菜单栏："绘图"—"直线"。

工具栏：单击"直线"按钮。

命令栏：输入"LINE"命令。

任务：绘制由斜线构成的任意多边形或精确多边形。

命令组合：正交模式 <正交 关>+直线命令

方法 1：任意绘制。单击或两次单击状态栏上的"正交模式"按钮，命令行显示为<正交 关>之后，单击工具栏"直线"按钮，移动光标在屏幕上任意抓取一点，此时命令行提示："指定下一点或 [闭合(C)/放弃(U)]"，如果继续指定第二点，命令行再提示："指定下一点或 [闭合(C)/放弃(U)]"。当连续指定的点超过 3 点及以上时，此时输入 C，指定的末端点会自动连接第一条直线的起点，形成闭合的多边形，输入 U，则放弃当前直线段的绘制。

方法 2：精确绘制。单击创建工具条"直线"按钮，命令行提示："指定下一点或 [闭合(C)/放弃(U)]"，在命令行输入："0，0"回车，命令行提示："指定下一点或 [闭合(C)/放弃(U)]"；在命令行输入："@30，0"回车，命令行提示："指定下一点或 [闭合(C)/放弃(U)]"；在命令行输入："@0，-30"回车，命令行提示："指定下一点或 [闭合(C)/放弃(U)]"；在命令行输入："@-15,25"回车，在命令行再输入："C"回车，生成闭合多边形。

注意：连续绘制时下一点总是与前一点相对。如果键盘输入点坐标执行了错误的结果需要撤销时，则输入 U 可撤销当前执行的最后一次命令。如果绘制水平线或垂直线，则应单击"正交模式"按钮，置为<正交 开>状态。

2．圆的绘制

调用圆命令的方法有以下 3 种。

菜单栏："绘图"—"圆"。

工具栏：单击"圆"按钮。

命令栏：输入"CIRCLE"命令。

在菜单栏下拉菜单的子菜单，可以看到绘制圆有 6 种方法，这里只介绍 3 种。

（1）圆心，半径：指定圆心，再输入半径，可生成所指定的半径的圆。

（2）两点：指定圆上任意直径的两个端点，可以生成所指定弧长的圆。

（3）三点：指定圆上的任意三点，可以生成所指定弧长的圆。

单击"绘图"菜单栏内下拉菜单圆—"圆心，半径"命令，命令行提示信息："指定圆的圆心或[三点（3P）/两点（2P）/切点、切点、半径（T）]"，此时，移动光标在屏幕上抓取一点，命令行提示信息："指定圆的半径或[直径（D）]（6.225）"，输入"3"回车，屏幕显示图形如图 1-31 所示。

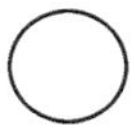

3．圆环的绘制

菜单栏："绘图"—"圆环"。

命令栏：输入"donut"命令。

图 1-31　绘制圆

单击"绘图"菜单栏内下拉菜单"圆环"命令，命令行提示信息："指定圆环的内径<0.5>"，命令行输入"3"回车；命令行提示信息："指定圆环的内径<1.000>"，命令行输入"6"回车；如图 1-32 所示；若将圆环的内径输入为 0mm、外径为 6mm，则执行结果为实心的圆，如图 1-33 所示。

图 1-32　绘制圆环

图 1-33　绘制实心圆

4．圆弧的绘制

调用圆弧命令的方法有 3 种：在菜单栏中单击"绘图"—"圆弧"；在工具栏中单击"圆弧"按钮；命令栏中输入"ARC"命令。

在菜单栏下拉菜单的子菜单，可以看到绘制圆弧有 11 种方法，这里只介绍 3 种：

（1）三点绘制圆弧。

（2）起点、圆心、端点：以圆弧为起点、圆弧中心点和端点三点方式确定圆弧。

（3）圆心、起点、长度：以圆弧为中心点、起点和弦长的方式确定圆弧。

5．矩形的绘制

（1）一般矩形。调用矩形命令的方法有 3 种：在菜单栏中单击"绘图"—"矩形"；在工具栏中单击"矩形"按钮；在命令栏中输入"rectang"命令。

单击工具栏"矩形"按钮，命令行提示信息："指定第一个角点或[倒角（C）/标高（E）/圆角（F）/厚度（T）/宽度（W）]>"，此时有两种方法供选择。

① 任意抓取角点法生成矩形。即屏幕上任意抓取一点作为第一个角点，然后再在屏幕上任意抓取另一点作为另一角点，则可生成所指定对角线长度的矩形。

② 精确定位法生成矩形。可以输入绝对直角坐标（如 0,0）以确定第一个角点；命令行提示信息："指定另一角点或[面积（A）/尺寸（D）/旋转（R）]"，然后在命令行输入"160，120"回车；则屏幕显示图形如图 1-34 所示。

（2）带圆角的矩形。单击创建工具条上的"矩形"按钮—在命令行输入"F"（为倒角）—指定圆角半径如输入 10—指定第一个角点（屏幕上任意抓取一点）—指定第一个角点（屏幕上任意抓取一点），结果如图 1-35 所示。

图 1-34　绘制矩形

图 1-35　绘制带圆角的矩形

6．点的绘制和对象的等分

通过一个实例"绘制五角星"来说明点的绘制和对象的等分操作。

命令组合：圆+设置点的样式+执行"点命令"中的"定数等分"+对象捕捉+直线。

操作过程如下。

（1）单击创建工具条上"圆"按钮，指定半径输入"20"回车，即可生成指定的圆。

（2）单击"格式"菜单栏—"点样式"，弹出的对话框内选择满意的点样式并确定，如图 1-36 所示。

（3）单击"绘图"菜单栏—点命令内子菜单—"定数等分"，选择要定数等分的对象"圆"，输入线段数目"5"回车，单击创建工具条上的"直线"按钮，捕捉 5 个点标记，完成五角星连线，最后还原点样式为默认状态（注意：捕捉连线时应确保状态栏上的"正交关和对象捕捉开"），结果如图 1-37 所示。

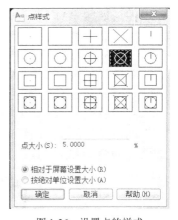

图 1-36　设置点的样式

7．多段线的绘制

单击创建工具条上的"多段线"按钮，命令行提示信息："指定起点"，光标在屏幕上指定一点后，在命令行输入"W"回车；命令行提示"指定起点宽度"，输入"0"回车；命令行提示"指定端点宽度"，输入"5"，单击状态栏"正交为开"，"指定下一点"同时前后滚动滚轮使图形放大或缩小到满意状态后按鼠标左键确定，再回车确定；单击创建工具条上的"直线"按钮，捕捉箭头端头的中点为线段的指定起点，然后再指定线段的另一端点为终点，屏幕上生成箭头图形，如图 1-38 所示。

图 1-37　点的绘制和对象的等分

图 1-38　多段线的绘制

8．样条曲线

单击创建工具条上的"样条曲线"按钮，在屏幕上沿某个方向指定开始的第 1 点、第 2 点、第 3 点、最末的第 N 点之后，沿切向方向按下鼠标左键及回车键，然后光标状态自动回到起始位置时，再沿图形的切线方向按下鼠标左键及回车键即可以生成所需的图形，如图 1-39 所示。

9．偏移对象

选择要偏移的图形对象，单击编辑工具条上的"偏移"按钮，命令行提示信息："指定偏移的距离"，输入需要的数值如"5"回车，指定要偏移的那一侧上的一点（通过鼠标在屏幕图形对象任意一侧抓取一点），即可完成图形的偏移，如乡村公路、河流等图形对象，如图 1-40 所示。

图 1-39　样条曲线的绘制

图 1-40　偏移对象

10．图形的连续复制

例：以圆的连续复制为例。

选中要复制的图形对象圆，单击屏幕右边的编辑工具条上的"复制"按钮，命令行提示信息："指定基点或[位移（D）/模式（O）]"，分别单击状态栏上的"对象捕捉"按钮和"正交"按钮，捕捉圆心；在水平线上的任意位置指定第一个圆的位置、第二个圆的位置、第 X 个圆的位置，可以实现 X 个圆的复制，如图 1-41 所示。

11．范围缩放

当绘制的对象需要调整大小时，可以连续单击绽放工具条上的"放大"或"缩小"按钮实现对象的任意缩放；对于初学者而言，当绘制的对象找不到时，此时可以单击"范围缩放"按钮，可以将"刚丢失"的绘制对象显示到当前全屏窗口。

12．修剪对象

例：以圆周为剪切边，请完成对圆圈内的直线的修剪。

单击屏幕右边"编辑快捷工具条"上的"修剪"按钮，命令行提示信息："选择剪切边…"，此时，将光标选择圆后回车，命令行提示信息："选择要修剪的对象"，此时再移动光标选择圆圈内的直线段并按下鼠标左键确定，然后再按回车键，目标对象的修剪结果如 1-42 所示。

（a）修剪前　　　　　（b）修剪后

图 1-41　图形的连续复制

图 1-42　修剪对象

13. 延伸对象

例：以 *AB* 为延伸对象的边界，请延伸线段 *cd* 和 *ef* 至边界线 *AB*。

单击屏幕右边"编辑快捷工具条"上的"延伸"按钮，命令行提示信息："选择边界的边..."，此时，将光标移动到线段 *AB* 上鼠标左键单击后回车，命令行提示信息："选择要延伸的对象"，此时分别将光标移动到要延伸线段的右端线头并按下鼠标左键确定，即完成目标对象的延伸，如图 1-43 所示。

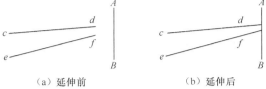

(a) 延伸前　　　　　　　　　(b) 延伸后

图 1-43　延伸对象

14. 移动对象

移动对象有以下两种方法。

方法 1：正交关状态下可以实现图形对象的 360° 位置移动。

操作方法：选择要移动的图形对象，单击创建工具条上的"移动"按钮，指定要移动的起点，然后再指定要移动到的目标点位置确定即可。如果在正交开状态下操作，则只能实现图形的水平移动或垂直移动。

方法 2：光标手形拖曳移动对象。操作方法：选择要移动的图形对象，手的食指向下压住滚轮不放，当光标变为手形状态时可以实现任意位置的抓取图形移动。

15. 旋转对象

选择要旋转的图形对象，单击创建工具条上的"旋转"按钮，指定要旋转的基点，然后顺时针方向或逆时针方向移动光标，直到将图形旋转到目标位置，按下鼠标左键确定即可。如果在正交开状态下操作，则只能实现图形的水平旋转或垂直旋转。

16. 块的创建和使用

（1）块的创建。以绘制五角星块、填充和渲染五角星图形块为例，说明块的创建与使用。图 1-44 所示五角星图形的块创建操作如下。

选择要创建块的图形，单击屏幕左边创建工具条上的"创建块"按钮，在弹出的"块定义"对话框内输入块的名称，设置块单位为毫米、选择"转换为块、按统一比例缩放、允许分解"等块特性，单击确定即可完成块的创建，此时采用光标单击，五角星图形则已变成一个整体图形，图形自动显示为虚线和一个蓝色夹点状态，如图 1-45 所示。

（2）块的插入。单击"插入"下拉菜单内的"块"命令，在弹出的"插入"对话框，刚才已创建的名称为"五角星"的块已显示在名称编辑栏内（如果需要插入其他块，可以打开黑色小三角下拉菜单浏览选择），在路径插入点设置上，选择"在屏幕上指定"后，单击确定，然后在屏幕上捕捉任意一点，屏幕中即可显示出插入块的图形。

（3）块的编辑。要实施块的编辑，首先应执行"分解"命令。选择要编辑的块，单击"修改"下拉菜单内的"分解"命令后，光标重新选择目标图形，目标图形上会显示出多个夹点，表示图形已被分解可以进行编辑。最后执行"绘图"下拉菜单中的"图案填充"命令，即可完成块的编辑，其结果如图 1-46 所示。

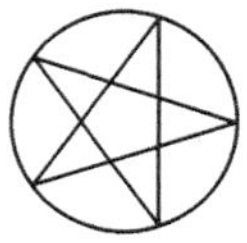

图 1-44　五角星图形

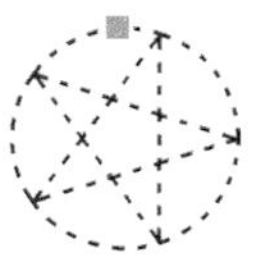

图 1-45　图形块创建

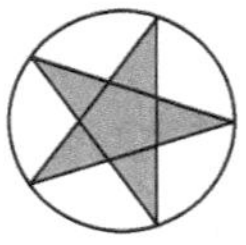

图 1-46　五角星图形块

（四）架空线路工程施工图绘制的方法

（1）根据架空线路工程绘制对象，完成图层线型、线宽和颜色的设置。

（2）根据施工图要求确定绘图对象的最小图形单元，以文字大小 2.5 或 3.5 字号为基准绘制。

（3）结合施工图表现主题，新建路由与拆除路由按 2:1 比例绘制。

（4）以角杆拉线为基点+方位角的方式确定新旧路由的总体布局和绘制方向，绘制路由前作辅助线引导。

（5）绘图顺序：工程图签信息编辑—工程图例—新建杆路 1 段—附挂杆路—新建杆路 2 段—拆除杆路—技术标注—路由参照物—主要工程量表—工程说明。

（6）绘图命令：新立电杆（圆环）、原有电杆（圆）、新旧拉线（直线+正交+捕捉中点+图案填充）、民房（矩形）、高速路桥或公路（斜线+偏移）、交叉路口（圆弧）、机耕道（样条曲线、偏移）、道路交叉（修剪）、电力跨越线（平行线+斜线）、引线标注及文字标注等。

二、分组讨论

（1）如何确定施工图绘制的比例和最小图形单位基准？

（2）如何把握架空线路工程图形元素的总体布局？

1.3.4　任务实施

根据生产任务要求，完成架空线路工程施工样板图的绘制，如图 1-47 所示。

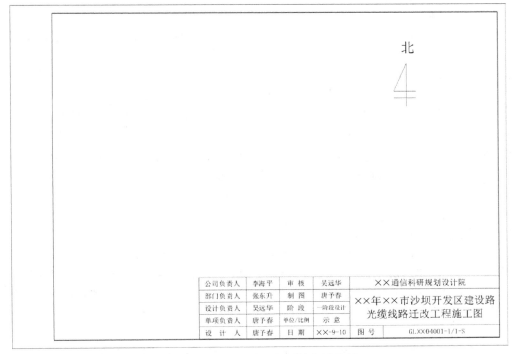

图 1-47　架空线路工程施工样板图的绘制

一、分步绘制架空线路工程施工图图块

（一）绘制工程图例

1. 图例创建的方法

单击格式菜单栏下拉菜单内的"图层"命令，在弹出的"当前图层"对话编辑框内找到打绿色钩的图层名称列的空白处，在鼠标右击弹出的快捷菜单内单击"新建图层"，逐一输入新图层名后回车，逐一设置每个图层的颜色、线型、线宽参数，同时设置图层状态开关为"开"、"非冻结"、"非锁定"状态；即可逐一完成对应不同图层的创建操作，然后根据建立的图层逐一绘制工程图例；所绘图例均以确定的最小图形单元（如按 2.5 号字体大小）为基准进行示意图绘制，如图 1-48 所示。

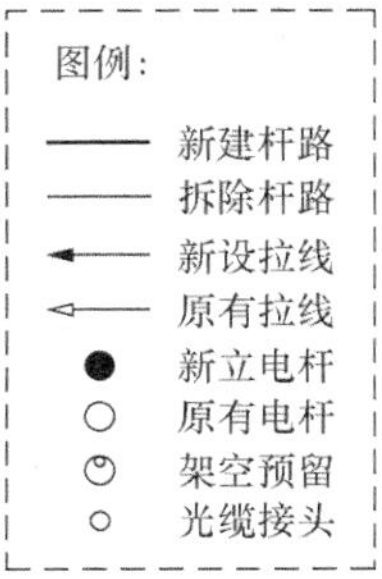

```
图例：
━━━━━   新建杆路
─────   拆除杆路
◄─────  新设拉线
◁─────  原有拉线
●       新立电杆
○       原有电杆
☉       架空预留
○       光缆接头
```

图 1-48 绘制工程图例

（1）新建杆路的绘制

① 命令组合：直线（适宜长度）+线宽设置（0.6mm 线径）+线型颜色（绿色）。

② 操作过程：单击状态栏上"正交按钮"为开状态，然后再单击直线命令，光标在图纸的左下角适当位置开始抓取直线起始点，横向移动适当长度后，按下鼠标左键确定即可。

（2）拆除杆路的绘制：

① 命令组合：直线（适宜长度）+线宽设置（0.25mm 线径）+线型颜色（紫色）。

② 操作过程：操作过程同新建杆路。

（3）新设拉线的绘制：

① 命令组合：多段线（起始 0mm、末端 5mm）+直线+线宽设置（0.25mm）+线型颜色（绿色）。

② 操作过程：同多段线操作、创建直线图层操作。

（4）拆除拉线的绘制：

① 命令组合：复制新设拉线+以连续直线临摹拉线箭头边沿+线宽设置（0.25mm）+线型颜色（白色）。

② 操作过程：单击状态栏正交开，选择新设拉线复制对象，单击创建工具条"复制"按钮复制对象；单击直线命令围绕箭头边沿绘制闭合实心倒三角形，之后消除实心箭头，生成空心拉线箭头图形。

（5）新设电杆的绘制：

① 命令组合：圆环（内径 0mm、外径 6mm）。

② 操作过程：单击"绘图"菜单"圆环"命令，屏幕命令行窗口提示"指定圆环的内径"，输入"0"回车；屏幕命令行窗口提示："指定圆环的外径"，输入"6"回车即可。

原有电杆的绘制：单击快捷工具栏上的"圆"命令，光标在绘图位置抓取一点为圆心，屏幕命令行窗口提示："指定圆的半径"，输入"2" 回车即可。

（6）架空预留的绘制如下。

① 命令组合：空心外圆（直径 6mm）+圆环（内径 0mm、外径 2mm）。

② 操作过程：同基本绘制命令圆命令、圆环命令操作。

2．图例编辑注意事项

（1）当发现光标不能受控到所需要的位置时，关闭状态栏"捕捉"开关即问题消失。

（2）对同类型或相同长短的图例符号可以在"正交开"状态下复制对象完成编辑。

（3）若绘制对象长短不一，可以添加辅助线进行统一修剪操作。

（二）图纸的整体布局

工程图纸的整体布局如图 1-49 所示，原则上应接近于或近似于勘察现场的地形地貌情况，并清楚明确地反映出线路的起止位置、线路走向的方位角，绘制偏差应控制在读图容许误差可接受的范围内（以不引起施工歧义为判断基准）。为了突出搬迁后的新建杆路部分，新建杆路部分与拆除杆路部分采用不同比例绘制。具体为新建杆路沿线图形对象均采取 4.5 号正文字体路由标注、6mm 圆环外径进行路由绘制，拆除杆路沿线图形对象均采取 2.5 号字体路由标注、2mm 半径圆进行路由绘制。

本工程图纸布局的关键是确定整个网络中拉线杆的点位（即角杆点位）以及路由走向的方位角。以角杆点位为基点，连接角杆点位线段所构成的路由就是新建杆路路径和拆除杆路路径。具体绘制示意图的方法是：以光缆割接点 P645、P666 为起止点，确定分段杆路走向的方位角，分别连线沿线的角杆 P645—P3—P180—P206—P666 所得到的路径即为新建杆路的图纸布局；同理，确定 P651、P660 杆位的方位角，分别连线角杆 P645—P651—P660—P666 所得到的路径即为拆除杆路的图纸布局。在绘图之前，先整体估计路由图占用整张图纸的幅面大小，然后对整张图纸的内容进行合理的区位划分安排。在此基础上，采用作辅助线的方式确定图纸内容的整体布局参考，然后以辅助线布局作为参照物进行图纸路由布局走向的修正，以确保图纸内容的布局与现场实际相符且符合阅读习惯。

（三）绘制新建杆路图

新建杆路由 P645—P180、P180—P206、P206—P666 三段直线段杆路构成，如图 1-50 所示。

启用圆环命令连续绘制新立电杆；采取多行文字编辑进行路由标注；采取多段线+直线（0.6mm）绘制拉线；采用临摹新拉线绘制拆除拉线；采用加载虚线实线绘制附挂线路，如图 1-51 所示。

（四）绘制拆除杆路图

拆除杆路路由绘制方法同新建杆路，如图 1-52 所示。沿线"三线交越"的强电跨越线采用多行文字编辑"N"旋转，然后采取连续复制命令绘制；预留、接头位置采取多重引线+多行文字编辑标注绘制。

（五）绘制路由主要参照物

线路沿线待建公路采用虚线绘制；高速路桥直线+偏移绘制；山坡高地、乡村公路、机耕道或小公路采用样条曲线绘制+偏移绘制；交叉路口采用剪切绘制；民房采用矩形绘制。值得注意的是，凡是街道名称、学校、医院等建筑物名称文字标注字体应至少比正文路由标注信息大一个字号等级，如正文采用 2.5 号字，则此类名称字体应至少选择 3.5 号字；为突出显示绘制对象，可以选择大两个字号等级。

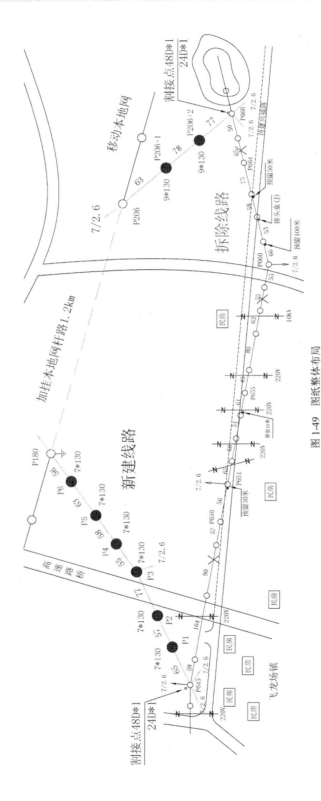

图 1-49　图纸整体布局

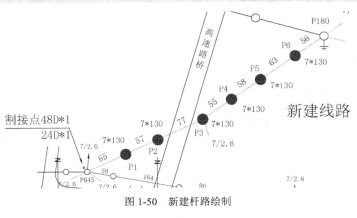

图 1-50　新建杆路绘制

图 1-51　附挂杆路绘制

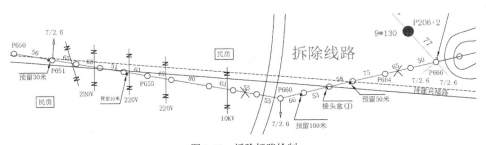

图 1-52　拆除杆路绘制

（六）绘制主要工程量表及编辑工程说明

工程量说明见表 1-10。

表 1-10　　　　　　　　　　　主要工程量表

序　号	名　　称	单　位	数　量
1	新立 9 米以下水泥电杆	根	8
2	新设 7/2.6 拉线	条	7
3	敷设 7/2.2 架空吊线	km 条	0.649
4	敷设 48 芯架空光缆	km 条	2.000
5	48 芯光缆接续	头	2
6	24 芯光缆接续	头	2
7	拆除 48 芯架空光缆	km 条	1.510

主要工程量表既可采用设置表格样式方式创建表格编辑单元格信息方式绘制，也可以直接采用正交开+直线+对象捕捉+连续复制命令方式直接绘制。工程说明采用多行文字编辑+正交开+连续复制命令绘制。

（七）工程图签的绘制

工程图签的绘制同主要工程量表绘制方法。对图签规格是否满足国标的尺寸标准，可以通过单击标注菜单栏内的线性标注命令和连续标注命令实现对图签长和宽的标注验证以及表格行和列的宽度验证，如图1-53所示。

公司负责人	李海平	审 核	吴远华	×× 通信科研规划设计院		
部门负责人	张东升	制 图	唐予春	×× 年 ×× 市沙坝开发区建设路 光缆线路迁改工程施工图		
设计负责人	吴远华	阶 段	一阶段设计			
单项负责人	唐予春	单位/比例	示 意			
设 计 人	唐予春	日 期	××-9-10	图 号	GL××04001-1/1-S	

图 1-53　工程图签的绘制

二、架空线路工程施工样板图绘制的效果图

单击工具栏上的"缩放工具条"上的"范围缩放"按钮，在模型空间可以全屏显示出"架空线路工程施工样板图绘制的效果图"，如图1-54所示。

三、架空线路工程施工样板图的打印

（一）在模型空间打印图纸

若用户只想创建具有一个视图的二维图形输出，则可以选择在模型空间进行输出图形打印，而不用布局选项卡，这是AutoCAD打印图形的传统方法。调用打印命令的方法如下。

（1）标准工具栏—打印按钮。

（2）菜单栏：文件—打印。

（3）命令行：plot回车。

操作过程如下。

单击缩放工具栏上的"范围绽放"按钮，将要打印的对象置于全屏窗口状态。

执行打印命令后，系统弹出【打印-模型】对话框，单击页面设置名称编辑框处的"添加"按钮，在弹出的【添加页面设置】对话编辑框中，输入新的页面设置名"架空线路施工图"确定，完成页面设置名称设置。然后在图纸尺寸编辑框处选择"ISO full bleed A4 (210×297)"，打印范围处选择"窗口"，打印比例处选择"布满图纸"，打印偏移处选择"居中打印"等相关设置后，可通过预览按钮查看图纸效果之后，单击左上角"打印"按钮即可打印输出图形，如图1-55所示。

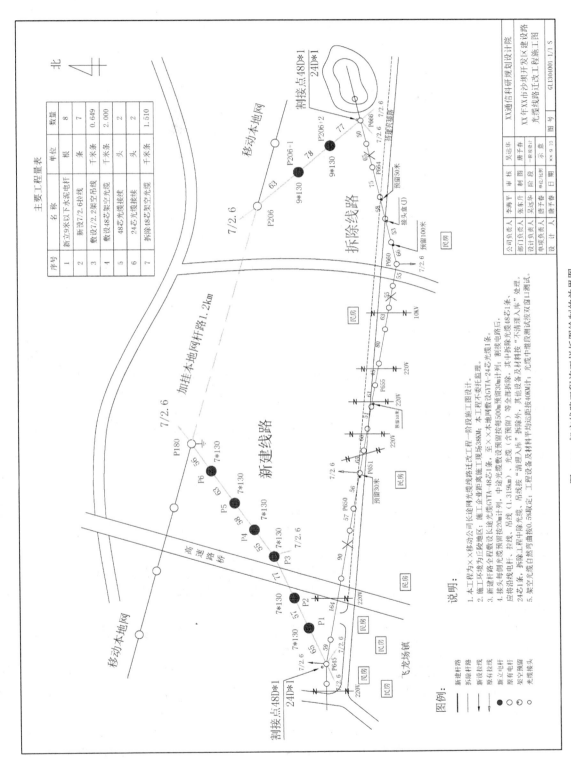

图 1-54 架空线路工程施工样板图图绘制的效果图

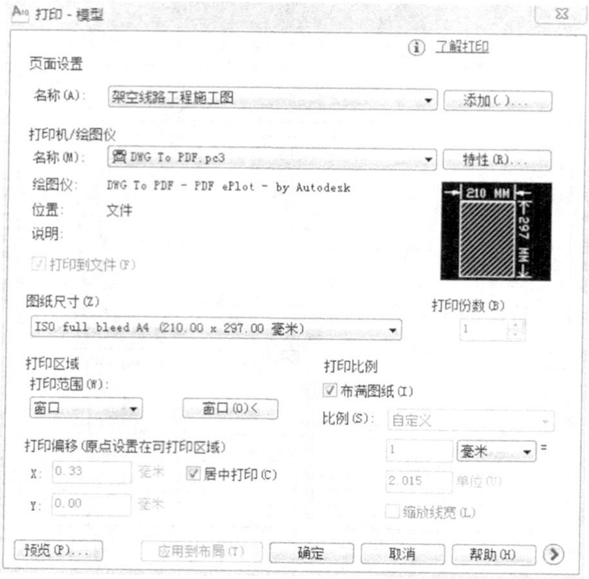

图 1-55　打印输出图形

（二）在图纸空间打印图纸

为了使绘制图形能够合理地输出到图纸上，用户在打印输出图形之前，需要对图形进行布局设置。那么，什么是布局？布局就是图纸空间在 AutoCAD 中的表现形式。相当于图纸空间的环境。一个布局就是一张图纸，并提供预置的打印页面设置。对图形进行布局设置的原理就如同 Word 文档中对文档页面打印前进行格式设置的"页面布局"操作。利用布局可以在图纸空间方便快捷地创建多个视口来显示不同的视图；而且每个视图都可以有不同的显示缩放比例，冻结指定图层。

1. 创建布局

在创建布局过程中，用户需要设置"打印样式、打印的比例、打印方向和选择图纸大小"等打印参数，调用"创建布局向导"命令的方法如下。

菜单栏：工具－向导—创建布局。

命令行：输入"layoutwizard"后回车。

例：以图 1-52 所示架空线路施工样板图为例来创建一个布局，其操作过程如下。

单击工具—向导—创建布局，弹出【创建布局-开始】对话框，对话框内左侧列出了创建布局的步骤。

（1）开始。在"输入新布局的名称"编辑框中输入"架空线路工程施工图"，然后单击【下一步】按钮，弹出【创建布局-打印机】对话框，如图 1-56 所示。

（2）打印机——为新布局选择配置的绘图仪。在【创建布局-打印机】对话框为新布局选择一种已配置好的打印设备，如打印机"DWF6.eplot.pc3"，然后单击【下一步】按钮，弹出【创建布局-图纸尺寸】对话框，如图 1-57 所示。

（3）图纸尺寸——选择打印图纸的大小和单位。在【创建布局-图纸尺寸】对话框下拉菜单中，选择打印图纸为"ISO full bleed A2 (594.00mm×420.00mm)"，选择图形单位为"毫米"。然后单击【下一步】按钮，弹出【创建布局-方向】对话框，如图 1-58 所示。

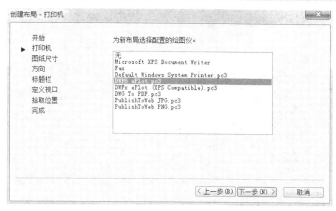

图1-56 创建布局-打印机

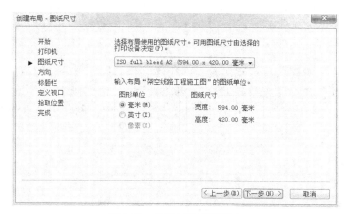

图1-57 创建布局-图纸尺寸

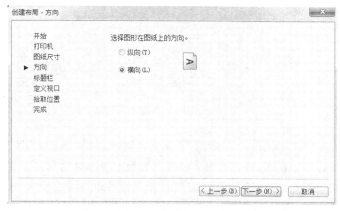

图1-58 创建布局-方向

（4）方向——设置打印机方向。在【创建布局-方向】对话框中，选择打印方向为"横向"。然后单击【下一步】按钮，弹出【创建布局-标题栏】对话框，如图1-59所示。

（5）标题栏——选择图纸边框和标题栏样式。在【创建布局-标题栏】对话框，选择图纸的边框和标题栏样式为"无"（这里可以选择自己事先设计好的图纸的边框和标题栏样式），在【类型】框中选择标题栏以"块"插入；然后单击【下一步】按钮，弹出【创建布局-定义视口】对话框。

图 1-59　创建布局-标题栏

（6）定义视口——对视口进行比例设置。在【创建布局-定义视口】对话框中，选择视口设置为"单个"，视口比例"按图纸空间缩放"（即将模型空间的图形按在图纸空间的大小缩放显示在视口中），如图 1-60 所示。然后单击【下一步】按钮，弹出【创建布局-拾取位置】对话框。

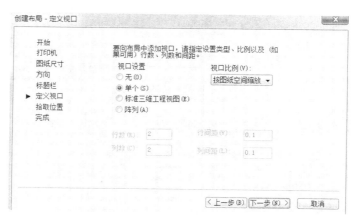

图 1-60　创建布局-定义视口

（7）拾取位置——指定视口的大小和位置。在【创建布局-拾取位置】对话框中，选择【选择位置<】按钮，将 AutoCAD 切换到绘图窗口，通过指定两个对角点（左下角点和右上角点）后即指定了视口的大小和位置，如图 1-61 所示；然后系统直接进入【创建布局-完成】对话框。

（8）完成——完成新布局的创建。在【创建布局-完成】对话框中单击【完成】按钮，就完成了新布局的创建。所创建的布局会出现在屏幕上。

2．管理布局

创建好布局以后，用户可以对布局进行管理，包括复制、删除、新建、重命名等操作，调用布局管理的方法如下。

命令行：layout 回车。

在某个布局选项卡上右键单击鼠标，在弹出的上拉菜单中单击"页面设置管理器"，在弹出的"页面设置管理器"对话框中单击"修改"（见图 1-62），弹出"页面设置－布局 1"对话框，如图 1-63 所示。

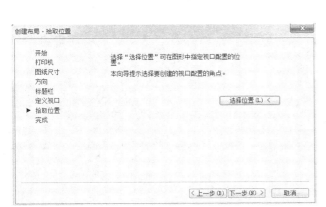

图 1-61　创建布局-拾取位置

图 1-62　页面设置修改

图 1-63　页面设置－布局

在对话框中，分别选择打印机名称、图纸尺寸（A4/A3）、打印范围（选择为窗口）、打印偏移（勾选居中打印）、打印比例（勾选布满图纸）、图纸方向（勾选横向/纵向）；最后预览效果打印图纸。

1.3.5　知识拓展

一、AutoCAD 二维图形创建类常用快捷键命令

PO，*POINT（点）

L, *LINE（直线）

PL, *PLINE（多段线）

ML, *MLINE（多线）

SPL, *SPLINE（样条曲线）

POL, *POLYGON（正多边形）

REC, *RECTANGLE（矩形）

C, *CIRCLE（圆）

A, *ARC（圆弧）

DO, *DONUT（圆环）

EL, *ELLIPSE（椭圆）

MT, *MTEXT（多行文本）

T, *MTEXT（多行文本）

B, *BLOCK（块定义）

I, *INSERT（插入块）

W, *WBLOCK（定义块文件）

DIV, *DIVIDE（等分）

H, *BHATCH（填充）

二、AutoCAD 图形实体编辑类常用快捷键命令

CO, *COPY（复制）

MI, *MIRROR（镜像）

O, *OFFSET（偏移）

RO, *ROTATE（旋转）

M, *MOVE（移动）

E, DEL 键 *ERASE（删除）

X, *EXPLODE（分解）

TR, *TRIM（修剪）

EX, *EXTEND（延伸）

S, *STRETCH（拉伸）

SC, *SCALE（比例缩放）

BR, *BREAK（打断）

CHA, *CHAMFER（倒角）

F, *FILLET（倒圆角）

PE, *PEDIT（多段线编辑）

ED, *DDEDIT（修改文本）

1.3.6　课后训练

（1）完成常见架空线路工程图例绘制。

（2）完成架空线路工程施工样图模板绘制。

学习单元4 架空线路工程概预算手工编制

知识目标

- 掌握架空线路工程的预算基础知识。
- 掌握线路工程预算定额、费用定额、机械仪表费用定额的使用方法。
- 掌握工程量预算表（表三）、国内器材表（表四）甲的编制方法。
- 掌握建筑安装工程费用预算表（表二）、工程建设其他费用预算表（表五）的编制方法。
- 掌握建筑安装工程预算总表（表一）的编制方法。

能力目标

- 能完成工程资料收集，正确读图和工程量统计。
- 会套用预算定额子目、会正确使用预算定额说明。
- 会使用工程机械仪表台班费用定额。
- 能完成编制预算表格表一至表五。

1.4.1 任务导入

任务描述：现有某架空光缆线路迁改工程施工图。因当地开发区建设需要，须拆除原架空杆路1.319km，拆除48芯光缆1条，拆除24芯光缆1条；同时须新建架空线路649m，加挂本地网架空线路1.2km，新建线路全程敷设48芯光缆1条，敷设24芯光缆1条，光缆中继段测试采用40km以下中继段（双窗口）测试，本工程施工企业距离施工现场为38km，工程设备及材料平均运距按40km计取，施工环境为丘陵地区施工。建设单位要求设计单位在1周内完成该工程CAD制图及施工图预算编制。

根据工程任务书的要求完成该工程施工图预算表一至表五的手工编制任务。

1.4.2 任务分析

要完成一项架空线路工程的概预算编制，编制前应开展一系列技术储备。如熟悉概预算的编制原则、编制依据、编制程序和编制方法；熟悉通信线路工程的项目特点、施工流程、施工工艺及施工技术标准，收集包括预算定额、施工合同、设计合同、监理合同、设计会审纪要、补充子目工时取费标准、限额设计文件等在内的工程有关取费文件，收集工程设备及主要材料预算价格，会使用人工消耗定额、机械消耗定额、仪表消耗定额及费用定额等。

1.4.3 知识准备

一、架空线路工程概预算手工编制的流程

（1）读懂设计任务书的要求，明确施工图预算编制前的技术储备内容。

① 设计任务书要求：编制一阶段施工图预算设计，丘陵地区施工环境。

② 技术储备的内容：架空线路工程基础、工程预算基础、线路工程预算定额、费用定额、机械仪表费用定额的使用方法。

（2）收集资料熟悉工程图纸，梳理确定预算工序，完成工程量的统计。

（3）按路由穿越分别统计新建杆路和拆除杆路工程量，套用预算定额子目，分别计算人工、主材、机械、仪表工程使用量，完成建筑安装工程量预算表（表三）、国内器材表（表四）。

（4）选用价格计算直接工程费（人工费+材料费+机械使用费+仪表使用费），然后计算建筑安装工程费、工程建设其他费、工程预算总费用，并编制预算表格。

（5）预算套用子目审查和数据复核。

（6）编写本工程的预算编制说明。

二、通信线路工程基础

1．建设项目的概念

建设项目是指按照一个总体设计进行建设，在经济上实行统一核算，在行政上有独立的组织形式，实行统一管理，由一个或若干个具有内在联系的工程所组成的总体。此处具有内在联系的工程是指单项工程，单项工程就是通信建设工程概算、预算的编制对象；通信建设单项工程项目划分见表 1-11。

表 1-11 　　　　　　　　　　　　单项工程项目划分表

专 业 类 别	单项工程名称	备　注
通信线路工程	1．××光、电缆线路工程 2．××水底光、电缆工程（包括水线房建筑及设备安装） 3．××用户线路工程（包括主干及配线光、电缆、交接及配线设备、集线器、杆路等） 4．××综合布线系统工程	进局及中继光（电）缆工程可按每个城市作为一个单项工程
通信管道建设工程	通信管道建设工程	
通信传输设备安装工程	1．××数字复用设备及光、电设备安装工程 2．××中继设备、光放设备安装工程	
微波通信设备安装工程	××微波通信设备安装工程（包括天线、馈线）	
卫星通信设备安装工程	××地球站通信设备安装工程（包括天线、馈线）	
移动通信设备安装工程	1．××移动控制中心设备安装工程 2．基站设备安装工程（包括天线、馈线） 3．分布系统设备安装工程	
通信交换设备安装工程	××通信交换设备安装工程	
数据通信设备安装工程	××数据通信设备安装工程	
供电设备安装工程	××电源设备安装工程（包括专用高压供电线路工程）	

其中，分项工程是概预算编制的最小计量单元，也就是工程项目的"假定建设产品"，如图 1-64 所示。

2．架空线路系统的建设场景

（1）架空线路系统组成。由镀锌钢绞线、吊线抱箍、拉线抱箍、挂钩、混凝土水泥杆、拉线盘、拉线铁柄、衬环、光缆接头盒等组成，如图 1-65 所示。

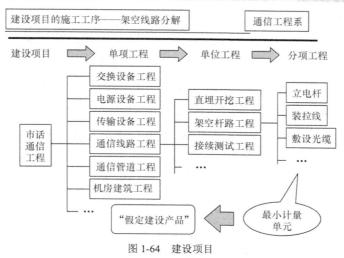

图 1-64　建设项目

❖ 杆路组成：镀锌钢绞线、吊线抱箍、拉线抱箍、挂钩、混凝土水泥杆、拉线盘、拉线铁柄、衬环。

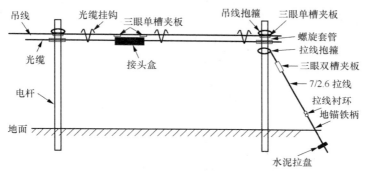

图 1-65　架空线路建设场景

（2）架空线路杆路系统的施工过程包括：单盘检验；路由复测；立电杆；装拉线；敷设吊线；敷设光缆；接续安装；中继测试；竣工验收。

（3）架空线路工程建设场景设备及材料认识。根据教学需要，可采取图片介绍、现场查勘、现场参观等手段开展教学做一体化教学。

三、架空线路工程预算基础

（一）认识通信建设工程概预算

（1）设计概算、预算是初步设计概算和施工图设计预算的统称。

（2）设计概算、预算是本质上是工程造价的预期价格。

（3）设计概算、预算是项目从筹建至竣工交付使用所需全部费用的事先计算和确定。

通信建设工程概预算就是根据"明确规定的法则"对一个单项工程在人工、材料、施工机械、施工仪表的利用和消耗方面将产生费用的初步计算和估算，是确定建设项目全部工程费用开支的技术经济文件。

明确规定的法则指一系列具有法律效力的的计费文件，明确规定的法则包含但不限于以下三种文件。

① 建设项目设计要求、批复的相关文件，施工图、标准图、通用图及其编制说明。

② 国家有关管理部门颁布的法律、法规、标准规范，工程定额及其有关文件。

③ 甲乙双方签订的年度框架协议约定条款、取费标准、施工合同及有关协议等。

（二）通信建设工程概预算的设计深度

采用三阶段设计时，初步设计阶段编制总概算，技术设计阶段编制修正概算、施工图阶段编制施工图预算。设计采用二阶段设计时，初步设计阶段编制总概算，施工图阶段编制施工图预算。采用一阶段设计时，施工图阶段编制施工图预算；但施工图预算就反映全部费用内容，即除工程费和工程建设其他费之外，还应计列预备费、建设期利息等费用。

（三）通信建设程序

通信行业基本建设项目和技术改造项目，尽管其投资管理、建设规模有所不同，但是建设过程中的主要程序基本相同，如图 1-66 所示。大中型和限额以上的建设项目，从建设前期的项目立项阶段到建设中的项目实施阶段，再到建设后期的验收投产阶段，整个过程要经过项目建议书、可行性研究、初步设计、年度计划安排、施工准备、施工图设计、施工招投标、开工报告、施工、初步验收、试运转、竣工验收、投产使用等环节。

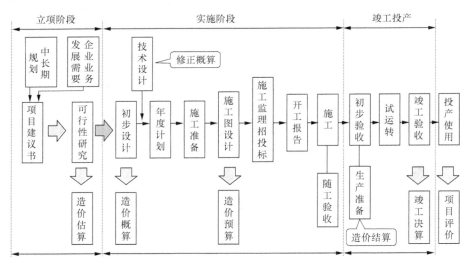

图 1-66　通信建设程序

（四）架空线路工程预算基础

1．工程定额

工程定额是指在一定的社会生产力发展水平下，在正常的施工条件和合理的劳动组织，合理地使用工程材料和机械的条件下，规定完成单位合格产品，在人力、物力、财力的利用和消耗方面应当遵守的数量标准。现行通信建设工程定额的构成如下。

（1）通信工程费用定额：解决费用该不该取、以谁为基数来取、费率取多少的问题。通信建设单项工程概预算费用的组成如图 1-67 所示。

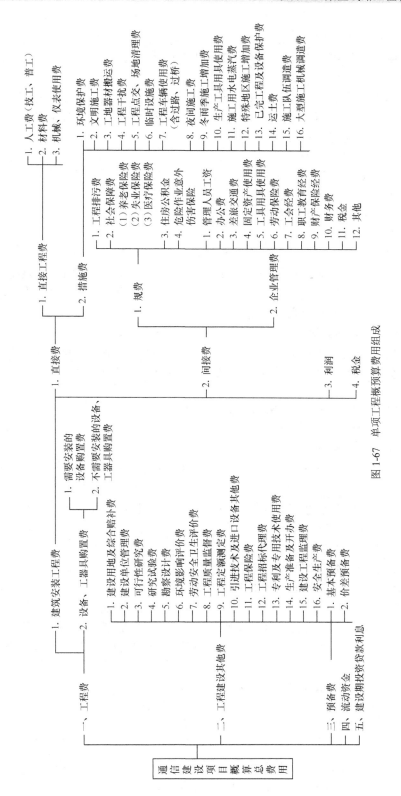

图 1-67 单项工程概预算费用组成

（2）通信工程预算定额：解决人工、材料、机械、仪表消耗量的衡量标准的问题。

（3）施工机械、仪表台班费用定额：解决机械和仪表台班单价取定的问题。

（4）工程勘察设计收费标准：解决工程现场勘察取费以及项目设计费取费的问题。

2．预算定额

预算定额是指编制预算时使用的定额，是确定一定计量单位的分项工程在人工，材料、机械、仪表的消耗方面应遵循的标准。现行通信建设工程预算定额的构成如下。

（1）通信电源设备安装工程（册代号：TSD）。

（2）有线通信设备安装工程（册代号：TSY）。

（3）无线通信设备安装工程（册代号：TSW）。

（4）通信线路工程（册代号：TXL）。

（5）通信管道工程（册代号：TGD）。

3．现行预算定额的特点

通俗地说，定额只对"工程量"进行规则衡量，不对"价"进行约束。

量是指对人工量、材料消耗量、施工机械和仪表消耗量进行明确的法则规定。

价是指材料单价，利用市场公允价值来衡量，一般以物价部门定期发布的指导价或信息价作为参考执行价，或以甲乙双方约定的合同价计列。

4．施工图预算的编制依据

国家有关部门颁布的工程定额、技术标准或技术规范；上级公司批准的立项批复相关文件、施工合同、会审纪要文件、工程相关取费文件、勘察工作完成后获得建设方认可的线路工程建设方案等。

5．通信线路工程预算定额、费用定额的使用基础

通信线路工程预算定额有以下几种。

（1）通信线路工程（册代号：TXL）。

（2）通信线路工程（册代号：TXL）的相关补充定额。

需要指出以下几点。

① 通信建设工程不分专业和地区工资类别，综合取定人工费。人工费单价为：技工为48元/工日；普工为19元/工日。其中：

概（预）算人工费=技工费+普工费；

概（预）算技工费=技工单价×概（预）算技工总工日；

概（预）算普工费=普工单价×概（预）算普工总工日。

② 通信线路工程预算定额人工工日按普工作业和技工作业方式分别取定。

③ 通信线路工程施工测量类工程量定额子目套用，查询《通信线路工程预算定额（第一章 施工测量与开挖路面）》；路由建筑类、缆线敷设类的工程量定额子目套用，查询《通信线路工程预算定额（第三章 敷设架空光（电）缆、第四章 敷设管道及其他光缆）》；工程测试类及设备安装类的工程量定额子目套用，查询《通信线路工程预算定额（第五章 光缆接续与测试、第六章 安装线路设备）》。

6．预算定额子目的使用方法

（1）预算定额子目编号的含义如图1-68所示。

例：TXL3-165。表示通信线路工程预算定额第3章第

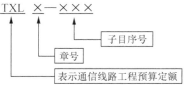

图1-68　定额子目的含义

165 号定额子目 水泥杆架设 7/2.2 吊线 山区。

（2）预算定额子目内容代表的含义。例：定额编号为 TXL1-002 的定额子目，其表达的含义为：每完成100m 单位的架空光（电）缆工程施工测量需消耗 0.6 个技工工日和 0.2 个普工工日，其他定额子目同理，见表 1-12。

表 1-12　　　　　　　　　　　　　　定额子目表内容

定 额 编 号			TXL1—001	TXL1—002	TXL1—003	TXL1—004		TXL1—005	TXL1—006
项 目 名 称			直埋光（电）缆工程施工测量（100m）	架空光（电）缆工程施工测量（100m）	管道光（电）缆工程施工测量（100m）	海上光（电）缆工程施工测量（100m）			GPS 定位（点）
项 目 名 称			直埋光（电）缆工程施工测量（100m）	架空光（电）缆工程施工测量（100m）	管道光（电）缆工程施工测量（100m）	自航船	驳船		GPS 定位（点）
名　　称		单位	数量						
人工	技　　工	工日	0.7	0.6	0.5	4.25	4.25		0.05
人工	普　　工	工日	0.3	0.2	--	--	--		--
主要材料									
主要材料									
机械	海缆施工自航船（5000t 以下）	艘班	—	—	—	0.02			—
机械	海缆施工驳船（500t 以下）带拖轮	艘班	—	—	—		0.02		—
仪表	地下管线探测仪	台班	0.1	0.05	—	—		—	—
仪表	GPS 定位仪	台班	—	—	—	—		—	0.05

（3）特别说明如下。

关于施工测量的注释：

① 施工测量不分地形和土（石）质类别，为综合取定的工日。

② 施工测量的工作内容：①直埋、架空、管道、海上光（电）缆施工测量：核对图纸、复查路由位置、施工定点划线、做标记等；②GPS 定位：校表、测量、记录数据等。

③ 特别说明

凡是预算定额子目表中带有括号和分数表示的消耗量，系供设计选择；"*"表示由设计确定其用量。

凡是预算定额子目表中注有"××以内"或"××以下"者均包括"××" 本身；"××以外"或"××以上"者则不包括"××" 本身。

7. 预算定额子目选用的注意事项

在贯彻执行定额过程中，除了对定额作用、内容和适用范围应有必要的了解以外，还应着重了解定额的有关规定，才能正确执行定额，在选用预算定额项目时要注意以下几点。

（1）定额项目名称的确定。设计概、预算的计价单位划分应与定额规定的项目内容相对应，才能直接套用。定额数量的换算，应按定额规定的系数调整。

（2）定额的计量单位。预算定额在编制时，为了保证预算价值的精确性，对许多定额项目采用了扩大计量单位的办法。在使用定额时必须注意计量单位的规定，避免出现小数点定位的错误。

（3）定额项目的划分。定额中的项目划分是根据分项工程对象和工种不同、材料品种不同、机械类型不同而划分的，套用时要注意工艺、规格的一致性。

（4）注意定额项目表下的注释。表下的注释说明人工、主材、材械台班消耗量的使用条

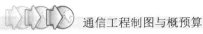

件和增减的规定。

1.4.4　任务实施

一、架空线路工程概预算表格的手工编制

（一）已知条件

（1）本工程为××移动公司长途网光缆线路迁改工程一阶段施工图设计。

（2）施工环境为丘陵地区；施工企业距离施工现场 38km；本工程不委托监理。

（3）电路割接点每侧光缆预留按 20m 计列；割接电路后，应将沿线电杆、拉线、吊线（1.319km）、光缆（含预留）等全部拆除，其中拆除工程中除光缆、吊线按"清理入库"方式拆除外，其他设备及材料均按"不清理入库"处理。

（4）架空光缆自然弯曲按 0.5%取定；全程光缆敷设预留按每 500m 预留 30m 计。

（5）本工程不计取工程干扰费、施工用水电蒸汽费、特殊地区施工增加费、已完工程及设备保护费、运土费、大型施工机械调遣费。

（二）统计工程量

架空线路工程的工程量统计主要采用"四类法"进行分门别类的工程量统计。

根据民间习惯计量单位采用"四类法"统计出来的工作量数据称为工程统计数量。

（1）第一类。施工测试类。施工测试类统计时应注意区分新建杆路的施工测量与原有杆路（或拆除杆路）的施工测量的计列依据应遵循各本地网取费文件的规定。

（2）第二类。杆路建筑类。杆路建筑类的统计应遵循线路工程施工工序"立电杆—装设拉线—敷设吊线—敷设光缆—光缆接头—中继段测试"分别套用定额子目。

（3）第三类。缆线敷设类。缆线敷设类主要指不同规格型号的光缆按不同的敷设方式进行敷设布放。应注意按照定额套用的口径准确套用各定额子目。

（4）第四类。工程接续与测试类。工程接续与测试类包含两部分内容：一是光缆接头的定额套用应按照光缆芯数的不同准确套用；二是中继段测试的定额套用应首先判断中继段是否超 40km 两种情况分别套用。

根据上述方法即可完成工程量的统计工作，其工程量汇总表见表 1-13。

表 1-13　　　　　　　　　　　工程量汇总表

序　号	项 目 名 称	单　位	数　量
1	架空光（电）缆工程施工测量	M	1849
2	拆除架空光（电）缆工程施工测量	m	1322
3	立 9m 以下水泥杆　综合土（平原地区）	根	8
4	水泥杆夹板法装 7/2.6 单股拉线　综合土（平原地区）（工日×1.3）	条	7
5	水泥杆架设 7/2.2 吊线　丘陵	米	650
6	挂钩法架设架空光缆　丘陵、城区、水田 36 芯以下	m	690
7	附挂架设架空光缆　丘陵、城区、水田 36 芯以下	m	1280
8	挂钩法架设架空光缆　丘陵、城区、水田 60 芯以下	m	690
9	附挂架设架空光缆　丘陵、城区、水田 60 芯以下	m	1280
10	光缆接续 24 芯以下	头	2

序　号	项 目 名 称	单　位	数　量
11	光缆接续 48 芯以下	头	2
12	40km 以下光缆中继段测试 24 芯以下	中继段	1
13	40km 以下光缆中继段测试 48 芯以下	中继段	1
14	拆除 9m 以下水泥杆 综合土（平原地区）	根	19
15	拆除水泥杆夹板法装 7/2.6 单股拉线 综合土（平原地区）	条	6
16	拆除水泥杆架设 7/2.2 吊线 丘陵	m	1320
17	拆除架设架空光缆 丘陵、城区、水田 36 芯以下	m	1510
18	拆除架设架空光缆 丘陵、城区、水田 60 芯以下	m	1510

（三）概预算表格的编制方法

概预算表格的编制顺序是：表三（人工、机械、仪表费）—表四（主材+设备费）—表二（建筑安装费）—表五（工程建设其他费）—表一（工程预算总费用）。

1．熟悉计取规则

对于初学者，在定额套用前应先收集并熟悉与工程取费有关的各类取费标准和计费文件，熟悉工程预算定额的总说明、册说明、章节说明和注释。根据工程量的统计情况，将统计的工程内容逐项与工程定额名称进行比对，施工内容一致，套用条件符合，方可正确套用定额子目，否则可能出现高套定额、错套定额、重复套用定额的现象，影响并导致工程造价高估冒算、造成建设方投资的闲置和资金浪费。

2．定额子目的正确套用方法

（1）正确套用的含义有三层：一是施工工艺及规格型号套对；二是建设场景套对；三是定额单位套对。

（2）定额子目套用条件的判断分为以下几类。

① 施工测量类：核对敷设方式；核对建设场景（新建/拆除）。

② 杆路建筑类。

立电杆套用条件：电杆类别；电杆规格型号；地区类别；电杆土质环境。

装拉线套用条件：拉线的工艺类别和规格型号；拉线的地区类别和土质环境。

敷设吊线套用条件：吊线的工艺类别和规格型号；吊线的地区类别。

③ 缆线敷设类套用条件：光缆的工艺类别和规格型号；光缆的地区类别。

④ 工程接续与测试类套用条件。

光缆接续：光缆的工艺类别（光缆接续/成端接头/带状接续）；光缆的芯数。

中继段测试：40km 以下/40km 以上判断；测试芯数。

特别指出：定额套用时应对新建杆路和拆除杆路分别套用；定额单位的套对为所有工程定额子目正确套用的共有判断条件。

3．架空线路工程量的计算方法

（1）杆路施工测量长度计算＝室外路由长度＝水平丈量距离。

定额数量＝工程统计数量/定额单位（100m 条/1000m 条等）。

新建杆路施工测量＝新建（6+2）根水泥电杆的杆路距离 649m+附挂 1.2km 本地网杆路＝1849m/100m＝18.49 百 m。

拆除杆路施工测量＝电杆 P645 至 P666 拆除杆路全程距离 1322m/100m＝13.22 百 m。

（2）光缆敷设长度＝水平丈量距离×架空自然弯曲率系数（1.005）+各种预留长度。

各种预留长度＝接头侧预留长度+工程统计数量/500m×每500m预留长度。

则各种预留长度＝接头侧20m×2+1849m/500m×每500m预留长度30m＝151m。

则光缆敷设长度＝1.849×1.005+(151)/1000=2.00km。

（3）光缆的使用长度＝敷设长度×材料损耗量系数（1.007）。

则光缆的使用长度＝2×1.007=2.014km。

（4）其他材料消耗量＝单位定额值×（工程统计数量/定额单位）。

例：敷设吊线消耗量＝221.27kg×（敷设吊线长度 649 m/1000m 条）=143.61km，其他材料的计算同理。

（5）本工程中拆除线路施工测量根据运营商的计取规定，按新建线路的施工测量的 6 折计取；其他拆除工程按拆除工程系数计取，详见《通信线路工程预算定额册说明》。

（6）本工程中特别注意：加挂杆路部分属于扩建情形中的"施工降效部分"，其人工工日应乘以系数 1.1；而通信线路预算定额中立电杆与撑杆、装拉线部分为平原地区的定额，用于丘陵时应按相应定额人工的 1.3 倍计取。

（四）定额子目消耗量的分解填表

当定额套用及工程量正确换算完成以后，此时，需要将每条定额子目所涉及的资源消耗内容和数量分解到对应的概预算表格。具体的分解对应方法：定额子目的人工消耗应分解到《建筑安装工程量预算表（表三甲）》；机械消耗应分解到《建筑安装工程机械使用费预算表（表三乙）》；仪表消耗应分解到《建筑安装工程仪表使用费预算表（表三丙）》；材料消耗应分解到《国内器材预算表（表四甲）（主要材料表）》；工程投入的设备费应分解到《国内器材预算表（表四甲）（设备表）》。

（五）概预算表格的填写说明

施工图设计一般由预算编制文字说明、预算图纸、预算表格三部分组成。其中预算表格是在图样设计完成之后识图算量形成的表格。施工图预算表格由建筑安装工程预算总表（表一）、建筑安装工程费用预算表（表二）、建筑安装工程量预算表（表三）甲、建筑安装工程机械使用费预算表（表三）乙、建筑安装工程仪器仪表使用费预算表（表三）丙、国内器材预算表（表四）甲（主材表）、国内器材预算表（表四）甲（需安装设备）、工程建设其他费预算表（表五）甲等表格组成。全套表格详见附录。

1．表格标题、表首填写说明

（1）本套表格供编制工程项目概算或预算使用，各类表格的标题应根据编制阶段明确填写"概"算表或"预"算表。

（2）本套表格的表首填写具体工程的相关内容。

主要填写：建设项目名称或单项工程名称、建设单位、表格编写、第几页共几页等。

2．建筑安装工程量预算表（表三）的填写说明

（1）（表三）甲填写说明

① 本表供编制工程量，并计算技工和普工总工日数量使用。

② 第Ⅱ栏根据《通信建设工程预算定额》，填写所套用预算定额子目的编号。若需临时估列工作内容子目，在本栏中标注"估列"两字；两项以上"估列"条目，应编列序号。

③ 第Ⅲ、Ⅳ栏根据《通信建设工程预算定额》分别填写所套定额子目的名称、单位。

若需对定额子目乘以相关取费系数时，应在定额子目的名称末尾加上"（工日×系数）"字样，以表明该子目的工效增减情况；相关取费系数主要有扩建工程工效降低补偿系数 1.1、（立电杆、装设拉线）丘陵城区水田调增系数 1.3、山区调增系数 1.6，更换电杆调增系数 2.0、长杆档超档距 100m 以上时调增系数 2.0，光缆中继段双窗口测试调增系数 1.8、拆除工程系数 0.3～1.0、小型工程补偿系数（1.10、1.15）以及高原地区施工调增系数（1.13～1.84）等。表格中的单位是指定额单位，定额单位主要有施工测量单位（100m）、敷设吊线式或钉固式墙壁光缆（100m 条）、敷设架空吊线或架空光缆（1000m 条）、立电杆（根）、拉线（条）、光缆接续（头）、光缆中继段测试（中继段）等。

④ 第Ⅴ栏填写根据定额子目的工作内容所计算出的工程量数值。

表格内的"数量"为定额计算口径所得的工程数量（下同），即定额数量＝工程统计数量（或工程计算数据）/定额单位×相关系数。

⑤ 第Ⅵ、Ⅶ栏填写所套定额子目的工日单位定额值。

根据查询《通信建设工程预算定额》定额子目表内所套用的定额子目对应消耗的技工单位定额值、普工单位定额值填写。

⑥ 第Ⅷ栏为第Ⅴ栏与第Ⅵ栏的乘积，第Ⅸ栏为第Ⅴ栏与第Ⅶ栏的乘积。

即，总技工工日＝技工单位定额值×定额数量，总普工工日计算同理。

通过以上步骤，正确套用定额子目及计算工程量后的结果见表 1-14。

表 1-14　　　　　　　　　　　定额子目汇总表

序号	项目名称	定额编号	定额单位	数量
1	架空光（电）缆工程施工测量	TXL1-002	100m	18.49
2	拆除架空光（电）缆工程施工测量（工日×0.6）	TXL1-002	100m	1.33
3	立 9m 以下水泥杆 综合土（平原地区）（工日×1.3）	TXL3-001	根	8.00
4	水泥杆夹板法装 7/2.6 单股拉线 综合土（平原地区）（工日×1.3）	TXL3-054	条	7.00
5	水泥杆架设 7/2.2 吊线 丘陵	TXL3-164	1000m 条	0.65
6	挂钩法架设架空光缆 丘陵、城区、水田 36 芯以下	TXL3-185	1000m 条	0.69
7	附挂架设架空光缆 丘陵、城区、水田 36 芯以下（工日×1.1）	TXL3-185	1000m 条	1.28
8	挂钩法架设架空光缆 丘陵、城区、水田 60 芯以下	TXL3-186	1000m 条	0.69
9	附挂架设架空光缆 丘陵、城区、水田 60 芯以下（工日×1.1）	TXL3-186	1000m 条	1.28
10	光缆接续 24 芯以下	TXL5-002	头	2.00
11	光缆接续 48 芯以下	TXL5-004	头	2.00
12	40km 以下光缆中继段测试 24 芯以下（工日×1.8）	TXL5-068	中继段	1.00
13	40km 以下光缆中继段测试 48 芯以下（双窗口）（工日×1.8）	TXL5-070	中继段	1.00
14	拆除 9m 以下水泥杆 综合土（平原地区）（工日×0.3）	TXL3-001	根	19.00
15	拆除水泥杆夹板装 7/2.6 单股拉线 综合土（平原地区）（工×0.3）	TXL3-054	条	6.00
16	拆除水泥杆架设 7/2.2 吊线 丘陵（工日×0.6）	TXL3-164	1000m 条	1.32
17	拆除架设架空光缆 丘陵、城区、水田 36 芯以下（工日×0.7）	TXL3-185	1000m 条	1.51
18	拆除架设架空光缆 丘陵、城区、水田 60 芯以下（工日×0.7）	TXL3-186	1000m 条	1.51

注：本表定额编号为某公司概预算软件对应的定额编号。由于概预算软件及时升级更新补充定额子目，因此与国标工程预算定额工具书的定额编号存在一定差异。

（2）（表三）乙填写说明

① 本表供编制本工程所列的机械费用汇总使用。

第Ⅱ、Ⅲ、Ⅳ和Ⅴ栏分别填写所套用定额子目的编号、名称、单位，以及该子目工程量

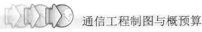

数值。特别注意，本表的定额子目的编号、名称、单位以及数量与表（三）甲一致。

② 第Ⅵ、Ⅶ栏分别填写定额子目所涉及的机械名称及此机械台班的单位定额值。

分别查询《通信建设工程预算定额》、《通信建设工程施工机械台班费用定额》可以获得定额子目所涉及的机械名称及此机械台班的单位定额值。

③ 第Ⅷ栏填写根据《通信建设工程施工机械、仪表台班费用定额》查找到的相应机械台班单价值。

④ 第Ⅸ栏填写第Ⅶ栏与第Ⅴ栏的乘积，即总台班数量＝单位台班数量×定额数量。

⑤ 第Ⅹ栏填写第Ⅷ栏与第Ⅸ栏的乘积，即机械使用费＝总台班数量×机械台班单价。

（3）（表三）丙填写说明

① 本表供编制本工程所列的仪表费用汇总使用。

② 第Ⅱ、Ⅲ、Ⅳ和Ⅴ栏分别填写所套用定额子目的编号、名称、单位，以及该子目工程量数值。特别注意，本表的定额子目的编号、名称、单位以及数量与表（三）甲一致。

③ 第Ⅵ、Ⅶ栏分别填写定额子目所涉及的仪表名称及此仪表台班的单位定额值。

分别查询《通信建设工程预算定额》、《通信建设工程施工仪表台班费用定额》可以获得定额子目所涉及的仪表名称及此仪表台班的单位定额值。

④ 第Ⅷ栏填写根据《通信建设工程施工机械、仪表台班费用定额》查找到的相应仪表台班单价值。

⑤ 第Ⅸ栏填写第Ⅶ栏与第Ⅴ栏的乘积，即总台班数量＝单位台班数量×定额数量。

⑥ 第Ⅹ栏填写第Ⅷ栏与第Ⅸ栏的乘积，即仪表使用费＝总台班数量×仪表台班单价。

3．国内器材预算表（表四）的填写说明

（1）（表四）甲填写说明

① 本表供编制本工程的主要材料、设备和工器具的数量和费用使用。

② 表格标题下面括号内根据需要填写主要材料或需要安装的设备或不需要安装的设备、工器具、仪表。

③ 第Ⅱ、Ⅲ、Ⅳ、Ⅴ、Ⅵ栏分别填写主要材料或需要安装的设备或不需要安装的设备、工器具、仪表的名称、规格程式、单位、数量、单价。

特别注意：这里的"单位"同样是指定额口径所明确的单位；这里的"数量"＝换算为定额单位后的工程量统计数据×材料消耗定额的给出的单位定额值。

④ 第Ⅶ栏填写第Ⅵ栏与第Ⅴ栏的乘积。

⑤ 第Ⅷ栏填写主要材料或需要安装的设备或不需要安装的设备、工器具、仪表需要说明的有关问题，如工程所消耗的设备或材料为甲供材料还是乙供材料等。

⑥ 依次填写需要安装的设备或不需要安装的设备、工器具、仪表之后还需计取下列费用：运杂费、运输保险费、采购及保管费、采购代理服务费等。

（2）（表四）甲填表时的注意事项

① 在（表四）甲（主要材料表）的材料统计时，应对不同定额子目产生的同一种材料进行合并同类项，同时应注意工程主要材料的使用单位与定额单位的换算关系，检查单位换算的正确性。

② 分类统计各类型（如光缆类、水泥制品类、塑料制品类、木制品类、其他类）的主要材料原价，确定各种材料的运输距离或平均运输距离（本项目为 40km），查询《通信建设工程费用定额》器材运杂费费率表、材料采购及保管费费率表等取得相应费用费率；在合并同类型材料原价的基础上分别计算各类型材料的运杂费、运输保险费、采购及保管费，最后

合计主要材料表所有材料的价格，即可得到材料预算价总费用。

材料费用的计算方法如下：

材料费=主要材料费+辅助材料费

主要材料费=材料原价+运杂费+运输保险费+采购及保管费+采购代理服务费。

辅助材料费=主要材料费×辅助材料费系数

式中：a. 材料原价：供应价或供货地点价。

b. 运杂费：编制概算时，除水泥及水泥制品的运输距离按 500km 计算，其他类型的材料运输距离按 1500km 计算。运杂费=材料原价×器材运杂费费率，其中器材运杂费费率见表1-15。

表 1-15   器材运杂费费率表

费率（%） 运距 L（km）	光缆	电缆	塑料及 塑料制品	木材及 木制品	水泥及 水泥构件	其他
$L \leq 100$	1.0	1.5	4.3	8.4	18.0	3.6
$100 < L \leq 200$	1.1	1.7	4.8	9.4	20.0	4.0
$200 < L \leq 300$	1.2	1.9	5.4	10.5	23.0	4.5
$300 < L \leq 400$	1.3	2.1	5.8	11.5	24.5	4.8
$400 < L \leq 500$	1.4	2.4	6.5	12.5	27.0	5.4
$500 < L \leq 750$	1.7	2.6	6.7	14.7	—	6.3
$750 < L \leq 1000$	1.9	3.0	6.9	16.8	—	7.2
$1000 < L \leq 1250$	2.2	3.4	7.2	18.9	—	8.1
$1250 < L \leq 1500$	2.4	3.8	7.5	21.0	—	9.0
$1500 < L \leq 1750$	2.6	4.0	—	22.4	—	9.6
$1750 < L \leq 2000$	2.8	4.3	—	23.8	—	10.2
$L > 2000$km 每增 250km 增加	0.2	0.3	—	1.5	—	0.6

c. 运输保险费：运输保险费=材料原价×保险费率 0.1%。

d. 采购及保管费：采购及保管费=材料原价×采购及保管费费率，其中材料采购及保管费费率见表1-16。

表 1-16   材料采购及保管费费率表

工 程 名 称	计 算 基 础	费率（%）
通信设备安装工程	主要材料费	1.0
通信线路工程		1.1
通信管道工程		3.0

e. 采购代理服务费按实计列。

f. 辅助材料费：辅助材料费=主要材料费×辅助材料费费率，其中辅助材料费费率见表1-17。

表 1-17   辅助材料费费率表

工 程 名 称	计 算 基 础	费率（%）
通信设备安装工程	主要材料费	3.0
电源设备安装工程		5.0
通信线路工程		0.3
通信管道工程		0.5

g．凡由建设单位提供的利旧材料，其材料费不计入工程成本。

4．建筑安装工程费用预算表（表二）的填写说明

（1）本表供编制建筑安装工程费使用。

（2）第Ⅲ栏根据《通信建设工程费用定额》相关规定，填写第Ⅱ栏各项费用的计算依据和方法，准确理解和领会表间数据的传递关系。

（3）第Ⅳ栏填写第Ⅱ栏各项费用的计算结果。

（4）本表主要解决以下三个问题。

① 费用该不该取：主要体现在措施费的十六子项费用取舍上。取费情况分为三类：一类是常取费用；二类是动态费用；三类是不常取的费用。常取费用是指针对本工程类别的任何一个项目，都要"共同取定"的费用项目。这类费用主要有"环境保护费、文明施工费、工地器材搬运费、工程点交及场地清理费、工程车辆使用费、冬雨季施工增加费、生产用具工具使用费"七项费用。动态费用是指针对本工程类别的任何一个项目，每一次在编制建筑安装工程费用预算表（表二）措施费中的相关费用时，都要对"这类费用"作出"该不该取"及"取多少"的判断。这类费用主要有"临时设施费、施工队伍调遣费"等两项费用。不常取的费用是指针对本工程类别的任何一个项目，费用取定出现的频率不多的费用，这类费用主要是跟随具体项目的独特性要求及施工环境变化而变化，符合取定条件时，合理取定；不符合取定条件时，不计取。这类费用属于"变化不定"的费用子目，需要根据具体项目具体情况予以判断。这类费用一般适用于非正常地区、非正常作业条件、特殊作业要求的建设场景，这类费用主要有"夜间施工增加费、工程干扰费、运土费、大型施工机械调遣费、施工用水电蒸气费、特殊地区施工增加费、已完工程及设备保护费"七项费用。其中"施工用水电蒸气费、特殊地区施工增加费、已完工程及设备保护费"三项费用一般情况下不涉及，特别是在内陆地区。

② 以谁为基数来取：在建筑安装工程费用预算表（表二）中，所有相关费用的取定都是以人工费为基础来确定的。可以看出，人工费的上下浮动将直接影响整个工程预算造价的真实性、合理性和准确性。因此，在计算相关建筑安装工程预算费用之前应确保人工费数据准确无误。

③ 费率取多少：主要以"工程类别"来区分。可以通过查询《通信建设工程费用定额》，找到属于本工程类别的对应费率，即可确定该项目费用的费率。在《通信建设工程费用定额》中出现的"工程类别"主要有"无线通信设备安装工程、通信线路工程、通信线路工程（城区部分）、通信管道工程、通信管道工程（干扰地区）、移动通信基站设备安装工程、通信设备安装工程、有线通信设备安装工程、通信电源设备安装工程、通信设备安装工程（室外天线、馈线部分）"十种情形，套用时应检查是否与套用情形符合。

（5）关于税金的计算。税金＝纳税直接费×3.41%＝(一+二+三−光电缆费)×3.41%。

5．工程建设其他费预算表（表五）的填写说明

（1）（表五）甲填写说明如下。

① 本表供编制国内工程计列的工程建设其他费使用。

② 第Ⅲ栏根据《通信建设工程费用定额》相关费用的计算规则填写。

③ 第Ⅴ栏根据需要填写补充说明的内容事项。

（2）（表五）乙填写说明如下。

① 本表供编制引进工程计列的工程建设其他费。

② 第Ⅲ栏根据国家及主管部门的相关规定填写。

③ 第Ⅳ、Ⅴ栏分别填写各项费用所需计列的外币与人民币数值。

④ 第Ⅵ栏根据需要填写补充说明的内容事项。

6．工程预算总表（表一）的填写说明

（1）本表供编制单项（单位）工程概算（预算）使用。

（2）表首"建设项目名称"填写立项工程项目全称。

（3）第Ⅱ栏根据本工程各类费用概算（预算）表格编号填写。

（4）第Ⅲ栏根据本工程概算（预算）各类费用名称填写。

（5）第Ⅳ～Ⅷ栏根据相应各类费用合计填写。

（6）第Ⅸ栏为第Ⅳ～Ⅷ栏之和。

（7）第Ⅹ栏填写本工程引进技术和设备所支付的外币总额。

（8）当工程有回收金额时，应在费用项目总计下列出"其中回收费用"，其金额填入第Ⅷ栏。此费用不冲减总费用。

（六）工程设备及主要材料价格

架空线路工程设备及主要材料价格见表1-18。

表1-18　　　　　　　　　　　　　工程物资价格表

序　号	名　称	规格程式	单　位	单价（元）
Ⅰ	Ⅱ	Ⅲ	Ⅳ	Ⅵ
1	预应力水泥电杆	$\phi150mm \times 7m$	根	520.00
2	预应力水泥电杆	$\phi150mm \times 9m$	根	780.00
3	水泥拉线盘		套	55.00
4	红色塑料软管		kg	15.00
5	铝芯塑料线		米	0.50
6	地锚铁柄		套	47.00
7	电缆挂钩	25mm	只	0.16
8	吊线箍		套	19.50
9	镀锌钢绞线	7/2.2	kg	8.10
10	镀锌钢绞线	7/2.6	kg	8.10
11	镀锌铁线	$\phi1.5$	kg	9.00
12	镀锌铁线	$\phi3.0$	kg	9.00
13	镀锌铁线	$\phi4.0$	kg	9.00
14	光缆标志牌		个	5.00
15	光缆接头盒	48芯	套	280.00
16	光缆接头盒	24芯	套	180.00
17	拉线抱箍	D164	套	21.50
18	光缆特种抱箍164	D164	套	16.50
19	三眼单槽夹板		副	11.50
20	三眼双槽夹板		副	13.50
21	架空光缆	48芯	km	5855.00
22	架空光缆	24芯	km	3419.00

（七）工程预算表编制结果

架空线路工程预算表编制结果见表1-19～表1-26。

表 1-19

建设项目名称：××年××架空光缆线路迁改工程

单项工程名称：××年××架空光缆线路迁改工程　　　建设单位名称：四川××移动通信公司　　　表格编号：SXG-01　　　第 1 页　共 1 页

工程预算总表（表一）

序号	表格编号	单项工程名称	小型建筑工程费	需要安装的设备费	不需要安装的设备、工器具费	建筑安装工程费	预备费	其他费用	总价值 人民币（元）	其中外币()
I	II	III	IV	V	VI	VII	VIII	IX	X	XI
1	SXG-02	工程费		18956.06		49003.44			67959.50	
2	SXG-05	工程建设其他费						4812.62	4812.62	
3		总计		18956.06		49003.44		4812.62	72772.12	

设计负责人：××　　　　审核：××　　　　编制：××　　　　编制日期：××年×月×日

表1-20

单项工程名称：××年××架空光缆线路迁改工程

建设单位名称：四川××移动通信公司

建筑安装工程费用预算表（表二）

表格编号：SXG-02　　　　第1页 共1页

序号	费用名称	依据和计算方法	合计（元）
一	建筑安装工程费	一至四之和	49003.44
（一）	直接费	（一）至（二）之和	35461.01
1	直接工程费	1-4之和	29669.29
（1）	人工费	技工费+普工费	12963.61
	技工费	技工日 X48	10751.23
	普工费	普工日 X19	2212.38
2	材料费	主材费+辅材费	10413.02
（1）	主要材料费		10381.87
（2）	辅助材料费	主材费 X0.3%	31.15
3	机械使用费	机械使用费	2524.00
4	仪表使用费	仪表使用费	3768.66
（二）	措施费	1-16之和	5791.72
1	环境保护费	人工费 X1.5%	194.45
2	文明施工费	人工费 X1%	129.64
3	工地器材搬运费	人工费 X5%	648.18
4	工程干扰费	人工费 X6%X0	
5	工程点交、场地清理费	人工费 X5%	648.18
6	临时设施费	人工费 X10%	1296.36
7	工程车辆使用费	人工费 X6%	777.82
8	夜间施工增加费	人工费 X3%X1	388.91
9	冬雨季施工增加费	人工费 X2%	259.27
10	生产工具用具使用费	人工费 X3%	388.91
11	施工用水电蒸汽费	不计列	
12	特殊地区施工增加费	工日 X3.2X0	
13	已完工程及设备保护费	不计列	
14	运土费	不计列	
15	施工队伍调遣费	2 X106 X5	1060.00
16	大型施工机械调遣费		
二	间接费	（一）至（二）之和	8037.44
（一）	规费		4148.36
1	工程排污费	不计列	
2	社会保障费	人工费 X26.81%	3475.54
3	住房公积金	人工费 X4.19%	543.18
4	危险作业意外伤害保险费	人工费 X1%	129.64
（二）	企业管理费	人工费 X30%	3889.08
三	利润	人工费 X30%	3889.08
四	税金	（一至三+光电缆费）X3.41%	1615.91

设计负责人：×× 　　审核：×× 　　编制：×× 　　编制日期：××年×月×日

通信工程制图与概预算

表1-21

单项工程名称：××年××架空光缆线路迁改工程　　　　建筑安装工程量预算表（表三）甲

建设单位名称：四川××移动通信公司

表格编号：SXG-03　　　　第1页　共1页

序号	定额编号	项目名称	单位	数量	单位定额值				合计值		
					技工	普工		技工	普工	
I	II	III	IV	V	VI	VII		VIII	IX	
1	TXL1-002	架空光（电）缆工程施工测量	100m	18.490	0.600	0.200		11.094	3.698	
2	TXL1-002	架空光（电）缆工程施工测量（工日 X0.6）	100m	1.330	0.360	0.120		0.479	0.160	
3	TXL3-001	立9米以下水泥杆 综合土（平原地区）（工日 X1.3）	根	8.000	0.793	0.793		6.344	6.344	
4	TXL3-054	水泥杆夹板法装 7/2.6 单股拉线综合土（平原地区）（工日 X1.3）	条	7.000	1.092	0.780		7.644	5.460	
5	TXL3-164	水泥杆架设 7/2.2 吊线 丘陵	1000 米条	0.653	7.050	7.340		4.604	4.793	
6	TXL3-185	挂钩法架设架空光缆 丘陵、城区，水田 36 芯以下	1000 米条	0.693	16.550	12.790		11.469	8.863	
7	TXL3-185	挂钩法架设架空光缆 丘陵、城区，水田 36 芯以下（工日 X1.1）	1000 米条	1.278	18.205	14.069		23.266	17.980	
8	TXL3-186	挂钩法架设架空光缆 丘陵、城区，水田 60 芯以下	1000 米条	0.693	18.150	14.340		12.578	9.938	
9	TXL3-186	挂钩法架设架空光缆 丘陵、城区，水田 60 芯以下（工日 X1.1）	1000 米条	1.278	19.965	15.774		25.515	20.159	
10	TXL5-002	光缆接续 24 芯以下	头	2.000	4.980			9.960		
11	TXL5-004	光缆接续 48 芯以下	头	2.000	8.580			17.160		
12	TXL5-068	40km 以下光缆中继段测试 24 芯以下（工日 X1.8）	中继段	1.000	17.640			17.640		
13	TXL5-070	40km 以下光缆中继段测试 48 芯以下（双窗口）（工日 X1.8）	中继段	1.000	28.980			28.980		
14	TXL3-001	拆除9米以下水泥杆 综合土（平原地区）（工日 X0.3）	根	19.000	0.183	0.183		3.477	3.477	
15	TXL3-054	拆除水泥杆夹板法装 7/2.6 单股拉线综合土（平原地区）（工日 X0.3）	条	6.000	0.252	0.180		1.512	1.080	
16	TXL3-164	拆除水泥杆架设 7/2.2 吊线 丘陵（工日 X0.6）	1000 米条	1.320	4.230	4.404		5.584	5.813	
17	TXL3-185	挂钩法架设架空光缆 丘陵、城区，水田 36 芯以下（工日 X0.7）	1000 米条	1.510	11.585	8.953		17.493	13.519	
18	TXL3-186	挂钩法架设架空光缆 丘陵、城区，水田 60 芯以下（工日 X0.7）	1000 米条	1.510	12.705	10.038		19.185	15.157	
19		定额工日合计						223.98	116.44	

设计负责人：××　　　　审核：××　　　　编制：××　　　　编制日期：××年××月××日

62

表1-22

建筑安装工程机械使用费用预算表（表三）乙

单项工程名称：××年××架空光缆线路迁改工程
建设单位名称：四川××移动通信公司
表格编号：SXG-04
第1页 共1页

序号	定额编号	项目名称	单位	数量	机械名称	单位定额值		合计值	
						数量（台班）	单价（元）	数量（台班）	合价（元）
I	II	III	IV	V	VI	VII	VIII	IX	X
1	TXL5-002	光缆接续 24 芯以下	头	2.000	光缆接续车	0.800	242.00	1.600	387.20
2	TXL5-002	光缆接续 24 芯以下	头	2.000	汽油发电机（10kW）	0.400	290.00	0.800	232.00
3	TXL5-002	光缆接续 24 芯以下	头	2.000	光纤熔接机	0.800	168.00	1.600	268.80
4	TXL5-004	光缆接续 48 芯以下	头	2.000	光缆接续车	1.200	242.00	2.400	580.80
5	TXL5-004	光缆接续 48 芯以下	头	2.000	汽油发电机（10kW）	0.600	290.00	1.200	348.00
6	TXL5-004	光缆接续 48 芯以下	头	2.000	光纤熔接机	1.200	168.00	2.400	403.20
7	TXL3-001	拆除 9 米以下水泥杆 综合土（平原地区）（工日 X0.3）	根	19.000	汽车式起重机(5t)	0.040	400.00	0.760	304.00
8					小计				2524.00

设计负责人：×× 审核：×× 编制：×× 编制日期：××年×月×日

表 1-23
单项工程名称：××年××架空光缆线路迁改工程
单位工程名称：

建筑安装工程仪器仪表使用费预算表（表三）丙
建设单位名称：四川××移动通信公司
表格编号：SXG-05　　第1页 共1页

序号	定额编号	项目名称	单位	数量	仪表名称	单位定额值		合计值	
						数量（台班）	单价（元）	数量（台班）	合价（元）
I	II	III	IV	V	VI	VII	VIII	IX	X
1	TXL1-002	架空光（电）缆工程施工测量	100m	18.490	地下管线探测仪	0.050	173.00	0.925	160.03
2	TXL1-002	架空光（电）缆工程施工测量（工日X0.6）	100m	1.330	地下管线探测仪	0.050	173.00	0.067	11.59
3	TXL3-185	挂钩法架设架空光缆丘陵、城区、水田36芯以下	1000米条	0.693	光时域反射仪	0.150	306.00	0.104	31.82
4	TXL3-185	挂钩法架设架空光缆丘陵、水田36芯以下（工日X1.1）	1000米条	1.278	光时域反射仪	0.150	306.00	0.192	58.75
5	TXL3-186	挂钩法架设架空光缆丘陵、城区、水田60芯以下	1000米条	0.693	光时域反射仪	0.200	306.00	0.139	42.53
6	TXL3-186	挂钩法架设架空光缆丘陵、城区、水田60芯以下（工日X1.1）	1000米条	1.278	光时域反射仪	0.200	306.00	0.256	78.34
7	TXL5-002	光缆接续24芯以下	头	2.000	光时域反射仪	1.200	306.00	2.400	734.40
8	TXL5-004	光缆接续48芯以下	头	2.000	光时域反射仪	1.600	306.00	3.200	979.20
9	TXL5-068	40km以下光缆中继段测试24芯以下（工日X1.8）	中继段	1.000	光时域反射仪	1.400	306.00	1.400	428.40
10	TXL5-068	40km以下光缆中继段测试24芯以下（工日X1.8）	中继段	1.000	稳定光源	1.400	72.00	1.400	100.80
11	TXL5-068	40km以下光缆中继段测试24芯以下（工日X1.8）	中继段	1.000	光功率计	1.400	62.00	1.400	86.80
12	TXL5-070	40km以下光缆中继段测试48芯以下（双窗口）（工日X1.8）	中继段	1.000	光时域反射仪	2.400	306.00	2.400	734.40
13	TXL5-070	40km以下光缆中继段测试48芯以下（双窗口）（工日X1.8）	中继段	1.000	稳定光源	2.400	72.00	2.400	172.80
14	TXL5-070	40km以下光缆中继段测试48芯以下（双窗口）（工日X1.8）	中继段	1.000	光功率计	2.400	62.00	2.400	148.80
15		合计							3768.66

设计负责人：××　　审核：××　　编制：××　　编制日期：××年×月×日

表 1-24

国内器材预算表（表四）甲

单项工程名称：×××年××架空光缆线路迁改工程　　建设单位名称：四川××移动通信公司　　表格编号：SXG-06　　第 1 页 共 1 页

序号 I	名称 II	规格程式 III	单位 IV	数量 V	单价（元）VI	合计（元）VII	备注 VIII	物资代码 IX
1	预应力水泥电杆	φ150×7m	根	6.000	520.00	3120.00		TXC0541
2	预应力水泥电杆	φ150×9m	根	2.000	780.00	1560.00		TXC0541
3	水泥拉线盘		套	7.000	55.00	385.00		TXC0547
	小计					5065.00		
	水泥运杂费	小计×0.18				911.70		
	水泥运输保险费	小计×0.001				5.07		
	水泥采购及保管服务费	小计×0.011				55.72		
	合计					6037.49		
4	红色塑料软管		kg	2.000	15.00	30.00		TXC0022
5	铝芯塑料线		米	200.000	0.50	100.00		TXC0086
6	地锚铁柄		套	7.000	47.00	329.00		TXC0125
7	电缆挂钩	25MM	只	3810.000	0.16	609.60		TXC0154
8	吊线箍		套	8.000	19.50	156.00		TXC0174
9	镀锌钢绞线	7/2.2	kg	144.000	8.10	1166.40		TXC0174
10	镀锌钢绞线	7/2.6	kg	27.000	8.10	218.70		TXC0179
11	镀锌铁线	φ1.5	kg	1.973	9.00	17.76		TXC0181
12	镀锌铁线	φ3.0	kg	9.049	9.00	81.44		TXC0182
13	镀锌铁线	φ4.0	kg	5.000	9.00	45.00		TXC0277
14	光缆标志牌		个	8.000	5.00	40.00		TXC0320
15	光缆接头盒	48芯	套	2.000	280.00	560.00		TXC0403
16	光缆接头盒	24芯	套	2.000	180.00	360.00		
17	拉线抱箍		套	7.000	21.50	150.50		TXC0501
18	三眼单槽夹板		副	8.000	11.50	92.00		TXC0502
19	三眼双槽夹板		副	14.000	13.50	189.00		
	小计					4145.40		
	钢材运杂费	小计×0.036				149.23		
	钢材运输保险费	小计×0.001				4.15		
	钢材采购及保管服务费	小计×0.011				45.60		
	合计					4344.38		
	总计					10381.87		

设计负责人：××　　审核：××　　编制：××　　编制日期：×××年×月×日

表 1-25

单项工程名称：××年××架空光缆线路迁改工程　　　建设单位名称：四川××移动通信公司　　　表格编号：SXG-07　　　第 1 页 共 1 页

国内器材预算表（表四）甲

序号	名称	规格程式	单位	数量	单价（元）	合计（元）	备注	物资代码
I	II	III	IV	V	VI	VII	VIII	IX
	[光电缆设备费]							
1	架空光缆	48 芯	km	2.000	5855.00	11710.00		TXC0352
2	架空光缆	24 芯	km	2.000	3419.00	6838.00		TXC
	光缆小计					18548.00		
	光缆运杂费	小计×0.01				185.48		
	光缆运输保险费	小计×0.001				18.55		
	光缆采购及保管费	小计×0.011				204.03		
	光缆采购代理服务费							
	光缆合计					18956.06		
	总计					18956.06		

设计负责人：××　　　　审核：××　　　　编制：××　　　　编制日期：××年×月×日

表 1-26

单项工程名称：××年××架空光缆线路迁改工程　　　　　　工程建设其他费预算表（表五）

建设单位名称：四川××移动通信公司　甲　　　　　　　　表格编号：SXG-12 第 1 页 共 1 页

序号	费用名称	计算依据及方法	金额（元）	备注
I	II	III	IV	V
1	建设用地及综合赔补费			
2	建设单位管理费	GCFY×0.015	1019.39	工程总概算费用 X0.015
3	可行性研究费			
4	研究试验费			
5	勘察设计费		3058.18	
5.1	其中：勘察费			
5.2	其中：设计费	GCFY×90000/2000000	3058.18	工程总概算费用 X90000/2000000
6	环境影响评价费			
7	劳动安全卫生评价费			
8	建设工程监理费			
9	安全生产费	AZFY×0.015	735.05	建筑安装工程费 X0.015
10	工程质量监督费			
11	工程定额测定费			
12	引进技术和引进设备其他费			
13	工程保险费			
14	工程招标代理费			
15	专利及专用技术使用费			
16	生产准备及开办费（运营费）			
	总计		4812.62	

设计负责人：××　　　　　　审核：××　　　　　　编制：××　　　　　　编制日期：××年×月×日

（八）架空线路工程施工预算编制说明

1．编制依据

（1）本工程定额套用中华人民共和国工业和信息化部《通信建设工程预算定额》与《通信建设工程施工机械、仪表台班费用定额》2008 年版进行计列。

（2）取费标准及其他费用均按照工信部规（2008）75 号文发布的《通信建设工程概算、预算编制办法》、《通信建设工程费用定额》执行。

（3）勘查设计费：参照国家计委、建设部《关于发布<工程勘查设计费管理规定》的通知》计价格（2002）10 号规定以及国家发展改革委（2011）534 号关于降低部分建设项目收费标准规范收费行为等有关问题的通知进行计列。

（4）建设工程监理费：参照国家发改委、建设部《关于建设工程监理与相关服务收费管理规定》（2007）670 号文的通知进行计列。

2．造价分析

（1）本工程属通信线路工程,工程为：20××年××架空光缆线路迁改单项工程。

第一个单项工程所在地距基地为 38km，由××施工企业施工。

（2）工程总费用：72772.12 元。

其中建筑安装工程费：491003.44 元，小型建筑工程费：0.00 元；

安装设备费：18956.06 元，不安装设备费：0.00 元；

其他费用：4812.62 元，预备费：0.00 元。

二、分组讨论

（1）架空线路工程的施工过程须经历哪些施工工序？

（2）如何统计架空线路工程量才不会出现遗漏？

1.4.5　知识拓展

通信线路工程预算定额的总说明和册说明（摘要）如下。

一、总说明

本定额是编制通信建设项目投资估算指标、概算定额、编制工程量清单的基础；也可作为通信建设项目招标、投标报价的基础。本定额适用于新建、扩建工程，改建工程可参照使用。本定额用于扩建工程时，其人工工时按 1.1 系数计取，拆除工程的人工工日计取办法见分册各章说明。

二、册说明

（1）《通信线路工程》预算定额适用于通信线路的新建工程。当用于扩建工程时，其扩建部分的工日定额乘以 1.10 系数。

（2）本定额是依据国家和信息产业部颁发的现行施工及验收规范、通用图、标准图等编制的。

（3）本定额只反映单位工程量的人工工日、主要材料、机械和仪表台班的消耗量。

① 关于人工工日：定额工日分为"技工工日"和"普工工日"。

② 关于主要材料：定额中的主要材料包括直接消耗在建筑安装工程中的材料使用量和规定的损耗量。

③ 关于机械、仪表台班：凡可以构成台班的施工机械、仪表，已在定额中给定台班量；对于不能构成台班的"其他机械、仪表费"，均含在费用定额中生产工具用具使用费内。

④ 通信线路工程，当工程规模较小时，以总工日为基数按下列规定系数进行调整。

工程总工日在 100 工日以下时，增加 15%。

工程总工日在 100～250 工日时，增加 10%。

⑤ 本定额光（电）缆拆除，不单立子目，发生时按附表规定执行，见表1-27。

表 1-27　　　　　　　　　　　　定额光（电）缆拆除工程

序　号	拆除工程内容	占新建工程定额的百分比（%）	
		人工工日	机械台班
1	光（电）缆（不需清理入库）	40	40
2	埋式光（电）缆（清理入库）	100	100
3	管道光（电）缆（清理入库）	90	90
4	成端电缆（清理入库）	40	40
5	架空、墙壁、室内、通道、槽道、引上光（电）缆（清理入库）	70	70
6	线路工程各种设备以及除光（电）缆外的其他材料（清理入库）	60	60
7	线路工程各种设备以及除光（电）缆外的其他材料（不清理入库）	30	30

⑥ 各种光（电）缆的敷设定额中，主要材料的数量已包含定额损耗率，但不包括设计中规定的预留等用量，可依据规范规定在设计时据实计列。

⑦ 敷设光缆中，OTDR 台班是按（单窗口）测试取定的，如果按（双窗口）测试时，其人工和仪表定额分别乘以 1.8 的系数。

1.4.6　课后训练

（1）完成××架空线路工程施工图预算手工编制。

（2）完成××电信公司光缆线路工程施工图预算手工编制。

学习单元 5　架空线路工程概预算软件编制

知识目标

- 掌握工程项目基本信息的编制。
- 掌握概预算软件中架空线路工程预算定额的使用方法。
- 掌握工程量预算表（表三）、国内器材表四（甲）的编制方法。
- 掌握建筑安装工程费用预算表（表二）、工程建设其他费用预算表（表五）的编制方法。
- 掌握建筑安装工程预算总表表（一）的编制方法。

能力目标

- 能利用软件编制工程量预算表（表三）、国内器材表（表四）。

- 能查询和挑选定额子目，正确设置和完成相关定额运算。
- 能正确设置费用参数，完成工程预算表（表二、表五、表一）的编制。

1.5.1 任务导入

任务描述：现有某架空光缆线路迁改工程施工图。因当地开发区建设需要，须拆除原架空杆路 1.319km，拆除 48 芯光缆 1 条，拆除 24 芯光缆 1 条；同时须新建架空线路 X 米，加挂本地网架空线路 1.2km，新建杆路敷设 48 芯光缆 1 条，敷设 24 芯光缆 1 条，光缆中继段测试采用 40km 以下中继段（双窗口）测试，本工程施工企业距离施工现场为 38km，工程设备及材料平均运距按 40km 计取，计施工环境为丘陵地区施工。建设单位要求设计单位在 1 周内完成该工程 CAD 制图及施工图预算编制。

根据工程任务书的要求完成该工程施工图预算表（表一）至（表五）的软件编制任务。

1.5.2 任务分析

通过概预算软件工具快速编制架空线路工程概预算，除收集"手工编制概预算"学习单元所要求的相关资料外，还应开展以下技术储备工作。如熟悉软件方法编制架空线路工程概预算的特点、工作流程，熟悉概预算软件各表格模板的使用方法，会结合项目需要收集通信线路工程需要的技术资料、能够完成所需主要材料及安装设备的工程用量统计和消耗量计算；会收集工程主要材料及需安装设备的预算价格等信息，会配合使用本专业的人工消耗预算定额、机械消耗预算定额、仪表消耗预算定额以及费用定额等纸质定额工具书等。

1.5.3 知识准备

一、利用预算软件编制工程施工图预算的流程

二、架空线路工程概预算利用软件方法编制的步骤

（1）读懂设计任务书的要求，明确施工图预算编制前的技术储备内容。

（2）收集资料，熟悉工程图纸，梳理确定预算工序，完成工程量的统计。

（3）编制工程信息表，正确选用架空线路工程类型库和定额库、材料库。

（4）录入新建杆路和拆除杆路预算定额子目，关联生成人工、机械、仪表工程用量。

（5）关联生成主材计费子目和工程用量，删除多计项子目，增加遗漏项子目。

（6）选用价格计算直接工程费（＝人工费+材料费+机械使用费+仪表使用费）。

（7）正确设置器材平均运距，计取各类主材预算价。

（8）正确设置表一、表二费用可变取费参数，正确计列表五各项费用。

（9）预算套用子目审查和数据计算复核。

（10）完成软件编制预算结果报表文件导出。

1.5.4 任务实施

一、实施架空线路工程概预算软件编制

本项目以郑州大宇翔 MOTO2000 通信建设工程概预算 2013 版软件为例，介绍概预算的软件编制方法。

双击桌面上的软件快捷图标，第一次打开软件时会提示"初次登录请自行命名用户并设定密码"，单击"确定"按钮，弹出设定窗口，直接在用户名和密码处输入设定值，单击"确定"按钮即可完成设定（设定密码一定要牢记，否则将来找回密码比较麻烦）。以后进入系统时输入正确的用户名以及密码后，单击"确定"按钮即可登录软件系统，如图 1-69 所示。

图 1-69 软件登录页面

初次进入后，会弹出"初始化"窗口，在这里需填写编制单位、省市地区、选择好用户身份（用户身份的选择极其重要，会影响到软件中的一些功能使用以及格式状态，请慎重选择。如果是单独的一个地方使用，不和别的部门产生什么太大的联系，选择为空即可），单击"确定"按钮，如图 1-70 所示。

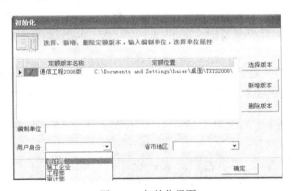

图 1-70 初始化界面

进入软件后，软件的主界面如图 1-71 所示。

主界面最上方为软件的菜单栏及常用工具栏，主要是对工程的操作以及主界面分布、标准库等修改。常用工具栏中的所有功能在菜单中均可找出。单击菜单栏中的各项，弹出的下拉菜单有各项功能。单击左上角"新建工程"按钮，弹出新建工程的"工程基本信息"录入界面。

（一）编制工程信息表，正确选用定额库、工程类型库和材料库

根据项目信息表的要求，正确填写项目名称、专业类别、工程类别、建设单位、施工单位、设计单位等信息；正确选择设备主材版本（常用材料库）、"安装"、工程属性选择"预算"，工程预备费费率和建设期贷款利率置为 0，如图 1-72 所示。在完成工程信息后，单击右上角的"保存工程"按钮，在弹出的"另存为"对话框内选择合适的保存路径或直接单击"保存"按钮即可完成对新建工程的保存操作。

图 1-71　软件主界面

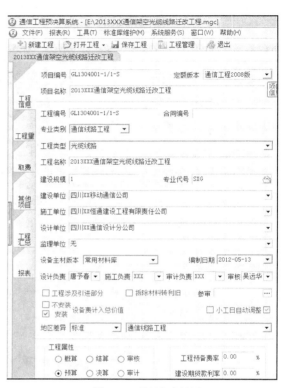

图 1-72　项目信息填写

（二）录入预算定额子目和工程量，生成人工费、机械使用费、仪表使用费（表三）

单击左边导航菜单的"工程量"按钮，可以进入到"建筑安装工程量预算表（表三）甲"的编制界面。

查询通信线路工程预算定额子目表，直接将预算定额子目表中的"定额编号"录入到编号列，然后回车即可实现新建杆路和拆除杆路定额子目信息的录入，如图 1-73 所示。注意表中的"数量"＝工程统计数据/定额单位×相关取费系数。

初学者由于对工程施工过程和施工工艺等不熟悉，在套用定额子目时若不知道应该选择哪一条定额子目，此时可以单击界面最左下角的"挑选定额"等导航按钮，在切换出来的屏幕右下角区域菜单内选择"章节查询"或"条件查询"等按钮，可以实现定额子目的模糊查询或精确查询，如图 1-74 所示。

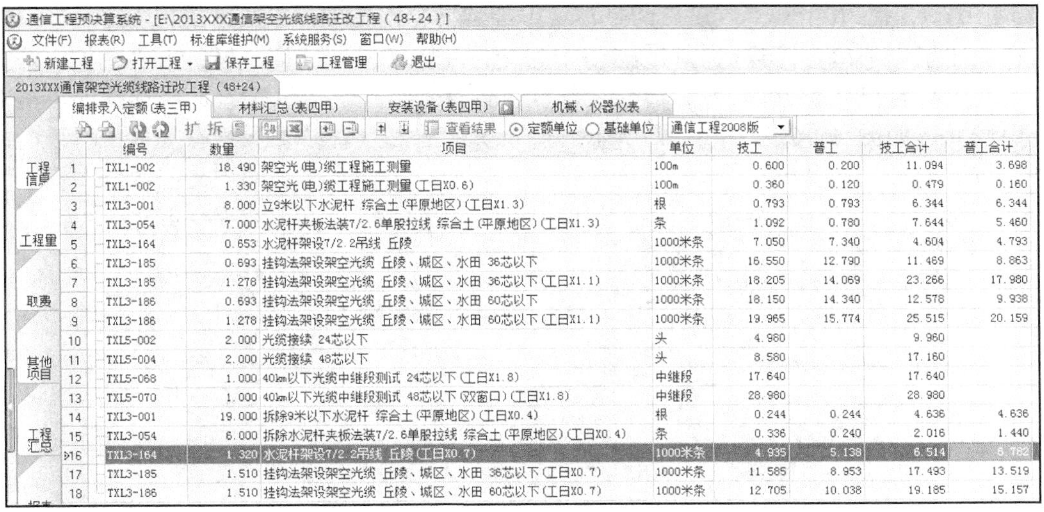

图 1-73 （表三）甲的数据录入

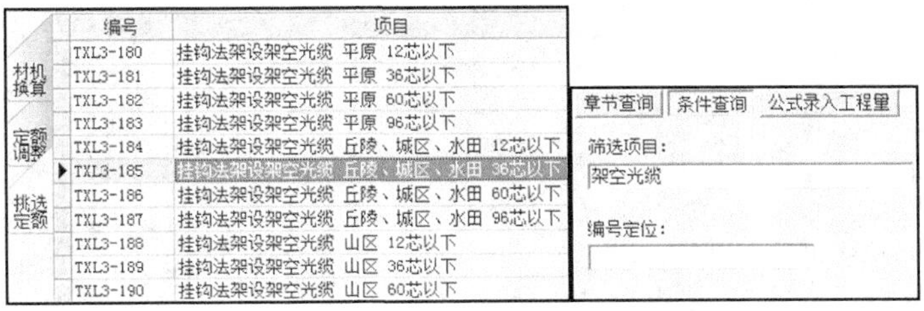

图 1-74 挑选定额

当需要对选择的定额子目进行系数调整时，右键单击选择定额子目（选中时为蓝色背景状态），在弹出的对话框内选择"定额运算"，然后在"定额运算对话框"内技工工日和普工工日对应的编辑框内分别输入如"×1.3"单击"确定"按钮后，此时会在调整的定额子目名称尾增加"（工日×1.3）"的字样，表明定额子目系数调整成功，如图 1-75 所示。

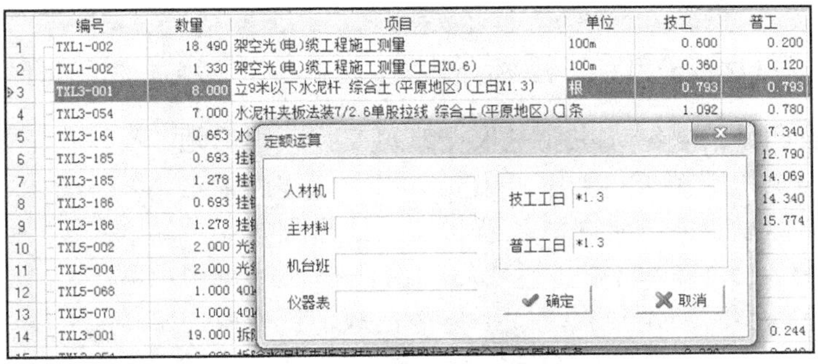

图 1-75 定额子目的系数调整

当（表三）甲的数据检查获得通过后，最后需要对符合小型规模补偿条件的工程项目进行工程补偿系数判断。工程总工日（技工总工日+普工总工日）在大于 100 但小于等于 250 工日范围内时，工程总工日应乘补偿系数 1.10；如果工程总工日（技工总工日+普工总工日）在小于等于 100 工日时，工程总工日应乘补偿系数 1.15。本工程技工工日 226.58 工日，普工 118.93 工日，其工程总工日已超过小型工程规模补偿条件，因此本工程不予补偿。

在上述工作都检查无误后，可以单击“机械、仪器仪表按钮”，再单击“机械台班（表三乙）和仪表台班（表三丙）”旁边的红色按钮“查看结果”可以查看对应选择的表格的预算费用情况，如图 1-76 与图 1-77 所示。如果要退出“查看结果”状态，单击“恢复编辑状态”按钮即可。

编排录入定额(表三甲) 材料汇总(表四甲) 安装设备(表四甲) 机械、仪器仪表
机械台班(表三乙) 仪器仪表(表三丙) 恢复编辑状态

定额编号	项目名称	单位	数量	机械名称	单位定额值		合计值	
					数量(台班)	单价(元)	数量(台班)	合价(元)
TXL5-002	光缆接续 24芯以下	头	2.000	光缆接续车	0.800	242.00	1.600	387.20
			2.000	汽油发电机(10kW)	0.400	290.00	0.800	232.00
			2.000	光纤熔接机	0.800	168.00	1.600	268.80
TXL5-004	光缆接续 48芯以下	头	2.000	光缆接续车	1.200	242.00	2.400	580.80
			2.000	汽油发电机(10kW)	0.600	290.00	1.200	348.00
			2.000	光纤熔接机	1.200	168.00	2.400	403.20
TXL3-001	拆除9米以下水泥杆 综合土(平原	根	19.000	汽车式起重机(5t)	0.040	400.00	0.760	304.00
				小计				2524.00

图 1-76　关联生成的（表三乙）

编排录入定额(表三甲) 材料汇总(表四甲) 安装设备(表四甲) 机械、仪器仪表
机械台班(表三乙) 仪器仪表(表三丙) 恢复编辑状态

定额编号	项目名称	单位	数量	仪器仪表名称	单位定额值		合计值	
					数量(台班)	单价(元)	数量(台班)	合价(元)
TXL1-002	架空光(电)缆工程施工测量	100m	18.490	地下管线探测仪	0.050	173.00	0.925	160.03
TXL1-002	架空光(电)缆工程施工测量(工日X	100m	1.330	地下管线探测仪	0.050	173.00	0.067	11.59
TXL3-185	挂钩法架设架空光缆 丘陵、城区	1000米条	0.693	光时域反射仪	0.150	306.00	0.104	31.82
TXL3-185	挂钩法架设架空光缆 丘陵、城区	1000米条	1.278	光时域反射仪	0.150	306.00	0.192	58.75
TXL3-186	挂钩法架设架空光缆 丘陵、城区	1000米条	0.693	光时域反射仪	0.200	306.00	0.139	42.53
TXL3-186	挂钩法架设架空光缆 丘陵、城区	1000米条	1.278	光时域反射仪	0.200	306.00	0.256	78.34
TXL5-002	光缆接续 24芯以下	头	2.000	光时域反射仪	1.200	306.00	2.400	734.40
TXL5-004	光缆接续 48芯以下	头	2.000	光时域反射仪	1.600	306.00	3.200	979.20
TXL5-068	40km以下光缆中继段测试 24芯以	中继段	1.000	光时域反射仪	1.400	306.00	1.400	428.40
			1.000	稳定光源	1.400	72.00	1.400	100.80
			1.000	光功率计	1.400	62.00	1.400	86.80
TXL5-070	40km以下光缆中继段测试 48芯以	中继段	1.000	光时域反射仪	2.400	306.00	2.400	734.40
			1.000	稳定光源	2.400	72.00	2.400	172.80
			1.000	光功率计	2.400	62.00	2.400	148.80
TXL3-185	挂钩法架设架空光缆 丘陵、城区	1000米条	1.510	光时域反射仪	0.150	306.00	0.227	69.46
TXL3-186	挂钩法架设架空光缆 丘陵、城区	1000米条	1.510	光时域反射仪	0.200	306.00	0.302	92.41
				合计				3930.53

图 1-77　关联生成的（表三丙）

若对生成的费用子目需要删除，可以选择对应子目名称，右键单击，在弹出的对话框中选中删除即可。

（三）关联生成主材费子目和工程量，删除多计项子目，增加遗漏项子目，生成表四

预算表格（表四）的编制，主要是根据建筑安装工程量预算表（表三）甲确定的定额子目表中“主要材料”名称进行工程实际使用材料的信息录入，录入时注意材料的规格程式和单位；对同类项的材料子目应合并同类项后一次性录入材料用量。表格中的数量为实际使用消耗量，不再是定额子目表内的“单位定额值”消耗量，此“材料数量”＝单位定额值×（工程统计数量/定额单位）×相关取费系数。

根据工程统计量对材料逐项梳理和检查，在完成材料表的子目信息录入确认后，单击界面右边隐蔽竖条状镶嵌白色小三角形的菜单按钮，在弹出的“生成主材调整”对话框内完成各种工程材料的运距设置或平均运距离设置，如图 1-78 所示。

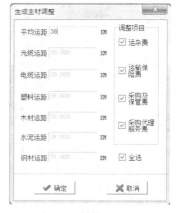

图 1-78　材料运距设置

设置完成后，单击表格名称旁边的红色按钮"查看结果"，可以显示主材料的预算汇总结果，如图 1-79 所示。

代　号	材料名称	规格程式	单位	数量	价格	材料金额	类型	类别
TXC0541	预应力水泥电杆	Φ150×7m	根	6.000	520.00	3120.00	水泥	乙供
TXC0541	预应力水泥电杆	Φ150×9m	根	2.000	780.00	1560.00	水泥	乙供
TXC0547	水泥拉线盘		套	7.000	55.00	385.00	水泥	乙供
	小计					5065.00	水泥	乙供
	水泥运杂费	小计*0.18				911.70	水泥	乙供
	水泥运输保险费	小计*0.001				5.07	水泥	乙供
	水泥采购及保管费	小计*0.011				55.72	水泥	乙供
	水泥采购代理服务费	0					水泥	乙供
	合计					6037.49	水泥	乙供
	红色塑料软管		kg	2.000	15.00	30.00	钢材	乙供
TXC0022	铝芯塑料线		米	200.000	0.50	100.00	钢材	乙供
TXC0086	地锚铁柄		套	7.000	47.00	329.00	钢材	乙供
TXC0125	电缆挂钩	25MM	只	3810.000	0.16	609.60	钢材	乙供
TXC0154	吊线箍		套	8.000	19.50	156.00	钢材	乙供
TXC0174	镀锌钢绞线	7/2.2	kg	144.000	8.10	1166.40	钢材	乙供
TXC0174	镀锌钢绞线	7/2.6	kg	27.000	8.10	218.70	钢材	乙供
TXC0179	镀锌铁线	Φ1.5	kg	1.973	9.00	17.76	钢材	乙供
TXC0181	镀锌铁线	Φ3.0	kg	9.049	9.00	81.44	钢材	乙供
TXC0182	镀锌铁线	Φ4.0	kg	5.000	9.00	45.00	钢材	乙供
TXC0277	光缆标志牌		个	8.000	5.00	40.00	钢材	乙供
TXC0320	光缆接头盒	48芯	套	2.000	280.00	560.00	钢材	乙供
	光缆接头盒	24芯	套	2.000	180.00	360.00	钢材	乙供
TXC0403	拉线抱箍		套	7.000	21.50	150.50	钢材	乙供
TXC04	光缆特种抱箍164	D164	套	10.000	16.50	165.00	钢材	乙供
TXC0501	三眼单槽夹板		副	8.000	11.50	92.00	钢材	乙供
TXC0502	三眼双槽夹板		副	14.000	13.50	189.00	钢材	乙供
	小计					4310.40	钢材	乙供
	钢材运杂费	小计*0.036				155.17	钢材	乙供
	钢材运输保险费	小计*0.001				4.31	钢材	乙供
	钢材采购及保管费	小计*0.011				47.41	钢材	乙供
	钢材采购代理服务费	0					钢材	乙供
	合计					4517.29	钢材	乙供
	总计					10554.78		乙供

图 1-79　国内器材预算表（表四）甲（主要材料表）

注意，光缆设备要正确列入安装设备（表四甲），需要在材料汇总（表四甲）状态下将"光电缆列入设备表"前面的方框"打钩"；然后再单击切换到"安装设备（表四甲）"，单击本表格名称左边的红色按钮"查看结果"，可以查看光缆设备费，如图 1-80 所示。

代　号	设备名称	规格程式	单位	数量	价格	设备金额
	[光电缆设备费]					
TXC0352	架空光缆	48芯	Km	2.000	5855.00	11710.00
TXC	架空光缆	24芯	Km	2.000	3419.00	6838.00
	光缆小计					18548.00
	光缆运杂费	小计*0.01				185.48
	光缆运输保险费	小计*0.001				18.55
	光缆采购及保管费	小计*0.011				204.03
	光缆采购代理服务费	0				
	光缆合计					18956.06
	总计					18956.06

图 1-80　国内器材预算表（表四）甲（设备表）

（四）正确设置表一、表二费用可变取费参数，正确计列表五各项费用

当表三、表四均完成数据复核后，可以单击界面左边导航菜单"取费"按钮，在弹出的"自动处理计算表达式"对话框内设置"夜间施工费"、"施工现场与企业距离"等各项参数

后单击“确定”按钮，如图 1-81 所示，即可完成对工程取费的设置。若想重新设置“工程取费”选项，则可以单击屏幕右上角的工具栏上的“标准化处理”按钮，即可以再次弹出“自动处理计算表达式”对话框进行重新设置。

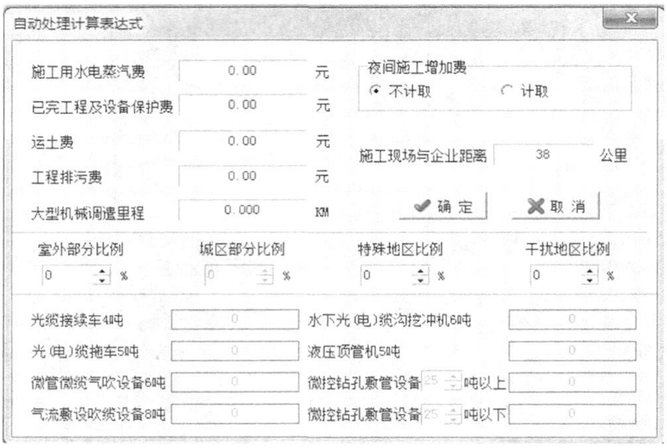

图 1-81　建筑安装预算表相关取费设置

本工程建筑安装工程预算费用的取费计算结果如图 1-82 所示。

在完成表二取费后，单击左边导航菜单上的“其他项目”，在弹出的“参数生成计算表达式”对话框中完成“工程类别”（选择市话架空光电缆线路）、一阶段设计、建设单位管理费等设置后，可以显示工程建设其他费用表（表五）结果，如图 1-83、图 1-84 所示。若想重新设置“其他项目”即表五费用相关选项，则可以单击屏幕右上角的工具栏上的“标准化处理”按钮，即可以再次弹出“参数生成计算表达式”对话框中进行重新设置。

序号	项目	代号	计算式	合计费用	依据
	建筑安装工程费	AZFY	ZJFY+JJ+LR+SJ	49348.49	一至四之和
一	直接费	ZJFY	JB+CS	35636.67	(一)至(二)之和
(一)	直接工程费	JB	A1+A2+A3+A4	30176.32	1-4之和
1、	人工费	A1	A11+A12	13135.35	技工费+普工费
(1)	技工费	A11	JGGR*48	10875.70	技工日X48
(2)	普工费	A12	PGGR*19	2259.65	普工日X19
2、	材料费	A2	A21+A22	10586.44	主材费+辅材费
(1)	主要材料费	A21	ZCFY	10554.78	
(2)	辅助材料费	A22	A21*0.003	31.66	主材费X0.3%
3、	机械使用费	A3	JXFY	2524.00	机械使用费
4、	仪表使用费	A4	YQFY	3930.53	仪表使用费
(二)	措施费	CS	B1+B2+B3+B4+B5+B6+B7+B8+B9+B10+B11+B12+B13+B14+B15+B1	5460.35	1-16之和
1、	环境保护费	B1	A1*0.015	197.03	人工费X1.5%
2、	文明施工费	B2	A1*0.01	131.35	人工费X1%
3、	工地器材搬运费	B3	A1*0.05	656.77	人工费X5%
4、	工程干扰费	B4	A1*0.06*0		人工费X6%X0
5、	工程点交、场地清理费	B5	A1*0.05	656.77	人工费X5%
6、	临时设施费	B6	A1*0.1	1313.54	人工费X10%
7、	工程车辆使用费	B7	A1*0.06	788.12	人工费X6%
8、	夜间施工增加费	B8			
9、	冬雨季施工增加费	B9	A1*0.02	262.71	人工费X2%
10、	生产工具用具使用费	B10	A1*0.03	394.06	人工费X3%
11、	施工用水电蒸汽费	B11	0		
12、	特殊地区施工增加费	B12	(JGGR+PGGR)*3.2*0		工日X3.2X0
13、	已完工程及设备保护费	B13	0		按实计列
14、	运土费	B14	0		按实计列
15、	施工队伍调遣费	B15	2*106*5	1060.00	2X106X5
16、	大型施工机械调遣费	B16	0		0
二	间接费	JJ	GF+GL	8143.92	(一)至(二)之和
(一)	规费	GF	C1+C2+C3+C4	4203.31	

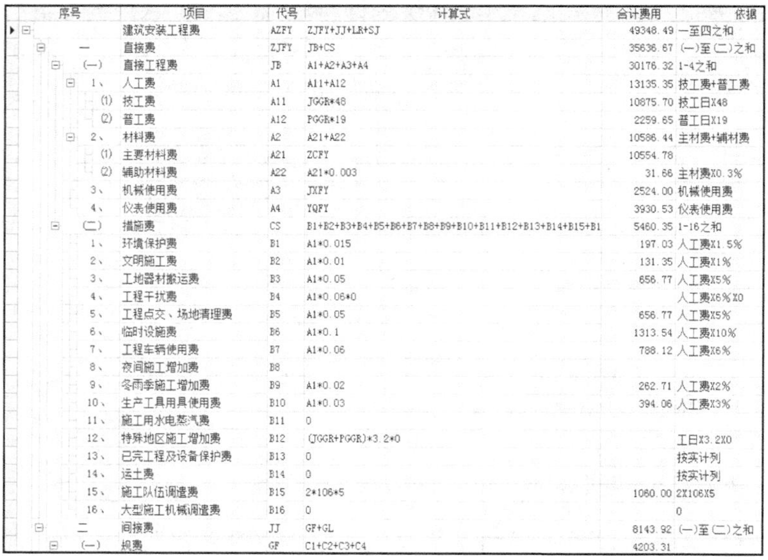

图 1-82　建筑安装工程预算表（表二）取费结果

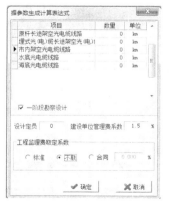

图 1-83　其他项目设置

序号	费用名称	单位	数量	单价计算式	合计	含建(%)	备注	自动	施工费
	总　计				4838.50				
1	建设用地及综合赔补费							☐	☐
2	建设单位管理费			GCFY*0.015	1024.57		工程总概算费用X0	☐	☐
3	可行性研究费							☐	☐
4	研究试验费							☐	☐
5	勘察设计费				3073.70			☐	☐
5.1	其中:勘察费							☑	☐
5.2	其中:设计费			GCFY*90000/2000000	3073.70		工程总概算费用X	☑	☐
6	环境影响评价费							☐	☐
7	劳动安全卫生评价费							☐	☐
8	建设工程监理费							☐	☐
9	安全生产费			AZFY*0.015	740.23		建筑安装工程X0	☐	☑
10	工程质量监督费							☐	☐
11	工程定额测定费							☐	☐
12	引进技术和引进设备其他费							☐	☐
13	工程保险费							☐	☐
14	工程招标代理费							☐	☐
15	专利及专用技术使用费							☐	☐
16	生产准备及开办费(运营费)							☐	☐

图 1-84　工程建设其他费用表（表五）

（五）预算套用子目审查和数据计算复核

比照施工图纸和统计工程量内容，逐项检查套用定额子目是否有少计、多计、错计、重复计列的现象；同时逐项复核定额子目、定额单位和工程量计算是否有错误；检查表间的数据传递关系是否符合计算要求。

（六）完成软件编制结果生成文件导出

单击界面左边导航菜单"报表"按钮，在切换出的页面中，可以勾选"全选"，选择默认选项，也可以选择需要预览打印和结果输出的选项；然后单击"报表设置"按钮，在弹出对话框内完成报表相关设置，如图 1-85 所示。

图 1-85　预览打印和输出设置

单击"多页面预览"按钮，弹出"通信建设工程预算书"预览结果显示框，如图 1-86 所示。

在此状态下，再次单击"导出 EXCEL"，在弹出的对话框内选择导出报表的保存路径，即可导出预算结果编制文件，如图 1-87 所示。

二、课后思考

（1）利用预算软件编制架空线路工程施工图预算的操作步骤有哪些？

图 1-86　预览输出

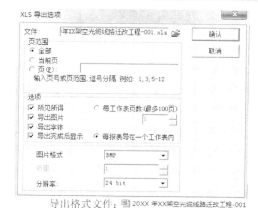

图 1-87　导出路径设置

（2）利用预算软件编制架空线路工程施工图预算需要注意哪些问题？

1.5.5　知识拓展

一、MOTO2000 通信建设工程概预算 2008 版软件的主要特色

（1）软件可以为设计院、施工单位、项目经理、审计部四个不同的部门人员使用，用户可根据需要使用不同的功能，加密锁对此不做控制，可随意使用软件所有功能。

（2）多文档操作，可以同时打开多个预算文件，方便对多个文件进行比较、核对，提高数据输入准确率。

（3）一个工程为一个单独的文件，同类型工程编制时，可实现单项工程的便捷迅速复制。

（4）软件采用即时计算的功能，输入子目，实时汇总工程总造价，方便用户对数据进行微调后比较工程造价中的细微差别。

（5）灵活的换算功能，系统除提供标准换算、自动换算、类别换算等功能，还可直接修改人材机单价，系统自动反算人材机量。

（6）换算信息可取消。

（7）软件可实现新老定额的转换，方便核对工程造价方面的变化。

（8）报表导出到 Excel，用户可利用其强大的功能对数据再加工。

（9）软件为绿色版，用户可将软件的整个目录复制到 U 盘，随时随地使用。

二、有关 MOTO2000 通信建设工程概预算 2008 版软件的更多内容

软件的具体功能详细说明、软件的详细使用说明、软件的使用技巧及不常用的功能、软件使用过程中的问题及解决方法可访问官方网站：http://www.motosoft.com.cn/download.asp。

1.5.6　课后训练

（1）完成指定架空线路工程施工图预算软件编制。

（2）完成某电信公司光缆线路工程施工图预算软件编制。

项目二

接入网工程制图与概预算

岗位目标

具备设计专业各类项目工程制图和概预算的相关知识，具备接入网工程 CAD 制图和概预算编制能力，能够熟练运用 CAD 和概预算软件完成接入网工程制图和概预算编制的生产任务。

能力目标

1. 具备接入网工程图纸的正确识读能力。
2. 具备接入网工程施工样板图绘制能力。
3. 具备接入网工程概预算手工编制能力。
4. 具备接入网工程概预算软件编制能力。

学习单元 1　认识接入网工程图纸

知识目标

- 掌握通信工程图纸的制图规范。
- 领会接入网工程图纸读图方法。

能力目标

- 能完成接入网工程图例的识读。
- 能完成接入网工程图纸的读图。

2.1.1　任务导入

任务描述：现有某小区 FTTH 接入网工程施工图，如图 2-1 所示。请完成以下学习型工作任务。

（1）接入网工程制图规范是如何规定的？
（2）接入网工程图纸的读图方法与读图示例。
（3）完成指定接入网工程图纸的读图任务。

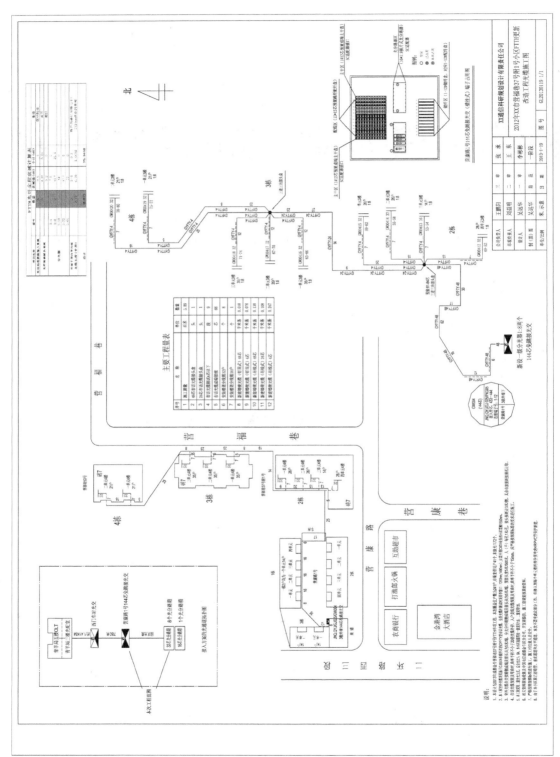

图 2-1　×××小区 FTTH 接入网工程施工图

2.1.2 任务分析

要完成接入网工程图纸的认识，读图前必须要进行一系列的知识准备。

"接入网工程图纸的组成有哪些？接入网工程制图规范是如何规定的？接入网工程图纸的读图方法有哪些？"

2.1.3 知识准备

一、接入网工程制图基础

（一）接入网工程图纸的组成及绘制要求

通信接入网工程图纸一般由施工路由图、光缆配线图、光通道拓扑图、园区光交成端占位图、光纤全程衰减计算表、主要工程量表、工程施工说明等构成，如图 2-2 所示。

各组成部分的绘制要求如下。

1．施工路由图

应标明由两侧 50m 以内的道路名称、医院、学校、工厂等主要建筑物；应标明上层接入的物理网光交位置、城市管道走向、管孔占用和空闲情况；小区接入位置、园区光交位置、楼道箱体位置、接头点位置，引上引下保护，敷设保护管型号及方式；短距离直埋及路由保护；跨路杆高、拉线及吊线程式；分歧点及其他线向等。

2．光缆配线图

应标明上层物理网光交、园区光交的街道地址、具体物理位置、箱体容量、分光器数量、接入纤芯和连接端子号；配线光缆、接入光缆的规格型号、敷设方式（钉固式/吊线式）、敷设距离、接头位置、接头盒型号（X 进 X 出）、分光分纤箱体或楼道分路箱体的位置、小区楼栋数、楼层数、单元数、用户数、楼层结构（框剪 /砖混）、分光器规格型号（1:4/1:8）等。

3．光通道拓扑图

要求反映出接入光通道的全程情况。图中应标明上层接入的 OLT 局向、所经过的光配室、主干光交、园区光交、主干光缆长度、园区光缆长度、分路箱体容量及箱体数量、本次工程的范围。

4．园区光交成端占位图

应标明光交位置，光交主干区、配线区光纤端子已占用、空闲、本次占用情况；标明光路区分光器规格型号、已占用和本次占用及空闲情况以及适配器型号等信息。

5．光纤全程衰减计算表

应标明光活动连接器插入衰减、光纤熔接接头衰减、光分路器衰减、冷接子双向衰减、光缆每千米衰减等全通道衰减情况，确保在衰减设计的容许范围内。

6．主要工程量表

反映本工程的施工测量类工程量，路由建筑类工程量、缆线敷设类工程量、箱体设备安装类、工程接续与测试类工程量等，通过主要工程量表可以了解工程项目的投资规模大小情况。

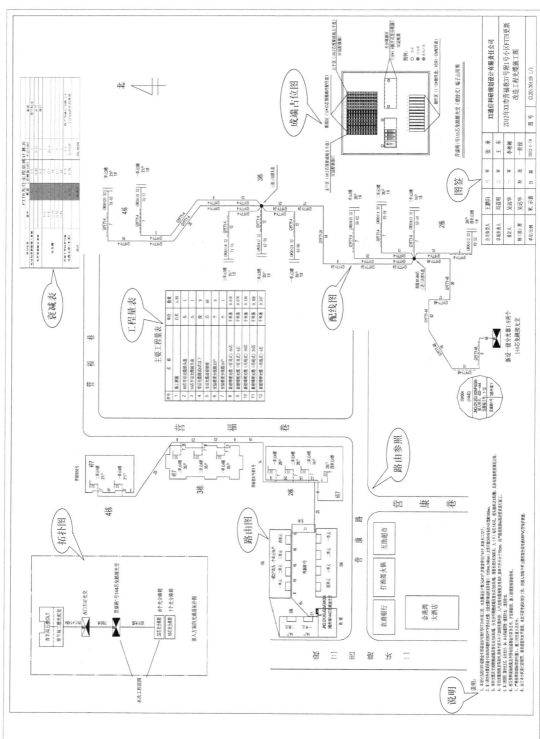

图 2-2 小区接入网工程图纸图纸组成

7．工程说明

一般是反映工程的概况（即对技术交底的内容给予必要说明）。如覆盖住户数、存量宽带用户数、末级光口数、室外接入光缆规格型号、光缆测试的要求、在楼道、手孔等处的预留要求、光缆的曲率半径要求和皮线光纤的曲率半径要求、采取的分光器模式、分光比、设计资料的复核要求、安全施工要求、接入小区是否建设水平和垂直通道等信息。

（二）接入网工程图形符号的使用（摘要）

根据 YD/T 5015-2005《通信管道与线路工程制图与图形符号》标准、《管线工程制图与图形符号规范》、《光进铜退（FTTX）工程勘察及制图工作指南》等制图规范，以下梳理并摘要了当前 FTTH 小区接入网工程中常见的图形符号，见表 2-1、表 2-2、表 2-3。

表 2-1　　　　　　　　　　　施工路由图常用符号

序 号	名 称	图 例	主要用途及 CAD 绘制命令组合
2-1	（主干/园区）光缆交接箱		矩形+捕捉角点+斜线+圆+多段线+复制+图案填充
2-2	（壁龛式）光网络箱/光缆交接箱		矩形+捕捉角点+斜线+圆+多段线+复制+图案填充
2-3	房屋		正交直线+对象捕捉开
2-4	围墙		正交+直线复制+连续复制
2-5	栅栏		正交+直线+连续复制
2-6	游泳池	泳	矩形+多行文字编辑
2-7	原有路由或利旧敷设		细实线（0.25mm）：原有线路符号
2-8	利旧钉固式敷设	10	细虚线（0.25mm）
2-9	利旧吊线式敷设	10	细实线（0.25mm）
2-10	新建光缆路由		粗实线（0.6mm）：新建路由符号
2-11	直埋敷设+引上保护	20　5	直埋 20m+引上 5m 正交直线+连续复制+多行文字编辑
2-12	路由标注样式 1	破花砖路面+φ50 钢管保护引上　35　5	正交直线+连续复制+多行文字编辑
2-13	路由标注样式 2	破混凝土路面+φ80 钢管保护引上　15　5	正交直线+连续复制+多行文字编辑
2-14	钉固式接入楼道分路箱	32	正交+粗实线（0.6mm）+粗虚线（0.6mm）+粗实线（0.25mm）
2-15	砖混结构 7 层/框剪结构 7 层	砖 7 或竖 7	多行文字编辑+砖 7/竖 7
2-16	新建人孔（标准符号）		直线+矩形（0.6mm）+捕捉中点+复制

续表

序 号	名 称	图 例	主要用途及 CAD 绘制命令组合
2-17	原有人孔（标准符号）		直线+矩形（0.25mm）+捕捉中点+复制
2-18	新建手孔（标准符号）		直线+矩形（0.6mm）+捕捉中点+复制
2-19	原有手孔（标准符号）		直线+矩形（0.25mm）+捕捉中点+复制
2-20	新建人孔（简易符号）		
2-21	原有人孔（简易符号）		正交直线+捕捉中点+圆+修剪+多行文字编辑+正交连续复制
2-22	新建手孔（简易符号）		
2-23	原有手孔（简易符号）		
2-24	新建引上电杆	16	矩形+粗虚线（0.6mm）+圆环（内径 0，外径 2mm）+圆（半径 3mm）
2-25	原有引上电杆	23	矩形+粗虚线（0.6mm）+小圆（半径 1mm）+圆（半径 3mm）
2-26	新建引上墙壁	12	矩形+粗虚线（0.6mm）+圆环（内径 0，外径 2mm）+正交直线
2-27	原有引上墙壁	14	矩形+粗虚线（0.6mm）+小圆（半径 1mm）++正交直线
2-28	中间支撑物		多段线+旋转
2-29	××局机房	××局×楼OLT ××局×楼光配室	矩形+打断+虚线+多行文字编辑

表 2-2 　　　　　　　　　　　　　　　　光缆配线图常用符号

序 号	名 称	图 例	说 明
2-30	（主干/园区）光缆交接箱		矩形+捕捉角点+斜线+圆+多段线+复制+图案填充
2-31	（壁龛式）光网络箱/光缆交接箱		矩形+捕捉角点+斜线+圆+多段线+复制+图案填充
2-32	园区光缆接头		光缆接头 正交直线+修剪+镜像+圆环（内径 0，外径 6mm）
2-33	接头标注样式	二进二出接头盒 预留21-24 芯	正交直线+修剪+镜像+圆环（内径 0，外径 6mm）+多重引线标注+连续复制编辑

续表

序　号	名　　称	图　例	说　　明
2-34	新建钉固式敷设	GYFTY-48 - - - - - - 7	白色虚线（0.25mm）+粗实线（0.6mm）+多行文字编辑
2-35	新建直埋 式光敷设	GYFTY-48 直埋 30	粗实线（0.6mm）+多行文字编辑+正交+连续复制
2-36	新建架空 式光敷设	GYFTY-48 架空 30	粗实线（0.6mm）+多行文字编辑+正交+连续复制
2-37	新建墙吊式敷设	GYFTY-48 30	
2-38	新建楼道光分箱	GW00101　16 49-50	粗实线（0.6mm）+多行文字编辑+正交+连续复制

表 2-3　　　　　　　　　　　　　　　指北针图形符号

序　号	名　　称	图　例	主要用途及 CAD 绘制命令组合
2-39	指北标志	北	在通信线路工程中使用如图所示的指北标志 直线+正交直线+多行文字编辑

（三）接入网工程图纸的读图方法

（1）收集工程建设资料，了解工程项目背景。

（2）了解工程施工过程和施工工艺，提高对工程图纸描述信息的理解能力。

（3）熟悉本专业类别的工程图例。

（4）采用先全貌后局部的读图顺序阅读图纸信息。

（5）四结合读图法（图例与路由图、标注、文字说明、主要工程量结合）。

（6）以施工起点为读图方向，采用区分敷设方式按路径穿越分类读图法保持读图的完整性。读图顺序：接入方案拓扑图—工程说明—施工路由图—光缆配线图—光交箱体成端占位图—光通道衰减表—主要工程量表等。

二、分组讨论

从电信机房新建一条如图 2-3 所示的光纤到户光缆线路需要经历哪些通信路径和设备？

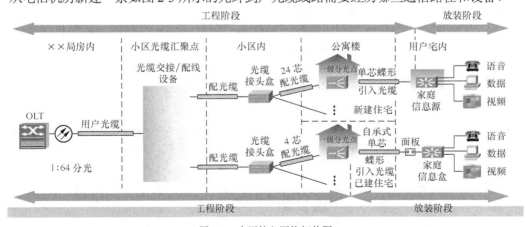

图 2-3　小区接入网络拓扑图

2.1.4 任务实施

采用合适的工程读图方法，完成工程概况描述和工程量的统计。

步骤一：读出工程图纸的专业类别和图纸表现主题类别。

步骤二：理解接入网工程图纸的组成，理解各组成部分的含义。

步骤三：熟悉本专业的工程图例，特别是常见常用图例，包含地形地貌图例。

步骤四：分解工程图纸的图块内容，对路由图上的表现主题和参照物进行识别。

步骤五：四结合（图例与路由图结合、与标注结合、与文字说明结合、与主要工程量结合）读懂各图块表现主题的具体含义。

步骤六：用文字说明和工程量表描述读图结果。本工程拟利旧××区西门车站光交GJ025，营康路 1 号 3 栋外墙 GW004 光网络箱（即园区光交），沿原有墙吊线路敷设接入实现小区 FTTH 薄覆盖 241 户，拟在小区新建 FTTH 下行末级光口 72 个，敷设各型光缆 0.705 皮长 km，合 12.7 芯 km，在一级分光点 144 芯无跳接光网络箱新设两台 1:8 分光器，安装楼道壁挂式光分路箱 9 台，新设 1:8 二级分光器 9 台，建设单位要求设计单位在 1 周内完成该工程 CAD 制图及施工图预算编制。工程施工企业距离施工现场为 26km，施工环境为平原地区施工。

2.1.5 知识拓展

一、光进铜退（FTTX）工程勘察及制图工作指南

详见《光进铜退（FTTX）工程勘察及制图工作指南》。

二、认识 PON 网络系统

（一）PON 网络的定义

PON（Passive Optical Network：无源光纤网络），是一种基于 P2MP 拓扑的技术，所谓无源是指光配线网（ODN）中不含有任何电子器件及电子电源，ODN 全部由光分路器（Splitter）等无源器件组成，不需要有源电子设备。

与点到点的有源光网络相比，无源 PON 技术具有高带宽、全业务、易维护等多方面的优势，促使其成为网络融合进程中的主流技术。

（二）PON 网络的构成

PON 由局端的 OLT（Optical Line Terminal，光线路终端）、用户侧的 ONU（Optical Network Unit，光网络单元）和 ODN（Optical Distribution Network，光配线网络）组成，如图 2-4 所示。典型拓扑结构为树形或星形，根据 ONU 的位置，PON 系统可能的应用包括 FTTD、FTTH、FTTO、FTTB、FTTC 等场景。

（1）OLT 的作用是将各种业务信号按一定的信号格式汇聚后向终端用户传输，将来自终端用户的信号按照业务类型分别进行汇聚后送入各业务网。

（2）ONU 位于用户端，直接为用户提供语音、数据或视频接口。

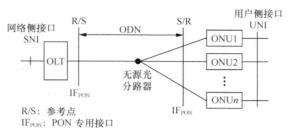

R/S：参考点
IF$_{PON}$：PON 专用接口
注：ODN 中的无源光分路器可以是一个或多个光分路器的级联

图 2-4 PON 网络结构图

（3）ODN 的作用是提供 OLT 与 ONU 之间的光传输通道。包括 OLT 和 ONU 之间的所有光缆、光缆接头、光纤交接设备、光分路器、光纤连接器等无源光器件。

（三）PON 基本原理

PON 系统采用 WDM（波分复用）技术，使得不同的方向使用不同波长的光信号，实现单纤双向传输，原理如图 2-5 所示。

为了分离同一根光纤上多个用户的来去方向的信号，可采用以下两种复用技术。

（1）下行数据流采用广播技术，实现天然组播。

（2）上行数据流采用 TDMA 技术，灵活区分不同的 ONU 数据。

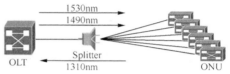

图 2-5 PON 的基本原理

（四）主流 PON 技术介绍

ODN 网络建设主要采用 PON 宽带接入技术，目前已经成熟并且规模商用的主要有 EPON 和 GPON。

EPON 是基于 IEEE 802.3ah 标准的以太网无源光缆网技术，上下行标称速率均为 1.25Gbit/s，典型光分路比为 1:32。

GPON 是基于 ITU-T G.984 标准的吉比特无源光缆网技术，GPON 可支持上下行对称和不对称多种速率等级，下行标称速率为 2.5Gbit/s，上行标称速率支持 1.25Gbit/s 和 2.5Gbit/s；典型光分路比为 1:64。

目前 EPON 的 PX20+光模块和 GPON 的 Class C+光模块均已成熟，各地在 FTTH 规模部署过程中，OLT 及 ONU 设备应采用不低于 PX20+（EPON）和 Class C+（GPON）等级的光模块，两者的技术指标见表 2-4。

表 2-4 GPON 和 EPON 的主要技术指标对比

内　　容	GPON（ITU-T G.984）	EPON（IEEE 802.3ah）
下行速率	2500 Mbit/s 或 1250 Mbit/s	1250 Mbit/s
上行速率	1250 Mbit/s	1250 Mbit/s
分光比	1:64，可扩展为 1:128	1:32（可扩展到 1:64）
下行效率	92%，采用：NRZ 扰码（无编码），开销（8%）	72%，采用：8B/10B 编码（20%），开销及前同步码（8%）

内 容	GPON（ITU-T G.984）	EPON（IEEE 802.3ah）
上行效率	89%，采用：NRZ 扰码（无编码），开销（11%）	68%，采用：8B/10B 编码（20%），开销（12%）
可用下行带宽	2200Mbit/s	950Mbit/s
可用上行带宽	1000Mbit/s	900Mbit/s
运营、维护（OAM&P）	遵循 OMCI 标准对 ONT 进行全套 FCAPS（故障、配置、计费、性能、安全性）管理	OAM 可选且最低限度地支持：ONT 的故障指示、环回和链路监测
网络保护	50ms 主干光纤保护倒换	未规定
TDM 传输和时钟同步	天然适配 TDM（Native TDM 模式）保障 TDM 业务质量，电路仿真可选	电路仿真（ITU-T Y.1413 或 MEF 或 IETF）

2.1.6 课后训练

（1）绘制接入网工程施工程序图。

（2）完成 A 小区 FTTH 更新改造工程施工图纸的工程量统计和工程概况描述。

学习单元2 工程绘图环境设置与图纸模板绘制

知识目标

- 熟悉用户操作界面及其各部分功能。
- 掌握对象捕捉、缩放工具条等绘制平台的配置。
- 掌握参数选项设置，格式单位、图形界限、格式图层的设置。
- 掌握通信工程图纸模板边框及图签格式的表格绘制。
- 掌握文字样式、表格样式、标注样式的设置。

能力目标

- 能完成所需功能的绘图环境配置和参数设置。
- 能完成文字样式、表格样式、标注样式设置。
- 能完成接入网工程图纸模板的绘制。

2.2.1 任务导入

任务描述：现有某接入网工程施工图，如图 2-6 所示。建设单位要求设计单位在 1 周内完成该工程 CAD 制图及施工图预算编制。请完成以下工作任务：

（1）完成接入网工程绘图环境设置；

（2）完成接入网工程图纸模板绘制。

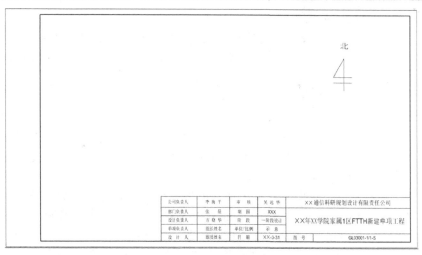

图 2-6 工程图纸模板绘制

2.2.2 任务分析

要完成接入网工程绘图环境设置和图纸模板绘制，需要完成如下一些技能准备。

（1）接入网工程绘图环境需要配置哪些内容？

（2）接入网工程图纸模板绘制的对象有哪些？

（3）绘制工程图纸模板的要求是如何规定的？

（4）如何绘制这些模板的图形对象？

2.2.3 知识准备

一、AutoCAD 2010 的用户界面介绍

AutoCAD 2010 的经典工作界面由标题栏、菜单栏、各种工具栏、绘图窗口、光标、命令窗口、状态栏、坐标系图标、模型/布局选项卡、菜单浏览器等组成，重点训练界面中状态栏上各种按钮的功能使用。

二、分组讨论

梳理接入网工程需要绘制的典型图块有哪些？

2.2.4 任务实施

一、接入网工程绘图环境配置与参数选项设置

（一）启动 AutoCAD2010 图标，进入软件用户界面后选择工作空间

第 1 次之后选择空间如下。

"工具"菜单栏—下拉菜单"工作空间"—选择"AutoCAD 经典"模式。

（二）选择"文件"菜单，完成图形文件的管理

文件新建：单击"文件"菜单—"新建"，弹出【选择样板】对话框—选择"acad.dwt"

的文件—打开，完成图形新建。

文件保存：单击左上角"保存"快捷键，弹出【图形另存为】对话框—输入文件名"接入网工程施工图样模板"，单击"保存于下拉按钮"选择存放位置，最后单击"保存"按钮。

（三）完成文字样式、表格样式、标注样式设置

1．文字样式设置

（1）单击"格式"菜单栏内子项目"文字样式"，弹出"文字样式"对话框，单击"新建"按钮，弹出【新建文字样式】对话框，输入样式名"接入网工程"确定，可以看到当前样式名已更新为新输入的名字。

（2）字体：字体名方框内选择 TT 宋体（如果方框内没有选择对象 TT 宋体，则需要在使用大字体前面的矩形框内取掉"钩"再重新选择即可），字体大小注释性、使文字方向与布局匹配、字体效果之颠倒和反向，应根据需要进行选择。

（3）字体样式为常规（默认），在"高度"方框内输入 2.5、宽度因子为 1（默认）、倾斜角为 0（默认），最后单击"应用"按钮后关闭。

2．表格样式设置

单击"格式"菜单—表格样式—新建—创建新的表格样式—输入样式名—继续—新建表格样式—"常规"选项卡—选择"对齐正中"、页边距（水平、垂直）均设置为 1.5mm；文字选项卡—文字高度—输入 2.5—确定—置为当前—关闭退出至窗口，如图 1-29 所示。

文字高度设置：A4、A3 模板建议设置为 2.5mm，A2、A1 建议设置为 3.5mm。

二、接入网工程图纸模板的绘制

（一）图纸模板内外边框块的插入和块信息编辑

1．工程图纸模板内外边框块的插入

在保存为"接入网工程施工图样模板"文件下的工作空间编辑状态下单击"插入"菜单—块，弹出插入块对话框，单击"名称下拉菜单"或选择"名称"后矩形框内的信息，连续单击"PgDn"（下翻页键）或"PgUp"（上翻页键）选中目标块后，单击确定按钮，完成目标块的插入。

2．块信息编辑

（1）插入块编辑。当目标块成功插入到目标区域后，鼠标框选"目标块"对象，右键单击，在弹出的右键菜单上单击"块编辑器"，在弹出的块编辑状态栏完成块信息编辑。

（2）分解插入块后进行图形对象编辑。当目标块成功插入到目标区域后，鼠标框选"目标块"对象，单击"修改"菜单—分解，完成块分解后，可以正常对分解后的图形对象进行信息编辑。

（二）工程图签格式的表格块的插入和块信息更新编辑

操作方法同（一）图纸模板内外边框块的插入和块信息编辑。

（三）梳理绘图对象，完成专业模板的格式图层设置和需要创建的块梳理

1．设置图层

设置图层包括新建缆线、原有缆线、新建杆路、原有杆路、原有管道等。

2．创建块

需要创建的块包括 OLT 机房块、各种规格型号的光交箱体块、园区光交成端占位图块、光交连接端子信息块、光缆接头、楼道箱体引入块、楼道箱体位置块、楼道光分路箱块、钉固式光缆接入块等。

三、分组讨论

梳理接入网工程需要绘制的典型图块有哪些？

2.2.5　知识拓展

一、绘图环境设置的相关问题

（一）绘图环境设置注意事项

1．面向工作空间配置的对象捕捉工具条、缩放工具条

对象捕捉和缩放工具条的配置不是基于系统的默认配置，首次进入软件界面时需要按照绘图环境的配置要求配置。当绘图平台搭建完成后，若对工作空间进行切换操作，则所有的绘图平台配置会返回到软件初始配置状态（如"二维草图与注释"工作空间状态）；一旦进行工作空间切换操作，则需要重新进行绘图平台配置。

2．绘图平台的搭建与绘图环境的参数选项设置面向的对象不同

绘图平台的配置和绘图环境参数选项的配置是面向软件设置的，一般情况下只须设置一次；而文字样式、表格样式、标注样式的设置是面向每一个新建文件的，每次新建 1 个制图文件则对应需要根据每个项目的独特性进行相应绘图参数的设置。

3．巧用回滚操作恢复基本功能界面

初学者在使用软件界面时，由于操作不熟悉，可能会出现配置好的菜单栏等工具条突然消失的现象，此时可以采取执行"回滚"操作还原界面菜单基本功能。具体方法是重新对工作空间作两次切换操作，如从 AutoCAD 经典模式切换到二维草图与注释模式，再从二维草图与注释模式回滚到 AutoCAD 经典模式，则可以还原基本功能菜单界面。

（二）文件保存版本的设置

为便于图样设计文件的共享和信息交流，一般建议将高版本的 AutoCAD 的文件格式保存版本设置为大家通用的 AutoCAD 版本格式（即某一种低版本格式），这样可以实现文件的共享和信息无障碍交流。

二、ODN 拓扑结构和组网原则

（一）光分配网（ODN）组成和基本功能

1．光分配网定界

如图 2-7 所示，光分配网（ODN）位于 OLT 和 ONU 之间，其定界接口为紧靠 OLT 的光连接器后的S/R 参考点和ONU 光连接器前R/S 参考点。

2．光分配网（ODN）组成

从网络结构来看，光分配网由馈线光缆、光分路器和支线光缆组成，它们分别由不同的无源光器件组成，主要的无源光器件有单模光纤、光分路器（ODB）、光纤连接器，其中光纤连接器包括预制活动连接器和现场机械活动连接器。

3．光分配网（ODN）的基本功能

光分配网（ODN）将一个光线路终端（OLT）和多个光网络单元（ONU）连接起来，提供光信号的双向传输。

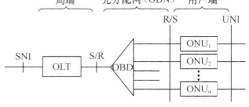

图 2-7   ODN 定界示意图

（二）ODN 基本结构

光分配网络（ODN）是一种点对多点的无源网络，按照光分路器的连接方式可以组成树形、星形、环形、总线型等多种结构，其中，树形为最常用的结构。树形结构有以下两种基本形式。

1．一级分光模式

当 OLT 与 ONU 之间按一点对多点配置，即每一个 OLT 与多个 ONU 相连，中间设有一个光分路器（OBD）时就构成如图 2-8 所示树形结构。其优点是跳接少，减少了光缆线路全程的衰减和故障率，便于数据库管理，同时在建设初期用户数量较少、分布松散时，可节约大量 PON 口资源；缺点是光分路器下行的光缆数量大、对管道的需求量大，特别在光分路器集中安装时更加明显。

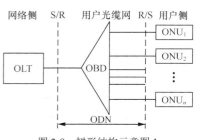

图 2-8   树形结构示意图 1

2．多级分光模式

当采用两个或两个以上光分路器（OBD）按照级联的方式连接时就构成如图 2-9 所示的树形结构。优点是由于光分路器分散安装减少了对下行光缆芯数和管道的需求，适用于用户比较分散的小区；缺点是增加了跳接点，即增加了线路衰减，出现故障概率增加，同时数据库的管理增加难度，同时在建设初期用户数量较少、分布松散时，PON 口资源利用率较低。

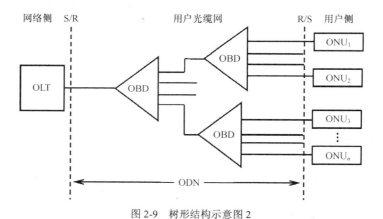

图 2-9   树形结构示意图 2

3．ODN 的组网原则

（1）ODN 结构的选择

ODN 选择的原则如下。

① 在选择 ODN 结构时，应根据用户性质、用户密度的分布情况、地理环境、管道资源、原有光缆的容量，以及 OLT 与 ONU 之间的距离、网络安全可靠性、经济性、操作管

理、可维护性等多种因素综合考虑。

② ODN 以树形结构为主，分光方式可采用一级分光或二级分光，但不宜超过二级，设计时应充分考虑光分路器的端口利用率，根据用户分布情况选择合适的分光方式。

③ 一级分光（见图 2-8 树形结构 1）适用于新建商务楼、高层住宅等用户比较集中的地区或高档别墅区。

④ 二级分光（见图 2-9 树形结构 2）适用于改造商务楼、住宅小区，特别是多层住宅、高档的公寓、管道资源比较缺乏的地区。

⑤ 一般不采用非均分光分路器。

（2）ODN 与用户光缆网的对应关系

逻辑上，ODN 由馈线光缆、光分路器和支线光缆组成，而用户光缆在物理结构上通常可分为 3 个部分，即主干光缆、配线光缆、驻地网光缆。

① 主干光缆部分：通常由用户主干光缆和一级光交接箱组成。

② 配线光缆部分：通常由一级、二级配线光缆、二级光交接箱和光分配箱组成。

③ 驻地网光缆部分：通常为大楼内或小区内部的接入光缆、光网络箱和光缆终端盒组成。

根据光分路器设置地点的不同，ODN 各部分与用户光缆设施的对应关系见表 2-5。

表 2-5　　　　　　　　　　　ODN 各部分与用户光缆设施的对应关系

光分路器设置位置	一级光交接箱	二级光交接箱 光分配箱	楼道光网络箱
ODN 馈线部分	主干光缆	主干光缆、配线光缆	主干光缆、配线光缆、接入光缆
支线部分	配线光缆 接入光缆 入户光缆	接入光缆 入户光缆	入户光缆

在设计带保护系统时，应注意系统保护部分和用户光缆网的对应关系，要考虑相应光缆和设施的保护。

（3）ODN 网络结构分层

根据 FTTH 工程 ODN 网络的共同特点，将 FTTH 中 ODN 网络分为 4 个层面，其网络层级及涵盖内容见表 2-6。

表 2-6　　　　　　　　　　　ODN 网络层级及涵盖内容

网络层级		建设内容				
		公众 FTTH		商业 FTTO		
		一级分光模式	二级分光模式	一级分光模式	二级分光模式	
					零散客户	集中客户
局端设备		OLT				
ODN	主干层	光总配线架（MODF）				
		主干光缆				
		物理网无跳接光交接箱（MOCC）				
		—	—	—	一级光分路器	—

续表

网络层级		建设内容				
		公众 FTTH		商业 FTTO		
		一级分光模式	二级分光模式	一级分光模式	二级分光模式	
					零散客户	集中客户
ODN	配线层	配线光缆	配线光缆	配线光缆	—	配线光缆
		园区无跳接光交接箱	园区无跳接光交接箱	园区无跳接光交接箱	—	园区无跳接光交接箱
		一级光分路器	一级光分路器	一级光分路器	-	一级光分路器
	接入层	接入光缆	接入光缆	接入光缆	接入光缆	接入光缆
		光分纤箱	分光分纤箱	光分纤箱	分光分纤箱	分光分纤箱
		—	二级光分路器	—	二级光分路器	二级光分路器
	入户层	入户光缆	入户光缆	入户光缆	入户光缆	入户光缆
		快速连接器	快速连接器	快速连接器	快速连接器	快速连接器
用户终端		E8-C 终端	E8-C 终端	商业用户终端	商业用户终端	商业用户终端

2.2.6 课后训练

（1）巩固练习绘图环境设置操作。

（2）绘制接入网工程 72 芯光网络箱体成端点位图 CAD 模板。

（3）绘制接入网工程 144 芯光缆交接箱体成端点位图 CAD 模板。

（4）绘制接入网工程 288 芯光缆交接箱体成端点位图 CAD 模板。

（5）绘制接入网工程 576 芯光缆交接箱体成端点位图 CAD 模板。

学习单元 3　接入网工程施工样板图绘制

知识目标

- 掌握阵列、镜像、带线宽的矩形等的绘制。
- 掌握接入网工程图形实体的绘制、块创建与块编辑。
- 领会接入网工程样板图绘制。

能力目标

- 能完成接入网工程图形实体的绘制。
- 能完成块创建与编辑。
- 能完成接入网工程样板图绘制。

2.3.1 任务导入

任务描述：现有某接入网小区工程施工样板图，如图 2-10 所示。建设单位要求设计单位在 1 周内完成该工程 CAD 制图及施工图预算编制。请完成本工程的施工样板图绘制。

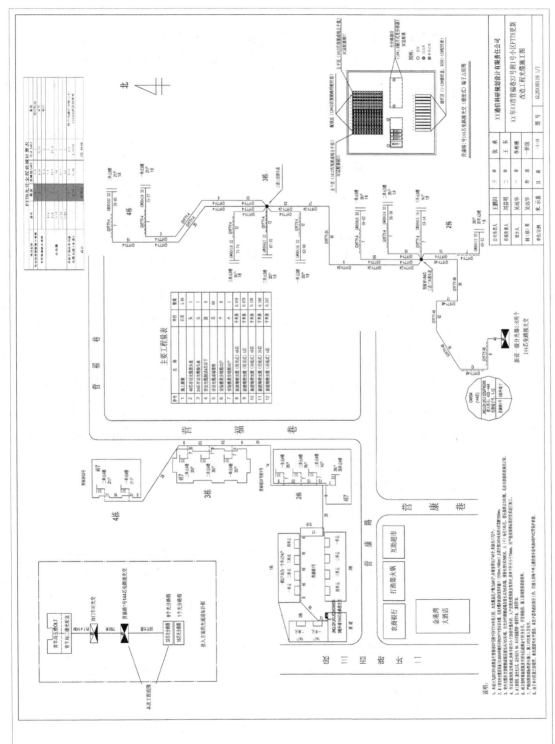

图 2-10　接入网小区工程样板图绘制

2.3.2　任务分析

要完成一幅接入网工程的图纸绘制，绘图前需要进行一系列的工程制图的技能准备。要了解如何进行接入网工程的图形实体绘制以及如何绘制一张完整的接入网工程图纸。

2.3.3　知识准备

一、绘图前的技术储备

（一）完成图形文件的新建和保存

（1）文件新建：文件—新建—选择样板文件对话框—选择"接入网工程施工图样模板.dwt"的文件—打开，完成图形新建。

（2）文件保存：单击左上角"保存"快捷键—弹出图形另存为对话框—更新文件名为"××接入网工程施工图"—单击"保存于"下拉按钮选择存放地点—最后单击"保存"按钮，完成图形文件保存。

（二）完成接入网绘制对象图层的设置

接入网绘制对象图层的设置，操作方法同架空线路工程。

（三）确定正文的绘制基准

根据项目设计深度确定绘图对象的最小图形单元，以 2.5 号或 3.5 号字为基准绘制。

（四）确定绘图顺序

依次绘制工程图签信息编辑、施工路由图、光缆配线图、光通道拓扑图、园区光交成端占位图、光纤全程衰减计算表、主要工程量表、工程施工说明等绘制对象。

（五）二维绘图命令的技术储备

1．打断对象

以打断"直线"为例说明打断对象。

单击屏幕右边创建工具条上的"打断"按钮，选择要打断对象的第一点，命令行提示："指定第二个打断点"，光标在打断对象上任意选择另一点，单击鼠标左键确定后屏幕上即可显示出打断后的图形，如图 2-11 所示。

2．合并对象

以连接"线段"为例说明合并对象。

单击屏幕右边创建工具条上的"合并"按钮，选择要合并的对象 1，然后再选择要合并的对象 2，命令行提示："选择要合并到源的直线"，此时按回车键，对象 1 与对象 2 成功合并连成直线，如图 2-12 所示。

图 2-11　打断对象	图 2-12　合并对象

3. 阵列

以圆为对象，生成 2 行 4 列的阵列。

选择要阵列的对象"圆，"单击创建工具条上的"阵列"命令，在弹出的"阵列"对话框内选择"矩形阵列"，输入 2 行 4 列，然后单击"行偏移"和"列偏移"横向对应的"竖向长条矩形框"按钮后切换到模型空间对话窗口，光标圈选阵列对象完整"圆"确定后，在返回的阵列对话框内，对捕捉到的"行偏移"和"列偏移"数值选择最大的一个取整，然后以此数据作为"行偏移"和"列偏移"的数值，并保持两者其绝对值相等；注意"行偏移"输入为负值，"列偏移"输入为正值，如图 2-13 所示。值得指出的是，在用光标捕捉阵列对象的"行偏移"和"列偏移"数值时，光标圈选框原则上应对阵列的对象大，其增量部分就是生成阵列对象上下左右的图形间距。阵列前后的对比如图 2-14 所示。

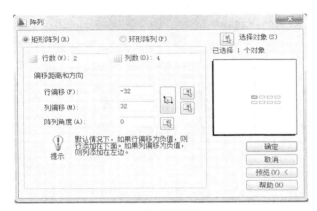

图 2-13 阵列对话框

（a）阵列前　　　　　　　（b）阵列后

图 2-14 阵列前后的对比

4. 多重引线标注

以光缆接头的引线标注为例说明多重引线标注。

单击"标注"菜单栏下拉菜单内的"多重引线"命令，光标移动到要标注的对象适当位置任意捕捉第一点，然后以此为起点沿一定的方位角拉出一段标注引线，之后在标注引线的文字编辑框内输入"光缆接头"标注字样，则信息标注完成，如图 2-15 所示。

5. 缩放对象

以绘制同心圆为例。

选择目标圆，如图 2-16（a）所示；单击屏幕左边创建工具条上的"缩放"按钮，命令行提示："指定基点"，单击对象捕捉工具条上的"捕捉圆心"按钮捕捉圆心，然后在命令行输入"C"回车，移动光标确定比例因子（可选择向内缩小或向外放大圆），如在圆内任意抓取一点确定，缩放结果如图 2-16（b）所示；继续按回车键，可以继续缩放圆的操作（操作方法相同），若继续选择向圆心缩小，则操作结果如图 2-16（c）所示。

光缆接头

图 2-15 多重引线标注

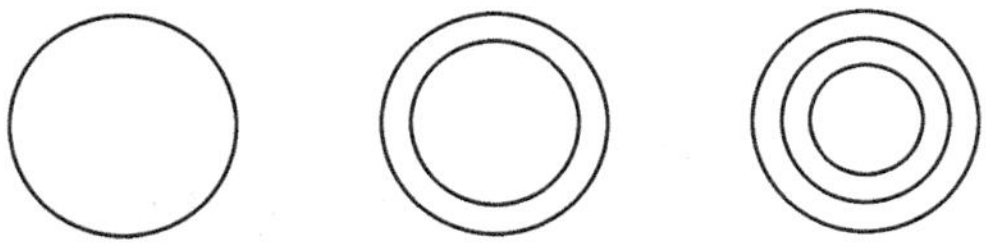

（a）　　　　　　　（b）　　　　　　　（c）

图 2-16 缩放对象

6. 图案填充

以图 2-16（c）为例作同心圆图案填充。

单击"绘图"菜单栏下拉菜单内的"图案填充"命令，在弹出的"图案填充和渐变色"对话框中选择""渐变色选项卡，选择你满意的"单色"如红色，再将单色后面的"由暗至明"的调色滑块拉到合适位置，如正中位置；然后单击拾取点的边界按钮切换到填充目标对象窗口，单击需要填充的封闭区域如中心圆后按回车键，再次返回到"图案填充和渐变色"对话框"；此时单击确定，屏幕显示第一次操作的图案填充结果；同理可以完成中心圆外第一环路的图案填充，两次操作的结果如图 2-17 所示。

图 2-17 图案填充

7. 镜像

以图 2-18（a）为例作镜像对象。

光标选择要镜像的对象，单击创建工具条上的"镜像"按钮，命令行提示："指定镜像的第一点"，光标捕捉到图形上的 *A* 点，命令行提示："指定镜像的第二点"，光标捕捉到图形上的 *B* 点，命令行提示："要删除源对象吗？"，输入"N"后按回车键，屏幕显示镜像结果，如图 2-18（b）所示。

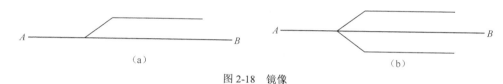

图 2-18 镜像

8. 矩形倒圆角

以图 2-19（a）为例作倒圆角对象。

用光标选择要倒圆角的对象，单击创建工具条上的"圆角"按钮，命令行提示："请指定要倒的圆角的半径"，在命令行直接输入"8"后按回车键，命令行后续提示的信息为："请用光标分别选中要倒圆角的左角边和右角边"，之后原来的矩形角被成功倒为指定半径的圆角；如图 2-19（b）所示。如需要继续对矩形的其他三个角进行倒圆角操作，按回车键（重复执行圆角命令），此时可以不再新输入新的倒圆角的半径数值（除非倒圆角半径要求不同），直接移动光标选择每个矩形角的"左角边和右角边"即可完成第次倒圆角；后续倒圆角操作方法同理），在完成倒第四个矩形角后，屏幕显示倒圆角结果，如图 2-19（c）所示。

图 2-19 矩形倒圆角

9. 多线创建与编辑

单击"绘图"菜单栏下拉菜单内的"多线"按钮，命令行信息提示："指定画多线的起点"，光标在你希望的位置抓取一点，移动光标可连续指定多线的第 2 点、第 *N* 点（正交关状态下指定后续点时可以任意角度指定多线的变化方向），直到画出满意的图形；如图 2-20

（a）所示；若需要对多线图形进行编辑，须对其执行"修改"下拉菜单内的"分解"命令；编辑后的图形结果如图 2-20（b）所示。

（a）　　　　　　　　　　　　　　　（b）

图 2-20　多线创建与编辑

（六）梳理需要绘制的接入网工程图形实体图块对象

根据 FTTH 小区接入网工程的设计规范要求，需要绘制的图块对象有：光通道拓扑图、OLT 机房块、主干光交、园区光交、光交连接端子信息块、成端占位图块、光缆接头、楼道箱体引入块、楼道箱体位置块、楼道光分路箱块、钉固式光缆接入块等。

（七）完成常见地形地貌和路由参照物图形绘制的技术储备

如建筑物、房屋、高速路桥、交叉路口、街道、标志性参照物的绘制等。

二、已建住宅建筑-小区接入 FTTH 建设场景

已建住宅建筑原则上采用二级分光，一级光分路器集中放置的组网模式进行改造。两级分光比原则上应以 8×8 模式为主、16×4 模式为辅。

1．分光分纤箱及二级分光器设置

分光分纤箱按照容量分为 16 路/双槽道、32 路/四槽道，按照安装方式分为壁挂式和壁嵌式。

分光分纤箱原则上应安装在单元楼道内，对于垂直通道为暗管的楼宇可采用壁嵌方式安装，垂直通道为弱电竖井+垂直桥架的楼宇应采用壁挂方式安装。

住户数不大于 16 户的单元，每个单元配置一台双槽道楼道分光分纤箱，初期配置一台 1:8 插片式二级光分路器；对于初期业务发展预期较低的小区，也可每个单元配置一台四槽道楼道分光分纤箱，初期配置一台 1:4 插片式二级光分路器。

住户数大于 16 户的单元，可根据住户分布和垂直弱电通道情况配置多台楼道分光分纤箱，每台分光分纤箱覆盖住户数不超过 32 户，初期配置一台 1:8 插片式二级光分路器。

入户皮线光缆和配线光缆在箱内分别成端，根据业务发展情况将引入光缆、二级光分路器光口、入户皮线光缆进行插接。

2．一级分光点设置

对于已建住宅小区，应根据住户数情况，选用 144～288 芯光交接箱或中心机房 ODF 作为集中分光点，将多个单元的楼道分光分纤箱进行汇聚，每个一级分光点覆盖住户 512～2048 户。

3．一级光分路器设置

一级光分路器应集中设置在一级分光点的光交接箱或 ODF 内。

4．一级分光口预留

按照一级分光点覆盖的楼道分光分纤箱总数，对初设一级光分路器数量进行合理配置，在满足所有初配二级光分路器开通要求的前提下，可适当多配 1～2 台一级光分路器，以及

时满足业务快速增长时的扩容需求；对于业务未饱和区域，应根据资源预警，及时扩容一级分光器，一级分光点内应保持不少于 4 个一级分光口预留，如图 2-21 和图 2-22 所示。

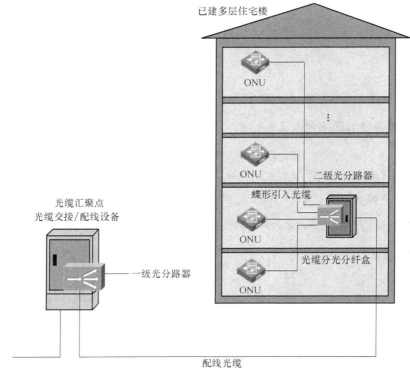

图 2-21　已建多层住宅二级分光方式网络架构图

三、分组讨论

（1）如何确定施工图绘制的比例和最小图形单位基准？

（2）如何把握接入网工程图形元素的总体布局？

2.3.4　任务实施

根据生产任务要求完成接入网工程施工样板图的绘制。

一、分步绘制接入网工程施工图图块

（一）图纸的整体布局

接入网工程中 FTTH 小区接入的工程图纸布局，无论是从图纸的信息量大小，还是从工程的技术复杂程度和详细程度来讲，都比架空线路工程要绘制的图块内容多、信息量大和标注更为复杂。因此在进行小区接入网工程的施工图绘制时，图纸的整体布局应综合考虑各具体图块的"造型和模样"。特别是首先应统筹考虑"主体图块"的摆放位置，即工程施工路由图和光缆配线图这两个"主角"图块在整张图幅中需要占用多大的图纸空间，如何摆放更利于使用者的阅读习惯，更利于指导工程施工；其次才是统筹考虑"配角图块"的摆放位

置，即小区接入的光通道拓扑图、主要工程量表、光缆交接箱成端占位图、FTTH 光纤全程衰减表等的摆放位置；原则上各图块的摆放位置除受图纸空间制约外，还受到图纸表达意图、表现主题内容的专业逻辑关系制约，不能人为地为了摆放而摆放图块。在一张图纸不能够很好表现工程图块信息的时候，可以考虑用两张以上的图纸来表达。无论用一张图纸还是用多张图纸绘制施工图；图纸布局的总体原则是：既要满足设计规范的要求，也要满足指导施工的要求。在此基础上统筹安排图纸整体布局，如图 2-23 所示。

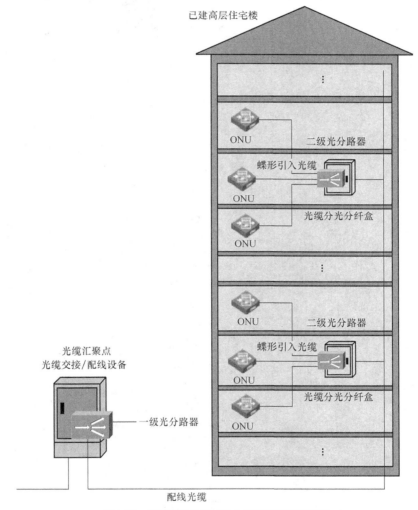

图 2-22 已建高层住宅二级分光方式网络架构图

具体绘制时需要区分静态图块的绘制和动态图块的绘制。所谓静态图块就是本工程类别的建设项目中都能够共享使用的信息图块，这些图块的内部结构和外形模样经常保持"常态"，每一次绘制这些图块时只是根据需要对其内容进行更新编辑；不需要每次都重新绘制，如接入小区的光通道拓扑图、主要工程量表、光缆交接箱成端占位图、FTTH 光纤全程衰减表等，均符合静态图块的绘制特点。所谓动态图块就是每次绘制工程项目的图纸内容时会完全跟随工程项目的现场不同和专业独特性不同而保持动态变化的信息图块。

图 2-23 图纸整体布局

（二）绘制小区施工路由图

施工路由图如图 2-24 所示。

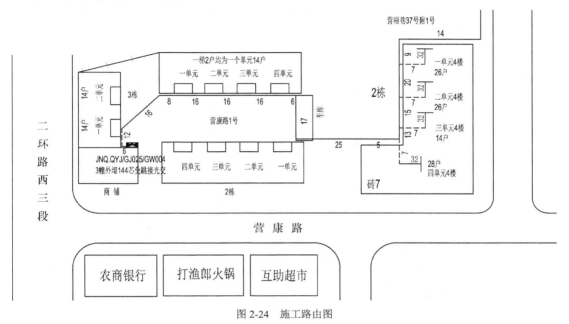

图 2-24 施工路由图

1. 施工路由图的绘制要点

绘制的施工图纸应符合设计规范的要求和图纸使用者的阅读习惯。图纸指导的施工路由方向应与沿工程现场实际路由的施工走向保持一致。一般而言应从网络侧面向用户侧沿施工的前进方向绘制，即从主干光缆交接箱体一侧面向园区光缆交接箱体一侧、小区各楼栋单元楼的楼道分光箱体一侧进行绘制，绘制时始终保持全局图纸的前进方向，具体绘制时从图纸的近端向远端绘制，从左边向右边绘制、从下向上绘制。

（1）应标明接入路由园区光交的位置及容量、园区光缆的路由走向、楼道分光箱体位置等。

（2）应标明路由两侧 50m 的学校、医院、酒店、银行等标志性建筑物；路由上应标明光缆线路的敷设方式（管道（手）孔、直埋、架空、吊线式敷设、钉固式敷设）、路由保护方式、光缆引上或引下情况、光缆接入距离；应标明街道名称、小区名称、门牌号、小区楼房结构（砖混式或框剪式）、小区楼栋数、楼层数、单元数、单元用户数等。

2. 本项目施工图涉及的 CAD 绘图命令

可以通过直线、多线、矩形、倒圆角、镜像、连续复制、多行文字编辑、修剪、延伸等 CAD 命令完成施工路由图的绘制。

（三）绘制接入光缆配线图

1. 施工路由图的绘制要点

应标明园区光交的街道号、具体物理位置、规格型号及容量、园区光交内的分光器数量；园区光缆配线的规格型号、敷设方式（吊线式/钉固式）、距离、接头位置、接头盒规格型号、预留纤芯纤序、楼道分光箱体位置（位于单元数及楼层、覆盖用户数）、楼栋数、楼道分光箱编号、箱体容量、设计占用纤序等。

2. 本项目施工图涉及的 CAD 绘图命令

可以通过直线、多线、矩形、镜像、连续复制、多行文字编辑、修剪、延伸等 CAD 命令完成光缆配线图的绘制，如图 2-25 所示。

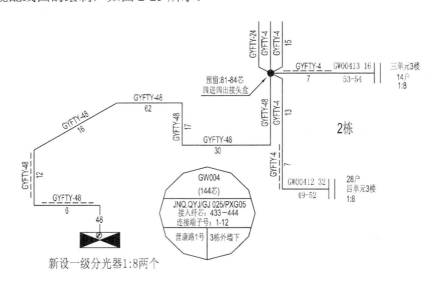

图 2-25　配线图绘制

（四）绘制光交箱体成端占位图

1. 光交箱体成端占位图的绘制要点

（1）首先绘制光交箱体的光纤端子状态图例（空闲、已占用、本次占用），以此确定绘制光交箱体的最小图形单元基准（光纤端子按内外 8 边形生成）。由于配图块构成元素较多，因此最小图形单元光纤接线端子的大小应以 2.5 正文字号大小的一半绘制，以确保本图块图形元素构成紧凑。

（2）以已占用光纤端子图例符号为基准分别绘制空闲和本次占用图例符号。

（3）主干区和配线 14 块光纤盘的绘制采用两次阵列方式生成。具体方法是：以"已占用"图例符号为第一次阵列对象，设置 12 行 1 列矩形阵列生成一块 12 芯的光纤端子图形（加矩形框后形成光纤盘）；然后以"一块光纤盘"为第二次阵列对象，设置 12 行 14 列矩形阵列生成主干区和配线光纤盘。

（4）分光区绘制时要注意观察分光区所占用的箱体空间大小，恰当摆放两个 8 槽位分光区。具体方法：首先绘制分光区的矩形框。为确保分光器卡槽位于分光器中心位置，须对分光区矩形框作平行等长的水平直线段，然后对直线段进行点的 16 定数等分（等分前设置点样式标记辅助），以此确定上下小矩形卡口和分光器卡槽矩形框的位置；然后在正交开状态下采用连续复制命令实现对上下小矩形卡口和分光器卡槽矩形框的绘制。分光区分光器件的圈数字编号采用圆加多行文字编辑后，正交开连续复制生成。

（5）储纤区的绘制方法同主干区和配线区的绘制方法。不同的是阵列对象是矩形储纤盒长条矩形框。

2．本项目施工图涉及的 CAD 绘图命令

可以通过正多边形、缩放、矩形阵列、多行文字编辑、多重杆注引线、矩形、点定数等分、镜像、连续复制、修剪、直线、偏移等 CAD 命令完成光交箱体成端占位图的绘制，如图 2-26 所示。

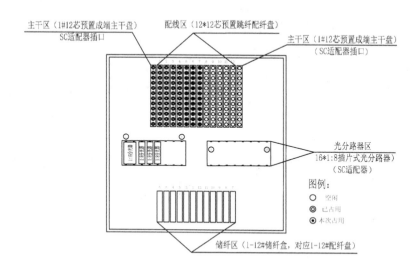

图 2-26　光交箱体成端占位图的绘制

（五）绘制接入方案光通道拓扑图

1．光通道拓扑图的绘制对象

有接入的 OLT 局向机房、光配线室、主干光交名称及编号、主干光缆长度、园区光交名称及编号、园区光缆、楼道分路箱体的规格容量和数量，本次工程的范围标注等。

2．本项目施工图涉及的 CAD 绘图命令

可以通过矩形、直线、缩放、多行文字编辑、连续复制、修剪、图案填充、旋转等 CAD 命令完成光通道拓扑图的绘制，如图 2-27 所示。

（六）绘制主要工程量表及编辑工程说明

主要工程量表既可采用设置表格样式方式创建表格编辑单元格信息方式绘制，也可以直接采用正交开+直线+对象捕捉+连续复制命令方式直接绘制。工程说明采用多行文字编辑+正交开+连续复制命令绘制。

二、接入网工程施工样板图绘制的效果图

单击工具栏上的"缩放工具条"上的"范围缩放"按钮，在模型空间可以全屏显示"接入网工程施工样板图绘制的效果图"，如图 2-28 所示。

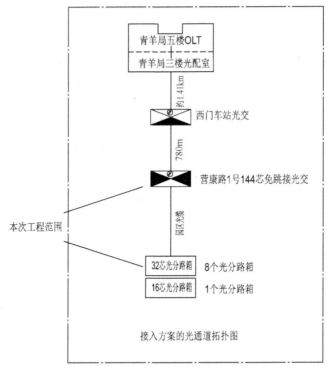

图 2-27　接入方案光通道拓扑图

三、接入网工程施工样板图的打印

在模型空间打印图纸。

若用户只想创建具有一个视图的二维图形输出，则可以选择在模型空间进行输出图形打印，而不用布局选项卡，这是 AutoCAD 创建图形的传统方法。调用打印命令的方法如下。

标准工具栏—打印按钮。

菜单栏：文件—打印。

命令行：plot 回车。

操作过程如下。

单击缩放工具栏上的"范围绽放"按钮，将要打印的对象置于全屏窗口状态。

执行打印命令后，系统弹出"打印-模型"对话框，单击页面设置名称编辑框处的"添加"按钮，在弹出的"添加页面设置"对话编辑框中，输入新的页面设置名"接入网施工图"确定，完成页面设置名称设置。然后在图纸尺寸编辑框处选择"ISO full bleed A4（210×297）"，打印范围处选择"窗口"，打印比例处选择"布满图纸"，打印偏移处选择"居中打印"等相关设置后，可通过预览按钮查看图纸效果之后，单击左上角"打印"按钮即可打印输出图形。

四、分组讨论

（1）如何确定施工图绘制的比例和最小图形单位基准？

（2）如何把握接入网工程图形元素的总体布局？

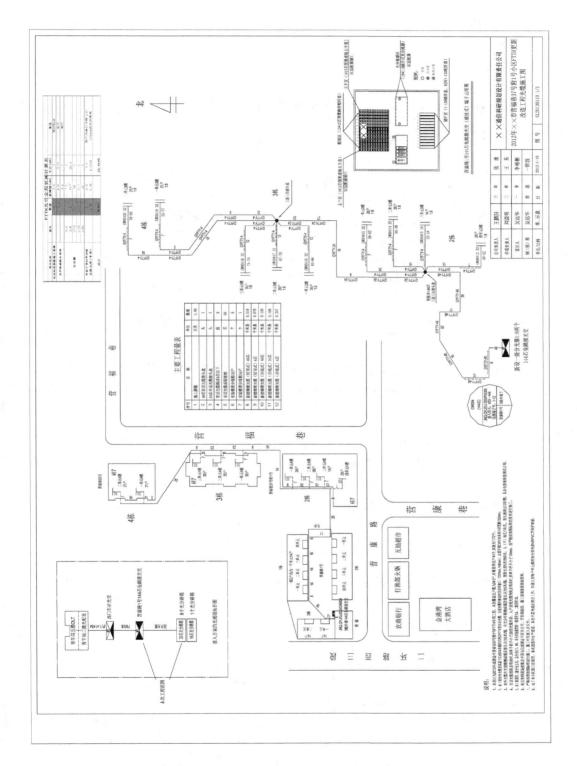

图 2-28 接入网工程施工样板图绘制的效果图

2.3.5　知识拓展

一、ODN 设计原则

（一）OLT、分光器安装位置、主干光缆以及配光缆设计原则

ODN 设计原则见表 2-7。

表 2-7　　　　　　　　　　　　　　　　ODN 设计原则

小区性质及规模	OLT 位置	分光器安装位置	分光器上行光缆芯数
别墅	电信机房	一级光网络箱 （小区机房 ODF 或组团光交箱）	满足终期需求 一次性部署 （上靠最接近光缆型号）
新建商住楼	电信机房	一级光网络箱 （小区机房 ODF、小区光交箱、单元光交箱）	
改造商住楼	电信机房	一级光网络箱 （小区机房 ODF、小区光交箱）	满足终期需求 分阶段部署 （上靠最接近光缆型号）
		二级光网络箱 （楼道、竖井光分路箱）	接入 4 芯光缆 满足终期需求 +1 芯备用芯成端

（二）光纤物理网的规划

光纤物理网原则上以端局覆盖的范围为单位，划分为多个相对独立的主干层光交网格。光纤物理网应是一个统一规划、分区域建设的开放型、全覆盖的网络，通过构建合理的网络结构来实现全业务承载。按照"业务引领，规划先行，分批建设"的策略，光纤物理网络的规划及建设必须承接"网格化"的建设思路，设定主干层光交网格，精确规划网络结构和局点布局，实现以主干光节点为核心的接入光缆网网格架构的搭建和完善。

光纤物理网的结构应以链式递减结构+尾端联络光缆为主，商业、政企客户集中区域可部署环形网络。

为推进 ODN 网络标准化和无跳接化进程，新建光纤物理网在局端应采用光总配线架（MODF），在用户端光节点应采用无跳接光交接箱（MOCC）。

（三）一级光网络箱的规划

一级光网络箱须使用符合《中国电信 FTTH 工程箱体规范》要求的 72 芯、144 芯、288 芯、576 芯无跳接光交接箱；一级光网络箱的覆盖范围应根据选用箱体的分光器下行光口和配线光缆容量，结合周边住户分布进行合理规划。

（1）对于新建小区，在一级分光模式下，现有一级光网络箱最大覆盖住户分别为 128 户（144 芯无跳接光交接箱）、256 户（288 芯无跳接光交接箱）、512 户（576 芯无跳接 ODF）；因此应根据新建小区的住户数选择合适的箱体，基本不考虑跨小区覆盖。

（2）对于改造小区，在二级分光模式（8×8）下，现有一级光网络箱最大覆盖住户分别为 512 户（72 芯无跳接光交接箱）、1024 户（144 芯无跳接光交接箱）、2048 户（288 芯无跳接光交接箱）；因此对于住户规模较大的小区，应根据住户分布合理划分分光区，选择合适的箱体，可不考虑跨小区覆盖；对于小区数量较多、单个小区住户较少、小区间有光缆通道的区域，应考虑进行跨小区覆盖，在这种情况下，应根据周边多个小区总的住户情况进行整体规划，每 1000~2000 户设置 1 台 288 芯无跳接光缆交接箱进行能力部署，以提高主干成端、配线光缆及光网络箱的资源利用率。

在使用周边已有的一级光网络箱进行一个新的改造小区覆盖设计时，需根据建设单位的要求，收集该一级光网络箱的相关资料，按照相关要求和指标进行设计。

（四）入户光缆线路设计原则

（1）入户光缆在分光器到单元汇集点之间应根据收敛用户数采用 4-144 芯市话光缆，从用户多媒体箱或信息插座到单元汇集点之间应采用单芯入户光缆，市话光缆和入户光缆在汇集点汇聚，新建小区建议使用 24-48 芯光分纤箱，将市话光缆和皮线光缆使用热熔方式一次性熔接完成；改造小区建议使用 16-32 路分光分纤箱，在箱内将市话接入光缆成端，并配置一台二级光分路器，根据用户装机情况布放皮线光缆。

（2）汇集点的设置应根据用户分布合理设置，单个汇集点收敛用户数不应超过 48 个。建议在高层住宅楼每 5~8 层设置一个汇集点，在商业写字楼每 1~3 层设置一个汇集点，在别墅小区每 9~12 户采用室外壁挂式光分纤箱或专用接头盒方式汇集。

（3）住宅用户和一般企业用户一户配一芯光纤。对于重要用户或有特殊要求的用户，应考虑提供保护，并根据不同情况选择不同的保护方式，例如从不同的光分纤箱分别布放一条皮线光缆接入。

（4）入户光缆可以采用蝶形光缆或其他光缆，设计时根据现场环境条件选择合适的光缆，为了方便施工和节约投资，建议在多、高层住宅和商业楼宇采用室内型单芯蝶形光缆，别墅小区采用管道型单芯蝶形光缆或 4 芯市话光缆。

（5）在楼内垂直方向，光缆宜在弱电竖井内采用电缆桥架或电缆走线槽方式敷设，电缆桥架或电缆走线槽宜采用金属材质制作，线槽的截面利用率不应超过 50%。也可采用预埋暗管方式敷设，暗管宜采用钢管或阻燃硬质 PVC 管，管径不宜小于 $\phi50mm$。直线管的管径利用率不超过 60%，弯管的管径利用率不超过 50%。改造小区尽量利用原有园区管道、暗管、桥架、竖井进行楼栋接入光缆和入户皮线光缆的布放，在原有垂直弱电通道无法使用的情况下建议打穿楼层板布放硬质 PVC 管作为垂直通道，特殊情况下可采用室外明布方式布放。

（6）楼内水平方向光缆敷设可通过预埋钢管和阻燃硬质 PVC 管或线槽，管径宜采用 $\phi15\sim\phi25mm$。在原有水平弱电通道无法使用的情况下应布放 $\phi20\sim\phi30mmPVC$ 波纹管作为水平通道，特殊情况下可采用墙壁钉固明布方式布放。

（7）入户光缆进入用户桌面或家庭做终结有两种方式：采用 A-86 型光纤面板或家庭综合信息箱。设计可根据用户的需求选择合适的终结方式，应尽量在土建施工时预埋在墙体内。

（8）楼层分光/分纤箱及用户光缆终端盒安装设计

① 楼层分光/分纤箱必须安装在建筑物的公共部位，应安全可靠、便于维护。

② 楼层分光/分纤箱安装高度以箱体底边距地面 1.5m 为宜。

③ 用户端光纤面板/综合信息箱宜安装固定在墙壁上（底盒嵌入墙体内），盒底边距地坪

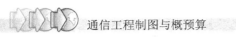

0.3m 为宜。

④ 用户家庭采用综合信息箱作为终端时，其安装位置应选择在家庭线布线系统的汇聚点及线路进出和维护方便的位置。箱内的 220V 电源线布放应尽量靠边，电源线中间不得做接头，电源的金属部分不得外露，通电前必须检查线路是否安装完毕，以防发生触电等事故。

⑤ 采用 A86 光纤面板作为光终端盒时，设置位置应选择在隐蔽便于跳接的位置，并有明显的说明标志，避免用户在二次装修时损坏，同时应考虑为 ONU 提供 220V 电源。

⑥ 引入壁嵌箱的竖向暗管应安排在箱内一侧，水平暗管可安排在箱体的中间部位，暗管引入箱内的长度不应大于 10～15cm，管子的端部与箱体应固定牢固。

⑦ 对于没有预埋穿线管的楼宇，入户光缆可以采用专用线槽敷设或沿墙明钉敷设。敷设路由应选择不易受外力碰撞、安全的位置。采用钉固式时应每隔 30cm 用塑料卡钉固定，必须注意不得损伤光缆，穿越墙体时应套保护管。皮线光缆也可以在地毯下布放。

⑧ 在暗管中敷设入户光缆时，可采用石蜡油、滑石粉等无机润滑材料。竖向管中允许穿放多根入户光缆。水平管宜穿放 1～2 根皮线光缆，从光分纤箱到用户家庭光终端盒宜单独敷设，避免与其他线缆共穿一根预埋管。

⑨ 明敷引上光缆时应选择在较隐蔽的位置，在人接触的部位，应加装 1.5m 引上保护管。

⑩ 线槽内敷设光缆应顺直不交叉、不扭转，光缆在线槽的进出部位、转弯处应绑扎固定；垂直线槽内光缆应每隔 1.5m 固定一次。

⑪ 桥架内光缆垂直敷设时，自光缆的上端向下，每隔 1.5m 绑扎固定，水平敷设时，在光缆的首、尾、转弯处和每隔 5～10m 处应绑扎固定。

⑫ 在敷设皮线光缆时，牵引力不应超过光缆最大允许张力的 80%。瞬间最大牵引力不得超过光缆最大允许张力。光缆敷设完毕后应释放张力保持自然弯曲状态。

⑬ 皮线光缆敷设的最小弯曲半径应符合下列要求：

a．敷设过程中皮线光缆弯曲半径不应小于 30mm。

b．固定后皮线光缆弯曲半径不应小于 15mm。

⑭ 当光缆终端盒与光网络终端（ONU）设备分别安装在不同位置时，其连接光跳纤宜采用带有金属铠装光跳纤。当光网络终端（ONU）安装家庭综合信息箱内时，可采用普通光跳纤连接。

⑮ 布放皮线光缆两端预留长度应满足下列要求：

a．楼层光分路箱一端预留 1m。

b．用户光缆终端盒一端预留 0.5m。

⑯ 皮线光缆在户外采用挂墙或架空敷设时，可采用自承皮线光缆，应将皮线光缆的钢丝适当收紧，并要求固定牢固。

⑰ 皮线光缆不能长期浸泡在水中，一般不适宜直接在地下管道中敷设。

⑱ 入户光缆接续要求如下。

a．光纤的接续方法按照使用的光缆类型确定，使用常规光缆时宜采用热熔接方式，在使用皮线光缆，特别对于单个用户安装时，建议采用冷接子机械接续方式。

b．光纤接续衰减要求如下。

• 单芯光纤双向熔接衰减（OTDR 测量）平均值应不大于 0.06dB/芯。

- 采用机械接续时单芯光纤双向平均衰减值应不大于 0.15dB/芯。

c. 皮线光缆进入分光/分纤箱时，在接续完毕后，尾纤和皮线光缆应严格按照分光/分纤箱规定的走向布放，要求排列整齐，将尾纤和皮线光缆有序地盘绕和固定在箱体中。

d. 用户光缆终端盒一侧采用光纤面板时，多余的皮线光缆顺势盘留在 A86 接线盒内，在盖面板前应检查光缆的外护层是否有破损或扭曲受压等，确认无误方可盖上面板。

（五）光分路器设计

光分路器（OBD）常用的光分路比为：1:2、1:4、1:8、1:16、1:32、1:64 六种，需要时也可以选用 2:N 光分路器。

ODN 总分光比应根据用户带宽要求、光链路衰减等因素确定。光分路器（OBD）的级联不应超过二级。当采用 EPON 时，第一级和第二级光分路器（OBD）的分路比乘积不宜大于总分路比，光分路器（OBD）的常用分路器组合见表 2-8。

表 2-8　　　　　　　　　光分路器（OBD）的常用分路器组合表

连接方式	第一级分路比	第二级分路比	总分路比
一级分光	1:64	/	64
一级分光	1:32	/	32
二级分光	1:16	1:4	64
二级分光	1:8	1:8	64

分光器设计时必须考虑设备（OLT）每个 PON 口和光分路器（OBD）的最大利用率，应从以下几个方面考虑。

（1）结合目前 EPON 分光比计算，满足用户 20M 宽带业务需求的 PON 口带宽具体需求见表 2-9。

表 2-9　　　　　　　　　20M 宽带业务需求表

连 接 方 式	一级分路比	上行带宽需求（20Mbit/s）	并发数（70%）
一级分光	1:64	1.28Gbit/s	0.9Gbit/s
一级分光	1:32	0.64Gbit/s	0.45Gbit/s

（2）结合目前 EPON 分光比计算，满足用户 50M 高清业务需求的 PON 口带宽具体需求见表 2-10。

表 2-10　　　　　　　　　50M 宽带高清业务需求表

连 接 方 式	一级分路比	上行带宽需求（50Mbit/s）	并发数（70%）
一级分光	1:64	3.2Gbit/s	2.24Gbit/s
一级分光	1:32	1.6Gbit/s	1.12Gbit/s

（3）根据目前 OLT 每个 PON 口 1.25Gbit/s 带宽，用户 70%并发数计算，应在宽带业务需求较大，高清视频业务需求较小的中、低品质楼盘区域选择 1:64 分光器；在宽带业务及高清业务需求较大的高、中品质楼盘区域扩容 PON 口到 10G 并采用 1:64 分光器。

① 为了控制工程初期建设的投资，在用户对光纤到户的需求不明确时，特别对于采用一级分光结构，集中安装光分路器的光分配网络，光分路器可按照覆盖范围内户数的 20%～30%配置，设计时必须预留光分路器的安装位置，便于今后扩容，分光器下行的大

对数接入光缆应按照一户一芯的原则进行配置，按最终用户数一次敷设到位，并全部与入户皮线光缆接好。

② 对于有明确需求的住宅小区、高层建筑、高档别墅区等，如对光纤到户的需求达到系统容量的 60%以上时，光分路器可以一次性配足。

③ 对于商务楼、办公楼、企业、政府机关、学校等，具有自备自维局域网的用户，可提供光分路器端口，光缆宜布放到用户局域网机房。

④ 对于高档宾馆、学生公寓等，应根据用户需要，可采用光纤到客房、光纤到桌面的方式，光分路器应一次配足。

⑤ 在 FTTH 模式下各级分光器应采用插片式分光器，并使用免跳纤方式，配线光缆和皮线光缆成端后直接插入分光器下行光口。

⑥ 光分路器应安装在符合《四川电信 FTTH 工程箱体规范》规定的无跳接光交接箱、分光分纤箱内。

（六）活动连接器配置原则

由于受系统光功率预算的限制，设计中应尽量减少活动连接器的使用数量。

建议在 OLT 机柜、MODF、物理网 MOCC、园区 MOCC 以及用户室内光纤面板处采用活动连接器，楼道分纤箱采用一次熔接到位的方式，将活接头控制在 5~7 个。

活动连接器的型号应一致。采用单纤两波方式时，可采用 PC 型。当采用第三波方式提供 CATV 时，无源光网络全程应采用 APC 型的活动连接器。

在用户光缆终端盒中，光适配器宜采用 SC 型，并带保护盖。面板应有警示标志提醒操作人员或用户保护眼睛。

（七）跳纤配置原则

OLT PON 口至 MODF 设备侧采用集束尾纤连接，在 OLT 新建/扩容工程设计阶段一次性设计到位；一级分光器上行至 MODF 线路侧的各级跳纤在 ODN 工程设计阶段一次性设计到位；一级分光器下行、二级分光器上下行均采用免跳纤方式设计。

（八）户内通信配套部署原则

按照中国电信集团公司下发的《信息化家庭网络布线指南》（中国电信网发〔2010〕73号）及其后续修订版的要求进行户内通信配套部署。

每户住宅应设置家庭综合信息箱。

为满足智能家居信息化需求，书房、客厅、卧室等主要生活区域均应设置信息点。

各信息点数据接口必须使用点到点方式汇聚到家庭综合信息箱。

（九）光通道衰耗控制

1. 光通道衰耗的计算

ODN 的光功率衰减与 OBD 的分路比、活动连接数量、光缆线路长度等有关，设计时必须控制 ODN 中最大的衰减值，使其符合系统设备 OLT 和 ONU PON 口的光功率预算要求。

ODN 光通道衰减所允许的衰减定义为 S/R 和 R/S 参考点之间的光衰减，以 dB 表示。包括光纤、光分路器、光活动连接器、光纤熔接接头所引入的衰减总和。在设计过程中应对无源光分配网络中最远用户终端的光通道衰减核算，采用最坏值法进行 ODN 光通道衰减核算，如图 2-29 所示。

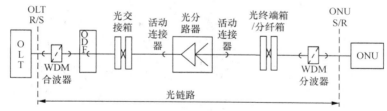

图 2-29　ODN 光通道模型

2. 计算时相关参数取定

（1）光纤衰减取定：1310nm 波长时取 0.35dB/km；1490nm、1550nm 波长时取 0.21dB/km。

（2）光纤活动连接器插入衰减取定：0.5dB/个。

（3）光纤熔接接头衰减取定：分立式光缆光纤接头衰减取双向平均值为 0.06dB/每个接头；带状光缆光纤接头衰减取双向平均值为 0.12dB/每个接头。

（4）计算时光分路器插入衰减参数取定见表 2-11。

表 2-11　　　　　　　　　　　　　　分光器典型插入衰减参考值

分光器类型	1:2	1:4	1:8	1:16	1:32	1:64
FBT 或 PLC	≤4.1dB	≤7.4dB	≤10.5dB	≤13.8dB	≤17.1dB	≤20.4dB

（5）光纤富余度 M_c 选择如下。

当传输距离≤5 km 时，光纤富余度不少于 1 dB；

当传输距离≤10 km 时，光纤富余度不少于 2 dB；

当传输距离>10 km 时，光纤富余度不少于 3 dB。

（6）全程光通道衰耗要求：以四川电信为例，目前部署的 EPON 网络上下端均采用 PX20+光模块，在 OLT-ONU 之间可提供 30dB 的全程光功率预算。按照四川电信的相关要求，工程阶段预留全程富余度为 2.5dB，因此全程设计衰耗不大于 27.5dB。

（十）光缆线路测试

对光缆线路的测试分两个部分：分段衰耗测试和全程衰耗测试。

（1）采用 OTDR 对每段光链路进行测试。测试时将光分路器从光线路中断开，分段对光纤段长逐根进行测试，测试内容包括在在 1310nm 波长的光衰减和每段光链路的长度，并将测得数据记录在案，作为工程验收的依据。

（2）全程衰减测试采用光源、光功率计，对光链路对 1310nm、1490 nm 和 1550nm 波长进行测试，包括活动光连接器、光分路器、接头的插入衰减。同时将测得数据记录在案，作为工程验收的依据。测试时应注意方向性，既上行方向采用 1310 nm 测试，下行方向采用 1490nm 和 1550nm 进行测试。不提供 CATV 时，可以不对 1550nm 进行测试。

二、小区接入 FTTH 其他建设场景

（一）新建住宅建筑

新建住宅建筑原则上采用一级分光、光分路器集中放置的组网模式，如图 2-30、图 2-31

所示。

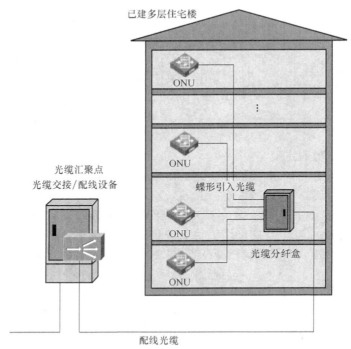

图 2-30　新建多层住宅一级分光方式网络架构图

1．光分纤箱设置

光分纤箱按照覆盖住户数量可选择 24 芯、48 芯等，按照安装方式分为壁嵌式和壁挂式。光分纤箱原则上应安装在单元楼道内，对于垂直通道为暗管的楼宇应采用壁嵌方式安装，垂直通道为弱电竖井+垂直桥架的楼宇应采用壁挂方式安装。

住户数不大于 24 户的单元，每个单元配置一台 24 芯楼道光分纤箱。

住户数大于 24 户的单元，可根据住户分布和垂直弱电通道情况配置多台楼道光分纤箱，每台光分纤箱收敛住户数不超过 48 户。

入户皮线光缆和配线光缆在箱内采用熔接方式接续，将住户与一级光网络箱配线端子一一匹配，便于资源管理到户，满足业务自动放装的要求。

2．一级分光点设置

对于新建住宅小区，应根据住户数情况，选用 144～576 芯光缆交接箱或小区中心机房 ODF 作为集中分光点，将多个单元的楼道光分纤箱进行汇聚，每个一级分光点覆盖住户128～512 户。

3．一级光分路器设置

一级光分路器应选用 1:64 插片式光分路器，集中设置在一级分光点的光交接箱或 ODF 内。

4．一级分光口预留

按照一级分光点覆盖的总住户数，对初设一级光分路器数量进行合理配置，建议每 256 户初配一台一级光分路器；对于业务未饱和区域，应根据资源预警，及时扩容一级分光器，一级分光点内应保持不少于 16 个一级分光口预留。

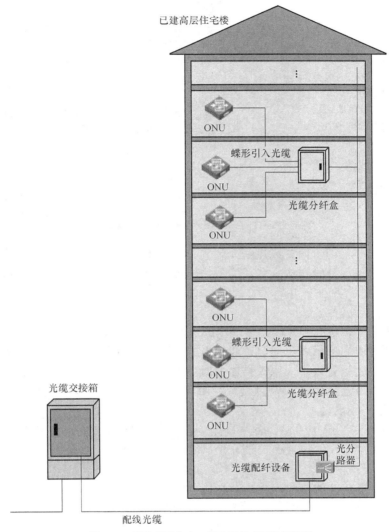

图 2-31 新建高层住宅一级分光方式网络架构图

（二）别墅

别墅小区原则上应采用一级分光、光分路器集中放置的组网模式，如图 2-32 所示。

1. 光分纤箱设置

按照住户分布将不超过 24 户划分为一个组团，每个组团配置一台 24 芯室外壁挂式光分纤箱，不具备安装壁挂式光分纤箱的小区，可采用 1 进 6 出、1 进 12 出帽式接头盒作为熔纤分纤节点。

入户光缆必须采用具备防水外被层的管道光缆，严禁使用普通皮线光缆入户。入户皮线光缆和配线光缆在分纤箱或接头盒内采用熔接方式接续，将住户与一级光网络箱配线端子一一匹配，便于资源管理到户，满足业务自动放装的要求。

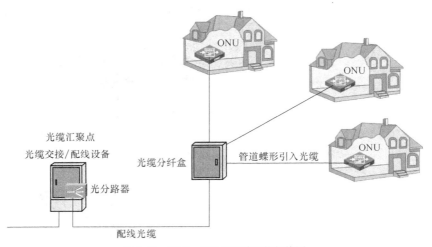

图 2-32　别墅一级分光方式网络架构图

新建区域必须在工程阶段完成皮线光缆入户；改造区域尽量在工程阶段实现皮线光缆入户，不能入户的可采用分段布放方式，将入户光缆终结于车库等合理位置，待装机时将入户光缆延伸到位。

2．一级分光点设置

根据小区住户分布情况和园区总平弱电通道情况设置一级光网络箱。

对于以园区管道为总平弱电通道，建筑形式主要为独栋和联排别墅的小区，由于小区楼间距较大、住户密度相对较小，应根据住户数情况，选用 144～288 芯光交接箱作为集中分光点，将多个组团的光分纤箱/接头盒进行汇聚，每个一级分光点覆盖住户 128～256 户。

3．一级光分路器设置

一级光分路器主要选用 1:64 插片式光分路器，对于部分接入距离较远的小区可采用 1:32 插片式光分路器，集中设置在一级分光点的光交接箱内。

4．一级分光口预留

按照一级分光点覆盖的总住户数，对初设一级光分路器数量进行合理配置，建议每台一级光网络箱初配一台一级光分路器；对于业务未饱和区域，应根据资源预警，及时扩容一级分光器，一级分光点内应保持不少于 8 个一级分光口预留。

（三）农村

农村区域应依据住户分布情况选择合理的分光方式。对于住户较为分散自然村落，可采用二级分光，一级光分路器集中放置、二级光分路器分散放置的组网模式，原则上首选两级 1:8 模式，对于部分接入距离较长的区域，可采用一级 1:8、二级 1:4 模式。对于新农村等形式的集中居住点，可采用一级分光，光分路器集中放置的组网方式，原则上首选 1:64 模式，对于部分接入距离较长的区域，可适当降低分光比。农村二级分光方式网络架构图如图 2-33 所示。

1．分光分纤箱及二级光分路器设置

按照住户分布将居住范围相对集中的住户划分为一个二级分光区，每个二级分光区配置一台四槽道室外架空/壁挂式分光分纤箱，可就近安装在电杆、房屋外墙上，初期配置一台插片式光分路器。

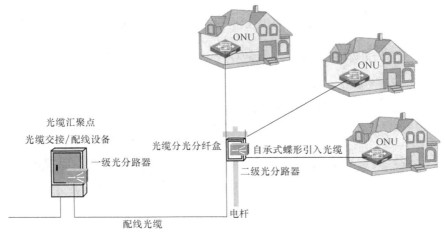

图 2-33　农村二级分光方式网络架构图

2．一级分光点设置

根据片区住户总量和分布情况部署一台 72 芯架空/壁挂式无跳接光交接箱作为一级分光点，每个一级分光点覆盖 16～32 台二级光网络箱，最大覆盖 512 户住户。

3．一级光分路器设置

一级光分路器主要选用 1:8 插片式光分路器，集中设置在一级分光点的光交接箱内。

4．一级分光口预留

按照一级分光点覆盖的二级光网络箱数，对初设一级光分路器数量进行合理配置；对于业务未饱和区域，应根据资源预警，及时扩容一级分光器，一级分光点内应保持不少于 4 个一级分光口预留。

三、FTTH 小区接入专业光缆配线设计时应考虑的要点

（1）判断小区的客户类型（高端客户、中端客户、低端客户）。

（2）判断小区的建设场景类型（商务楼宇、普通住宅）。

（3）判断小区的分光模式及具体采用的分光比配置（二级分光：8×8 模式或 16×4 模式）。

（4）确定园区光交安装位置、所需容量及规格型号，确定楼道分光箱安装位置及容量。

（5）计算各楼栋每单元覆盖纤芯数，汇总同一路由方向上园区配线光缆的总纤芯容量。

（6）划分区域确定小区覆盖方案，明确各划分路由方向的配线光缆数量和规格型号。

（7）小区配线方案的设计和接头数量的控制应考虑包含但不限于以下三点：一是最大化用尽接头盒的进出线资源；二是光缆的配线应统筹均衡考虑工程接入成本的消耗、实际施工的可操作性和全程光通道损耗的总量控制；三是一般单元楼的接入采用 4 芯规格型号光缆接入覆盖，在同一路由方向的光缆在适当距离时应考虑合缆敷设覆盖。

（8）楼道分光箱体的编号和单元楼覆盖纤芯的纤序编号，应从园区光交一侧向用户远端一侧连续编号；即小区接入网络的近端为楼道分光箱体小号向远端为箱体大号连续变化；对应纤序同理。

（9）确定小区划分区域光缆配线的敷设方式、敷设距离、保护方式、接头位置以及各处的预留纤芯。

（10）确定小区是否需要建设小区接入水平及垂直通道系统。

2.3.6　课后训练

（1）完成常见接入网工程图例绘制。

（2）完成接入网工程施工样图模板绘制。

（3）完成接入网工程各种规格型号的光交箱体块绘制。

学习单元4　接入网工程概预算手工编制

知识目标

- 掌握接入网工程的预算基础知识。
- 掌握线路工程预算定额、费用定额的使用方法。
- 掌握工程量预算表（表三）、国内器材表（表四）甲的编制方法。
- 掌握建筑安装工程费用预算表（表二）、工程建设其他费用预算表（表五）的编制方法。
- 掌握建筑安装工程预算总表（表一）的编制方法。

能力目标

- 能完成工程资料收集，正确读图和工程量统计。
- 会套用预算定额子目、会正确使用预算定额说明。
- 能完成编制预算表格（表一）至（表五）。

2.4.1　任务导入

任务描述：现有某接入网工程施工图。本工程拟利旧××区西门车站光交 GJ025，营康路 1 号 3 栋外墙 GW004 光网络箱，沿原有墙吊线路敷设接入实现小区 FTTH 薄覆盖 241 户（电信存量用户 41 户），拟在小区新建 FTTH 下行末级光口 X 个，敷设各型光缆 0.705 皮长 km，合 12.7 芯 km，在一级分光点 144 芯无跳接光网络箱新设两台 1:8 分光器，安装楼道壁挂式光分路箱 9 台，新设 1:8 二级分光器 9 台，光缆用户段测试采用单窗口测试。工程施工企业距离施工现场为 26km，工程设备及材料平均运距按 30km 计取，施工环境为平原地区。建设单位要求设计单位在 1 周内完成该工程 CAD 制图及施工图预算编制。

根据工程任务书的要求完成该工程施工图预算表一至表五的手工编制任务。

2.4.2　任务分析

要完成一项接入网工程的概预算手工方法编制，编制前应开展一系列技术储备工作。如熟悉概预算的编制依据、编制原则、编制程序和编制方法；熟悉接入网工程的施工过程、施工工艺及施工技术标准，收集包括预算定额、设计合同、施工合同、监理合同、设计会审纪要、补充子目工时取费标准、限额设计文件等在内的工程有关的取费文件，收集工程需要安装设备及主要材料的预算价格，会使用人工消耗定额、机械消耗定额、仪表消耗定额以及费用定额等。

2.4.3　知识准备

一、小区接入网 FTTH 工程概预算手工编制的流程

（1）读懂设计任务书的要求，明确施工图预算编制前的技术储备内容。

① 设计任务书要求：编制一阶段施工图预算设计、城区施工环境。

② 技术储备：接入网工程基础、工程预算基础、预算定额、费用定额、FTTH 补充定额的使用方法。

（2）收集资料熟悉工程图纸，梳理确定预算工序，明确工程量统计方法

（3）分别统计接入网路由工程量，套用预算定额子目，计算人工、主材、机械仪表工程用量，即编制预算（表三）、（表四）。

（4）选用价格计算直接工程费（直接工程费=人工费+材料费+机械使用费+仪表使用费），然后计算建筑安装工程费、工程建设其他费、工程预算总费用，即编制预算表格（表二）、（表五）、（表一）。

（5）预算套用子目审查和数据计算复核。

（6）编写本工程的预算编制说明。

二、小区接入网 FTTH 建设场景工程基础

（一）建设项目的概念

建设项目是由若干个具有内在联系的单项工程构成，其中单项工程是概预算的编制对象；分项工程则是概预算编制的最小计量单元，也就是工程建设的"假定建设产品"，如图 2-34 所示。

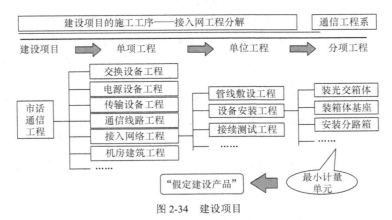

图 2-34　建设项目

（二）小区接入网络拓扑结构图

小区接入网络拓扑结构图如图 2-35 所示。

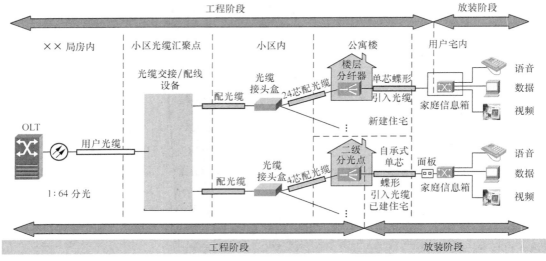

图 2-35 小区接入网络拓扑结构图

（三）小区接入网 FTTH 工程的主要施工过程

包括单盘检验；路由复测；路由准备；敷设光缆；设备安装；光缆测试等。

三、接入网工程建设场景箱体设备及材料认识

（一）认识 FTTH 工程箱体规范

以四川电信为例，根据 FTTH 工程设计规范，新建 FTTH 工程优先采用一级分光、分光器相对集中放置方式，改造 FTTH 工程采用二级分光方式。

因此，需在小区内设立一个或多个集中分光点，根据每个分光点覆盖的用户量，分别选用适用的箱体作为园区分光箱：FTTH 园区内要求统一使用无跳接光缆交接箱作为一级光网络箱，并在楼道内引入二级光网络箱，引入光分纤箱作为一级分光模式下楼道或组团熔纤箱，引入用户综合信息箱（也称为用户智能终端盒）作为用户端终端设备安装箱体。同时为减少光路跳接点数量，节约光通道预算，逐步引入无跳接光交接箱作为物理网主干光交接箱。

1. 物理网主干用无跳接光交接箱（插片式）

随着 FTTH 网络的大量部署，减少光路跳接点、降低光通道衰耗、提高 ODN 网络覆盖半径已成为 FTTH ODN 设计的一大课题。随着无跳接理念在 FTTH 网络中的广泛应用并得到普遍认可，引入无跳接光交接箱替代现网使用的跳接式光交接箱作为物理网主干光交接箱成为一种减少光路跳接点、降低光通道衰耗、提高 ODN 网络覆盖半径的有效可行解决方案。其技术要求如下。

箱体容量：432 芯，其资源系统命名为：GJ-432D。

箱体材质：室外箱体采用不锈钢/SMC 材质，箱体的喷塑颜色为 PANTONE 413C（灰色）。

外部尺寸：1460mm（H）×750mm（W）×370mm（D），（室外落地型）。

内置 12 芯熔配一体化托盘尺寸：25mm（H）×200mm（W）×180mm（D）。

门：内嵌式，单开，胶条密封，门内侧内置资料槽，可放置 A3 信息表。

说明：

① 新型无跳接光交接箱按照功能分为配线区，主干区，光分路器区，闲置尾纤管理区。

② 主干区容量为 12 块 12 芯预置成端配纤盘，共计 144 芯，其使用顺序先左后右、先上后下；配线区容量为 24 块 12 芯预置尾纤配纤盘共计 288 芯，预制尾纤标准长度为盘外（1200±50）mm，其使用顺序先左后右；光分路器区共 2 个 64 芯框，每个机框可配 8 个 1:8 插片式分路器或 4 个 1:16 插片式分路器或 2 个 1:32 插片式分路器或 1 个 1:64 插片式分路器，其使用顺序为先左后右，如图 2-9 所示。闲置尾纤管理区（储纤区）由 24 个储纤盒组成，其用途为储存对应配纤盘的未使用尾纤，其对应关系如图 2-36 所示；配纤盘所有尾纤应按照规定通道进入中央理纤环，需使用的尾纤通过理纤环选择适当的布放路由，插入光分路器端口；未使用的尾纤通过理纤环进入储纤区，沿规定通道进入对应的储纤盒存储。

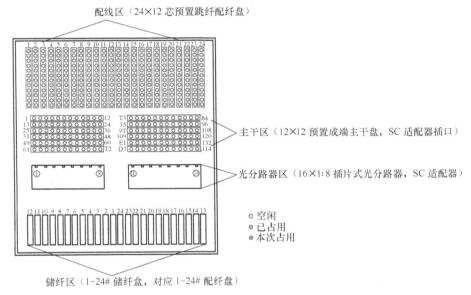

图 2-36　432 芯室外落地式无跳接光交接箱端面图

2．一级光网络箱

一级光网络箱（插片式无跳接光缆交接箱）是安装在道路旁、园区内或室内墙壁等位置，内部安装一级分光器，可以实现光纤的熔接、存储、端接、光分路器的安置以及入户光缆的布放等功能的箱体。其技术要求如下。

箱体容量：72 芯、144 芯、288 芯、576 芯，其资源系统命名为：GW-72D、GW-144D、GW-288D 、GW-576D。

箱体材质：室外箱体采用不锈钢/SMC 材质；室内箱体采用 1.2mm 以上冷轧钢板，镀锌喷塑，箱体的喷塑颜色为 PANTONE 413C（灰色）。

外部尺寸：GW-72D：620mm（H）×480mm（W）×260mm（D），（室外架空/壁挂型）

GW-144D：1035mm（H）×560mm（W）×305mm（D），（室外落地型）

GW-144D：1000mm（H）×720mm（W）×300mm（D），（室内壁挂型）

GW-288D：1460mm（H）×750mm（W）×370mm（D），（室外落地型）

GW-576D：1460mm（H）×750mm（W）×620mm（D），（室外落地型）

GW-576D：2200mm（H）×900mm（W）×300mm（D），（室内柜架型）

GW-72D/144D/288D/576D 内置 12 芯熔配一体化托盘尺寸：25mm（H）×200mm（W）×180mm（D）。

（1）72 芯室外架空/壁挂/落地无跳接光交接箱如图 2-37 所示。

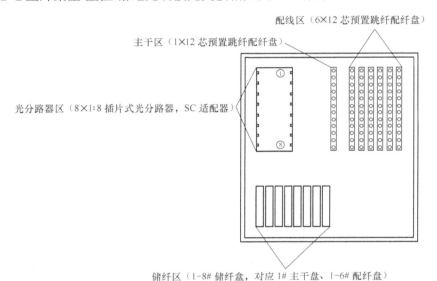

图 2-37　72 芯室外架空/壁挂式无跳接光交接箱端面图

说明：

① 新型无跳接光交接箱按照功能分为配线区、主干区、光分路器区、闲置尾纤管理区。

② 主干、配线区容量为共用 7 块 12 芯预置尾纤配纤盘，预置尾纤长度为盘外（700±50）mm，共计 84 芯，其使用顺序先左后右；光分路器区共 1 个 64 芯框，每个机框可配 8 个 1:8 插片式分路器或 4 个 1:16 插片式分路器或 2 个 1:32 插片式分路器或 1 个 1:64 插片式分路器，其使用顺序先上后下；闲置尾纤管理区（储纤区）由 8 个储纤盒组成，其用途为储存对应配纤盘的未使用尾纤，其对应关系如图 2-37 所示；配纤盘所有尾纤应按照规定通道进入理纤环，需使用的尾纤通过理纤环选择适当的布放路由，插入光分路器端口；未使用的尾纤通过理纤环进入储纤区，沿规定通道进入对应的储纤盒存储。

（2）144 芯室外落地无跳接光交接箱如图 2-38 所示。

说明：

① 新型无跳接光交接箱按照功能分为配线区、主干区、光分路器区、闲置尾纤管理区。

② 主干、配线区容量为共用 14 块 12 芯预置尾纤配纤盘，预置尾纤长度为盘外（1000±50）mm，共计 168 芯，其使用顺序先左后右；光分路器区共 2 个 64 芯框，每个机框可配 8 个 1:8 插片式分路器或 4 个 1:16 插片式分路器或 2 个 1:32 插片式分路器或 1 个 1:64 插片式分路器，其使用顺序先左后右、先上后下；闲置尾纤管理区（储纤区）由 12 个储纤盒组成，其用途为储存对应配纤盘的未使用尾纤，其对应关系如图 2-38 所示；配纤盘所有尾纤应按照规定通道进入中央理纤环，需使用的尾纤通过理纤环选择适当的布放路

由，插入光分路器端口。未使用的尾纤通过理纤环进入储纤区，沿规定通道进入对应的储纤盒存储。

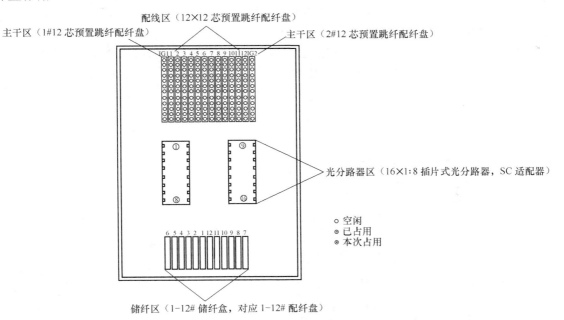

图 2-38　144 芯室外落地式无跳接光交接箱端面图

（3）144 芯室内壁挂无跳接光交接箱如图 2-39 所示。

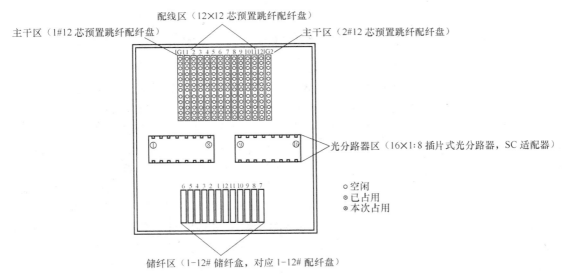

图 2-39　144 芯室内壁挂式无跳接光交接箱端面图

说明：

① 新型无跳接光交接箱按照功能分为配线区、主干区、光分路器区、闲置尾纤管理区。

② 主干、配线区容量为共用 14 块 12 芯预置尾纤配纤盘，预置尾纤长度为盘外（1000

±50）mm，共计 144 芯，其使用顺序先左后右；光分路器区共 2 个 64 芯框，每个机框可配 8 个 1:8 插片式分路器或 4 个 1:16 插片式分路器或 2 个 1:32 插片式分路器或 1 个 1:64 插片式分路器，其使用顺序先左后右；闲置尾纤管理区（储纤区）由 12 个储纤盒组成，其用途为储存对应配纤盘的未使用尾纤，其对应关系如图 2-39 所示；配纤盘所有尾纤应按照规定通道进入中央理纤环，需使用的尾纤通过理纤环选择适当的布放路由，插入光分路器端口；未使用的尾纤通过理纤环进入储纤区，沿规定通道进入对应的储纤盒存储。

（4）288 芯无跳接落地式光交接箱如图 2-40 所示。

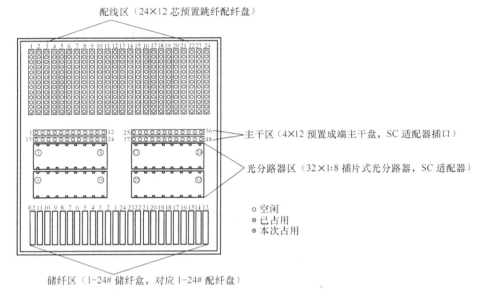

图 2-40　288 芯室外落地式无跳接光交接箱端面图

说明：

① 新型无跳接光交接箱按照功能分为配线区，主干区，光分路器区，闲置尾纤管理区。

② 配线区容量为 24 块 12 芯预置尾纤配纤盘共计 288 芯，预制尾纤标准长度为盘外（1200±50）mm，其使用顺序先左后右；主干区容量为 4 块 12 芯预置成端配纤盘，共计 48 芯，其使用顺序先左后右、先上后下；光分路器区共 4 个 64 芯框，每个机框可配 8 个 1:8 插片式分路器或 4 个 1:16 插片式分路器或 2 个 1:32 插片式分路器或 1 个 1:64 插片式分路器，其使用顺序先左后右、先上后下；闲置尾纤管理区（储纤区）由 24 个储纤盒组成，其用途为储存对应配纤盘的未使用尾纤，其对应关系如图 2-40 所示；配纤盘所有尾纤应按照规定通道进入中央理纤环，需使用的尾纤通过理纤环选择适当的布放路由，插入光分路器端口；未使用的尾纤通过理纤环进入储纤区，沿规定通道进入对应的储纤盒存储。

（5）576 芯室外落地式无跳接交接箱：576 芯室外落地式无跳接光交接箱在设计和资源管理时均视作两台同址安装的 288 芯室外落地式无跳接光交接箱进行使用和管理。

（6）576 芯室内机柜式无跳接交接箱如图 2-41 所示。

说明：

① 新型无跳接光交接箱按照功能分为配线区，主干区，光分路器区，闲置尾纤管理区。

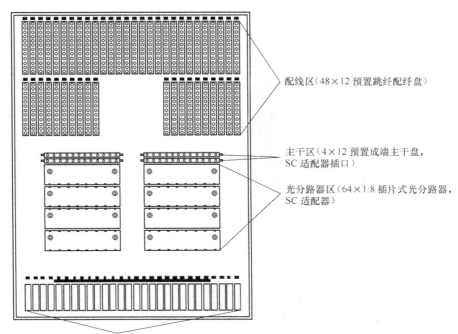

配线区（48×12 预置跳纤配纤盘）

主干区（4×12 预置成端主干盘，
SC 适配器插口）

光分路器区（64×1:8 插片式光分路器，
SC 适配器）

储纤区（1-8# 储纤盒，对应 1-48# 配纤盘）

图 2-41　576 芯室内机柜式无跳接光交接箱结构图

② 配线区容量为 48 块 12 芯预置尾纤配纤盘，预制尾纤标准长度为盘外（2000±50）mm，共计 576 芯，使用时左右分区使用，各分区内其使用顺序先左后右、先上后下；主干区容量为 4 块 12 芯预置成端配纤盘，共计 48 芯，使用时左右分区使用，各分区内其使用顺序先左后右、先上后下；光分路器区共 8 个 64 芯框，每个机框可配 8 个 1:8 插片式分路器或 4 个 1:16 插片式分路器或 2 个 1:32 插片式分路器或 1 个 1:64 插片式分路器，使用时左右分区使用，各分区内其使用顺序先左后右、先上后下，即第一次使用即在第 1 框和第 5 框分别安装光分路器，如图 2-41 所示。闲置尾纤管理区（储纤区）由 28 个储纤盒组成，其用途为储存对应配纤盘的未使用尾纤，其对应关系如图 2-41 所示；配纤盘所有尾纤应按照规定通道进入中央理纤环，需使用的尾纤通过理纤环选择适当的布放路由，插入光分路器端口。未使用的尾纤通过理纤环进入储纤区，沿规定通道进入对应的储纤盒存储。

3．二级光网络箱技术规范

二级光网络箱是安装在室外墙壁、架空电杆、楼道、弱电竖井等位置，内部安装二级分光器，用以满足市话光缆和皮线光缆的成端、二级光口分配等功能的箱体。其技术要求如下。

箱体容量：分为 16 芯和 32 芯，其资源系统命名为：GW-16D、GW-32D。

箱体材质：室外型为 ABS 工程塑料+防火阻燃材料；室内型为 1.0mm 以上冷轧钢板，镀锌喷塑，箱体的喷塑颜色为 PANTONE 413C（灰色）。

16 芯和 32 芯光分路箱结构图分别如图 2-42 和图 2-43 所示，外部尺寸如下。

GW-16D 室内型：320mm（H）×370mm（W）×100mm（D），

GW-32D 室内型：450mm（H）×370mm（W）×100mm（D）；

GW-16D 室外型：350mm（H）×300mm（W）×110mm（D），

GW-32D 室外型：445mm（H）×340mm（W）×110mm（D）。

门：外盖式，采用轴承式合页作为门翻转构件；门内侧内置资料槽，放置 A4 信息表。

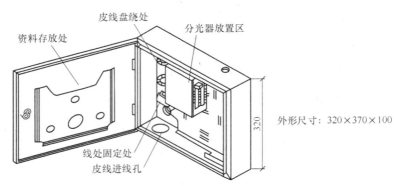

图 2-42　16 芯光分路箱结构图

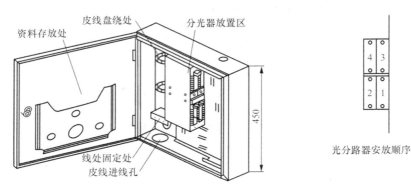

图 2-43　32 芯光分路箱结构图

　　GW-16D 要求配置 2 个标准插片式分光器安装槽位，可安装 2 台 1:4（130mm×100mm×25mm）/1:8（130mm×100mm×25mm）插片式分光器或 1 台 1:16（130mm×100mm×50mm）插片式分光器，GW-32D 要求配置 4 个标准插片式分光器安装槽位，可安装 4 台 1:4（130mm×100mm×25mm）/1:8（130mm×100mm×25mm）插片式分光器或 2 台 1:16（130mm×100mm×50mm）插片式分光器或 1 台 1:32（267mm×100mm×50mm）插片式分光器；分光器安装顺序为右下、左下、右上、左上。

　　熔纤盘：箱体内置 1 块 12 芯熔纤盘。

　　市话光缆通道：箱体右侧配置市话盘绕区、右下角设置市话光缆进、出线口。

　　皮线光缆通道：箱体左下角配置皮线光缆出线孔，配置皮线固定元件。

　　运营商标识：室外型箱体按照运营商统一丝印要求喷涂。

（二）认识接入网光纤连接器

1. 光纤连接器

　　光纤连接器是光纤与光纤之间可拆卸的、活动的连接器件。它是把光纤的两个端面精密对接起来，使发射光纤输出的能量最大限度地耦合到接收光纤中去，并最大限度使由于连接器介入光链路而对系统造成的插入损耗的影响降到最小，这是光纤连接器的基本要求。光纤连接器按连接头的结构分为 FC、SC、ST、LC、D4、DIN、MU、M T 等各种形式。

光纤连接器的性能要求如下。

（1）光学性能：插入损耗一般要求不大于 0.5dB；回波损耗典型值不小于 25dB；实用中器件不低于 45dB。

（2）互换性、重复性。

（3）抗拉强度。

（4）温度。

（5）插拔次数：1000 次以上。

2．光纤适配器

光纤适配器又称法兰盘，是光纤活动连接器对中部件，分为 FC、SC、ST、LC 和 MTRJ 等。广泛用于 ODF、光纤通信设备与仪器的对中连接。

应用场合：LAN、接入网、设备终端、多媒体连接、数据网络、军事应用等场合。

3．光纤连接器与适配器

FC 型：FC 接头是金属接头，圆形带螺纹，连接牢固，可插拔次数多，多用于 ODF、光缆交接箱、光纤配线箱、光缆终端盒中，如图 2-44 所示。

（a）FC-FC 适配器　　　　　　　　　　（b）FC 头尾纤

图 2-44　FC 型接头

SC 型：SC 型接头是标准方形接头，紧固方式是插拔销闩式，不需旋转。采用工程塑料制造，具有耐高温，不容易氧化优点，多用于分光器箱和光缆交接箱中，大部分传输设备也采用这种接口，如图 2-45 所示。

（a）SC-SC 适配器　　　　　　　　　　（b）SC 头尾纤

图 2-45　SC 型接头

4．接入网工程预算基础

（1）施工图预算的编制依据包括国家有关部门颁布的工程定额、技术标准或技术规范；

上级公司批准的立项批复相关文件、施工合同、会审纪要文件、工程相关取费文件、勘察工作完成后获得建设方认可的网络建设方案等。

（2）接入网工程预算定额、费用定额的使用基础。小区接入网 FTTH 工程预算定额有以下几种。

① 有线通信设备安装工程（册代号：TSY）。

② 通信线路工程（册代号：TXL）。

③ FTTX 工程施工定额以及补充施工定额。

接入网工程的预算定额、费用定额等相关工程定额的使用方法同项目 1。

需要指出：接入网施工测量类、路由建筑类、缆线敷设类的工程量定额套用请查询第四册《通信线路工程预算定额》；设备安装类及测试类工程定额套用请查询《FTTX 工程施工定额以及补充施工定额》。

2.4.4　任务实施

一、实施接入网工程概预算表格的手工编制

（一）已知条件

（1）本设计为 2012 年成都金牛营福巷 37 号附 1 号 FTTH 单项工程，本次覆盖住户数为 241 户，存量宽带用户 41 个，工程初期设计末级光口 72 个。

（2）本工程室外光缆采用基于 G.657A 单模纤芯的 GYFTY 型市话光缆，全段光缆在测试时采用单窗口（1310nm、1490nm），如需开通 CATV 业务的小区需测 1550nm。

（3）室外光缆在交接箱侧成端及留长共为 5 米/端，分光分纤箱侧成端及留长共为 5 米/端，预留长度 5m/500m，人（手）每孔 1m/孔，接头损耗计 3m/侧。其余布放损耗按规范计取。

（4）市话光缆预留及弯曲时，曲率半径不小于 20 倍光缆外径，入户皮线光缆预留及弯曲时，曲率半径不小于 15mm，应严格按部颁标准的要求进行施工。

（5）本工程采用二级分光方式，总分光比 1:64，本小区根据需要一级采用 1:8，二级采用 1:8 分光配置。

（6）相关资料现场收集及××电信××区分公司、开发商提供，施工前请复核原始资料。

（7）严格按照部颁标准进行施工，施工时注意人员安全。

（8）由于本小区原已有暗管、垂直通道和水平通道，本次不需考虑此部分工作，但接入到每个单元楼的部分须考虑 4mPVC 管保护新建。

（二）统计工程量

接入网工程的工程量统计主要采用"五类法"进行分门别类的工程量统计。

根据民间习惯计量单位采用"五类法"统计出来的工作量数据称为工程量数据。

第一类：施工测试类。施工测试类统计时架空杆路部分计入架空光缆施工测量；若有管道或直埋的，计入相应类型的光缆施工测量部分。特别注意：小区吊线式墙壁光缆敷设和钉固式墙壁光缆敷设施工测量均计入架空光缆施工测量部分。

第二类：路由建筑类。路由建筑类的统计应注意区分架设的线路是新建还是利用原有线

路，套用时要遵循线路工程施工工序分别套用定额子目。

第三类：缆线敷设类。缆线敷设类主要指不同规格型号的光缆按不同的敷设方式进行敷设布放。应注意按照定额套用的口径准确套用各定额子目。

第四类：设备安装类。主要指园区光交箱体基座浇筑和箱体安装、楼道分光箱体安装、分光器安装等。

第五类：工程接续与测试类。工程接续与测试类包含两方面内容：一是光缆接头的定额套用应按照光缆芯数的不同准确套用；二是用户段测试的定额套用应从园区配线光缆的最小芯数到最大芯数逐级统计分别套用。

根据上述方法即可完成工程量的统计工作，其工程量汇总见表 2-12。

表 2-12　　　　　　　　　　　　　　工程量汇总表

序号	定额编号	项目名称	单位	数量
I	II	III	IV	V
1	TXL1-002	架空光（电）缆工程施工测量	m	419
2	BFTX-068	安装光分路器插片式	套	11
3	BFTX-072	安装光接续箱（分光分纤箱或分纤箱）（墙壁）	套	9
4	BFTX-020	测试光分路器 1:8	套	11
5	BFTX-032	用户光缆测试 4 芯以下	段	9
6	TXL5-097	用户光缆测试 24 芯以下	段	1
7	TXL5-099	用户光缆测试 48 芯以下	段	1
8	TSY1-072	放、绑软光纤设备机架之间放、绑 15m 以上	条	2
9	TSY1-073	放、绑软光纤光纤分配架内跳纤	条	17
10	TXL4-049	架设吊线式墙壁光缆	m	516
11	TXL4-050	布放钉固式墙壁光缆	m	141
12	TXL5-002	光缆接续 24 芯以下	头	1
13	TXL5-004	光缆接续 48 芯以下	头	1
14	TXL5-015	光缆成端接头	芯	68

（三）预算表格的编制方法

概预算表格的编制顺序是：表三（人工、机械、仪表费）—表四（主材+设备费）—表二（建筑安装费）—表五（工程建设其他费）—表一（工程预算总费用）。

1. 熟悉计取规则

在定额套用前建议先收集并熟悉与工程取费有关的各类取费标准和计费文件，熟悉接入网工程预算定额的总说明、册说明、章节说明和注释。根据工程量的统计情况；将统计的工程内容逐项与工程定额名称进行比对，施工内容一致，套用条件符合，方可正确套用定额子目，否则可能出现高套定额、错套定额、重复套用定额的现象，影响并导致工程造价高估冒算、造成建设方投资的低效益和资金浪费。

2. 定额子目的正确套用方法

（1）正确套用的含义有以下 3 层。

① 施工工艺及规格型号套对。

② 建设场景的分类套对。

③ 定额单位套对。

（2）施工测量类套用条件判断包括：核对敷设方式；核对建设性质分类（新建或利旧）。

（3）缆线敷设类套用条件：光缆的敷设类别和规格型号。

（4）光缆接续套用条件：光缆的工艺类别（光缆接续/成端接头/带状接续）；光缆的芯数。

（5）用户段测试套用条件：段落数；定额单位测试芯数。

（6）设备安装类套用条件：楼道箱体安装；分光器安装。

3. 小区接入 FTTH 工程量的计算方法

（1）路由施工测量长度＝水平丈量距离＝小区内配线光缆全程的距离+各单元楼接入段的路由距离＝园区光交处至 48 芯光缆接头路由距离 156m+48 芯接头至 24 芯光缆接头路由距离 108m+24 芯光缆接头至 4 栋 2 单元的路由距离 77m + 接入段 7m/单元×6 个单元+接入段 12m×3 个单元=341m+78m=419m。

施工测量＝园区光交处至单元楼道箱体的水平测量距离 419m。

需要指出的是：小区吊线式和钉固式敷设施工测量计入架空光（电）缆施工测量类。

（2）安装光分路器 插片式＝一、二级分光点分光器之和＝2+9＝11 个。

（3）安装光接续箱（分光分纤箱或分纤箱）（墙壁）＝9 单元安装箱体＝9 个。

（4）测试光分路器 1:8＝11 个。

（5）用户光缆测试（4 芯以下）＝9 个单元楼通道的测试＝9 段；

用户光缆测试 24 芯以下＝1 段，用户光缆测试 48 芯以下＝1 段。

（6）放、绑软光纤设备机架之间放、绑 15m 以上＝MODF 到 OLT 设备的跳纤＝2 条。

放、绑软光纤光纤分配架内跳纤＝2×2+2×1+2×1+9＝17 条，如图 2-46 所示。

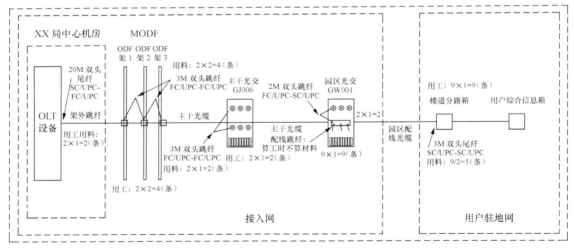

图 2-46 光通道跳纤工程量计算示意图

（7）光缆敷设长度＝水平丈量距离×架空自然弯曲率系数（1.005）+各种预留长度。

各种预留长度＝交接箱侧 5m+接头侧预留 3m×2+478m/500m×每 500m 预留 5m=15.8m。

架设吊线式墙壁光缆＝493m×1.005+15.8m＝512m

（8）吊线式墙壁光缆的材料使用长度＝0.512×1007＝516m＝0.516km

（9）布放钉固式墙壁光缆＝（接入段 7 米+分光分纤箱侧成端及留长共为 5m/端+）×9 个单元+5 米×3 单元+钉固配线光缆 48 芯 18m＝141m。

（10）钉固式墙壁光缆的材料使用长度＝0.141×1007＝142m＝0.142km

（11）将（8）+（10）＝光缆使用的总长度＝516+142＝658m。

（12）48 芯光缆材料长度＝（园区光交箱侧 5m+156m+接头损耗计 3m/侧）×1.005×1.007＝166m。

（13）24 芯光缆材料长度＝（15+20+23+50+接头损耗计 3m/侧）×1.005×1.007＝113m。

（14）4 芯光缆材料长度=(11)-(12)-(13)=658-166-113=379m。

（15）光缆接续 24 芯以下（头）＝1 头，光缆接续 48 芯以下（头）＝1 头。

（16）光缆成端接头（芯）＝园区光交侧 36 芯+用户侧 32 芯＝68 芯。

（17）双头 FC/UPC-FC/UPC 3M 跳纤＝MODF 跳纤 4 条+主干光交内跳纤 2 条＝6 条。

（18）双头 FC/UPC-SC/UPC 2M 跳纤＝园区光交主干至一级分光器的跳纤 2 条。

（19）双头 SC/UPC-FC/UPC 20M 跳纤＝MODF 至 OLT 设备间的跳纤 2 条。

（20）双头 SC/UPC-SC/UPC 3M 尾纤＝9 个单元楼道分光箱跳接分光器尾纤/（每条成端 1.5m）＝5 条。

（21）光网络箱、分纤箱铭牌＝9 单元×1 块/单元=9 块。

（22）光缆标志铭牌＝园区光交内+接头盒处进出的光缆、转角处等＝20 块（按企业规范口径计列）。

（23）光纤保护管＝光缆成端接头（芯）＝68 条。

（24）单元楼接入段的 PVC 平管＝4m/单元×9 单元＝36m。

（25）其它材料消耗量＝单位定额值×（工程统计数量/定额单位）。

（四）定额子目消耗量的分解填表

工程定额子目各种消耗量的分解填表和概预算表格的填写方法，与项目 1 架空线路工程制图与概预算学习单元 4 所描述的步骤相同。

通过以上步骤，正确套用定额子目及计算工程量后的结果见表 2-13。

表 2-13 定额子目汇总表

序号	定额编号	项目名称	定额单位	数量
I	II	III	IV	V
1	TXL1-002	架空光（电）缆工程施工测量	100m	4.19
2	BFTX-068	安装光分路器插片式（工日×0.3）	套	11.00
3	BFTX-072	安装光接续箱（分光分纤箱或分纤箱）（墙壁）	套	9.00
4	BFTX-020	测试光分路器 1:8	套	11.00
5	BFTX-032	用户光缆测试 4 芯以下	段	9.00
6	TXL5-097	用户光缆测试 24 芯以下	段	1.00
7	TXL5-099	用户光缆测试 48 芯以下	段	1.00
8	TSY1-072	放、绑软光纤设备机架之间放、绑 15m 以上	条	2.00
9	TSY1-073	放、绑软光纤光纤分配架内跳纤	条	17.00

序号	定额编号	项目名称	定额单位	数量
Ⅰ	Ⅱ	Ⅲ	Ⅳ	Ⅴ
10	TXL4-049	架设吊线式墙壁光缆	100m 条	5.16
11	TXL4-050	布放钉固式墙壁光缆	100m 条	1.41
12	TXL5-002	光缆接续 24 芯以下	头	1.00
13	TXL5-004	光缆接续 48 芯以下	头	1.00
14	TXL5-015	光缆成端接头	芯	68.00

（五）工程设备及主要材料价格

小区接入网工程设备及主要材料价格见表 2-14。

表 2-14 工程物资价格表

序号	名称	规格程式	单位	单价（元）	备注
Ⅰ	Ⅱ	Ⅲ	Ⅳ	Ⅵ	Ⅷ
1	复合材料壁挂式箱体	GW-16D	个	163	
2	复合材料壁挂式箱体	GW-32D	个	202	
3	插片式分光器	1:8	只	113	
4	塑料钢钉线卡	#10	套	0.08	
5	塑料钢钉线卡	#18	套	0.2	
6	塑料钢钉线卡	#25	套	0.29	
7	镀锌铁线	$\phi 1.5$	kg	9	
8	光缆挂钩	35mm	只	0.35	
9	光缆挂钩	25mm	只	0.28	
10	光网络箱、分纤箱铭牌		只	6	
11	光缆标志铭牌		只	4.8	
12	接入网用光缆接头盒（四进四出）	24 芯以下	套	75	
13	接入网用光缆接头盒（四进四出）	48 芯以下	套	84	
14	光纤保护管		个	2	
15	PVC 平管	Φ25	m	1.5	
16	管材锁扣	Φ25	副	2	
17	跳纤	双头 FC/UPC-FC/UPC 3m	条	8.72	
18	跳纤	双头 FC/UPC-SC/UPC 2m	条	7.9	
19	成端尾纤	双头 SC/UPC-SC/UPC 3m	条	8.15	
20	跳纤	双头 SC/UPC-FC/UPC 20m	条	12.4	
21	光缆	GYFTY-4	m	1.98	
22	光缆	GYFTY-24	m	3.82	
23	光缆	GYFTY-48	m	6.73	

（六）工程预算表编制结果

小区接入网工程预算表的编制结果见表 2-15～表 2-22。

表2-15

单项工程名称：20××年××市营福巷小区 FTTH 更新改造工程　　建设单位名称：××电信分公司

建筑安装工程量预算表（表三）甲

表格编号：-03　　　　第 1 页　共 1 页

序号	定额编号	项目名称	单位	数量	单位定额值		合计值	
					技工	普工	技工	普工
I	II	III	IV	V	VI	VII	VIII	IX
1	TXL1-002	架空光（电）缆工程施工测量	100m	4.19	0.60	0.20	2.51	0.84
2	BFTX-068	安装光分路器 插片式（工日×0.3）	套	11.00	0.36		3.96	
3	BFTX-072	安装光接续箱（分光分纤箱或分纤箱）（墙壁）	套	9.00	1.00	0.50	9.00	4.50
4	BFTX-020	测试光分路器 1:8	套	11.00	0.70		7.70	
5	BFTX-032	用户光缆测试（4芯以下）	段	9.00	1.20		10.80	
6	TXL5-097	用户光缆测试 24 芯以下	段	1.00	4.30		4.30	
7	TXL5-099	用户光缆测试 48 芯以下	段	1.00	7.60		7.60	
8	TSY1-072	放、绑软光纤 设备机架之间放、邻 15m 以上	条	2.00	0.70		1.40	
9	TSY1-073	放、绑软光纤 光纤分配架内跳纤	条	17.00	0.13		2.21	
10	TXL4-049	架设吊线式墙壁光缆	100m条	5.16	5.23	5.23	26.99	26.99
11	TXL4-050	布放钉固式墙壁光缆	100m条	1.41	3.34	3.33	4.71	4.70
12	TXL5-002	光缆接续 24 芯以下	头	1.00	4.98		4.98	
13	TXL5-004	光缆接续 48 芯以下	头	1.00	8.58		8.58	
14	TXL5-015	光缆成端接头	芯	68.00	0.25		17.00	
15		市话总工日在 250 以下时调增 10%		1.00	12.00	3.60	12.00	3.60
16		定额工日合计					123.74	40.62

设计负责人：×××　　　　　审核：×××　　　　　编制：×××　　　　　编制日期：××年 1 月 15 日

133

表 2-16

建筑安装工程机械使用费预算表（表三）乙

单项工程名称：20××年××市营福巷小区 FTTH 更新改造工程　建设单位名称：××电信分公司　表格编号：-04　　　　　　　　　第 1 页 共 1 页

序号	定额编号	项目名称	单位	数量	机械名称	单位定额值		合计值	
						数量（台班）	单价（元）	数量（台班）	合价（元）
I	II	III	IV	V	VI	VII	VIII	IX	X
1	TXL5-002	光缆接续 24 芯以下	头	1.000	光缆接续车	0.800	242.00	0.800	193.60
2	TXL5-002	光缆接续 24 芯以下	头	1.000	汽油发电机（10kW）	0.400	290.00	0.400	116.00
3	TXL5-002	光缆接续 24 芯以下	头	1.000	光纤熔接机	0.800	168.00	0.800	134.40
4	TXL5-004	光缆接续 48 芯以下	头	1.000	光缆接续车	1.200	242.00	1.200	290.40
5	TXL5-004	光缆接续 48 芯以下	头	1.000	汽油发电机（10kW）	0.600	290.00	0.600	174.00
6	TXL5-004	光缆接续 48 芯以下	头	1.000	光纤熔接机	1.200	168.00	1.200	201.60
7	TXL5-015	光缆成端接头	芯	68.000	光纤熔接机	0.030	168.00	2.040	342.72
8					小计				1452.72

设计负责人：×××　　　　　　审核：×××　　　　　　编制：×××　　　　　　编制日期：××年 1 月 15 日

表 2-17

建筑安装工程仪器仪表使用费预算表（表三）丙

单项工程名称：20××年××市营福巷小区 FTTH 更新改造工程　建设单位名称：××电信分公司　表格编号：-05　　第 1 页 共 1 页

序号	定额编号	项目名称	单位	数量	仪表名称	单位定额值		合计值	
						数量（台班）	单价（元）	数量（台班）	合价（元）
I	II	III	IV	V	VI	VII	VIII	IX	X
1	TXL1-002	架空光（电）缆工程施工测量	100m	4.19	地下管线探测仪	0.05	173.00	0.21	36.33
2	BFTX-020	测试光分路器 1:8	套	11.00	OTDR	0.15		1.65	
3	BFTX-032	用户光缆测试（4 芯以下）	段	9.00	OTDR	0.40	306.00	3.60	1101.60
4	TXL5-097	用户光缆测试 24 芯以下	段	1.00	光时域反射仪	1.40	306.00	1.40	428.40

续表

序号	定额编号	项目名称	单位	数量	仪表名称	单位定额值		合计值	
Ⅰ	Ⅱ	Ⅲ	Ⅳ	Ⅴ	Ⅵ	数量（台班）Ⅶ	单价（元）Ⅷ	数量（台班）Ⅸ	合价（元）Ⅹ
5	TXL5-099	用户光缆测试 48 芯以下	段	1.00	光时域反射仪	2.40	306.00	2.40	734.40
6	TXL5-002	光缆接续 24 芯以下	头	1.00	光时域反射仪	1.20	306.00	1.20	367.20
7	TXL5-004	光缆接续 48 芯以下	头	1.00	光时域反射仪	1.60	306.00	1.60	489.60
8	TXL5-015	光缆成端接头	芯	68.00	光时域反射仪	0.05	306.00	3.40	1040.40
9					合计				4197.93

设计负责人：×××　　设计责任人：×××　　审核：×××　　编制：×××　　编制日期：××年 1 月 15 日

表2-18

国内器材预算表（表四）甲（主材表）

单项工程名称：20××年××市营福巷小区 FTTH 更新改造工程　建设单位名称：××电信分公司　表格编号：-06　第 1 页 共 2 页

序号	名　称	规　格　程　式	单　位	数　量	单价（元）	合计（元）	备注
Ⅰ	Ⅱ	Ⅲ	Ⅳ	Ⅴ	Ⅵ	Ⅶ	Ⅷ
1	复合材料壁式箱体	GW-16D	个	1.00	163.00	163.00	
2	复合材料壁式箱体	GW-32D	个	8.00	202.00	1616.00	
3	插片式分光器	1:8	只	11.11	113.00	1255.43	
4	塑料钢钉线卡	#10	套	160.00	0.08	12.80	
5	塑料钢钉线卡	#18	套	38.00	0.20	7.60	
6	塑料钢钉线卡	#25	套	30.00	0.29	8.70	

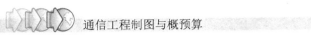

续表

序号 I	名 称 II	规 格 程 式 III	单 位 IV	数 量 V	单价（元）VI	合计（元）VII	备 注 VIII
7	镀锌铁线	φ1.5	kg	0.50	9.00	4.47	
8	光缆挂钩	35mm	只	288.00	0.35	100.80	
9	光缆挂钩	25mm	只	735.00	0.28	205.80	
10	光网络箱、分纤箱铭牌		只	9.00	6.00	54.00	
11	光缆标志铭牌		只	20.00	4.80	96.00	
12	接入网用光缆接头盒（四进四出）	24芯以下	套	1.01	75.00	75.75	
13	接入网用光缆接头盒（四进四出）	48芯以下	套	1.01	84.00	84.84	
14	光纤保护管		个	68.68	2.00	137.36	
15	PVC平管	φ25	m	36.00	1.50	54.00	
16	管材锁扣	φ25	副	72.00	2.00	144.00	
17	跳纤	双头 FC/UPC-FC/UPC 3M	条	6.00	8.72	52.32	
18	跳纤	双头 FC/UPC-SC/UPC 2M	条	2.00	7.90	15.80	
19	成端尾纤	双头 SC/UPC-SC/UPC 3M	条	5.00	8.15	40.75	
20	跳纤	双头 SC/UPC-FC/UPC 20M	条	2.00	12.40	24.80	
21							
	小计					4154.22	
	钢材运杂费	小计*0.036				149.55	

设计负责人：××× 审核：××× 编制：××× 编制日期：××年1月15日

表2-19

国内器材预算表（表四）甲
（主材表）

单项工程名称：20××年××市营福巷小区FTTH更新改造工程　　建设单位名称：××电信分公司　　表格编号：-06

序号 I	名　称 II	规　格　程　式 III	单　位 IV	数　量 V	单价（元）VI	合计（元）VII	备　注 VIII
	钢材运输保险费	小计×0.001				4.15	
	钢材采购及保管费	小计×0.011				45.70	
	钢材采购代理服务费						
	合计					4353.62	
	总计					4353.62	

审核：×××　　　　编制：×××　　　　编制日期：××年1月15日

设计负责人：×××

表2-20

国内器材预算表（表四）甲
（需安装设备）

单项工程名称：20××年××市营福巷小区FTTH更新改造工程　　建设单位名称：××电信分公司　　表格编号：-07　　第1页 共1页

序号 I	名　称 II	规　格　程　式 III	单　位 IV	数　量 V	单价（元）VI	合计（元）VII	备　注 VIII
	[光电缆设备费]						
1	光缆	GYFTY-4	m	379.00	1.98	750.42	
2	光缆	GYFTY-24	m	113.00	3.82	431.66	
3	光缆	GYFTY-48	m	166.00	6.73	1117.18	
	光缆小计					2299.26	
	光缆运杂费	小计×0.01				22.99	
	光缆运输保险费	小计×0.001				2.30	
	光缆采购及保管费	小计×0.011				25.29	
	光缆采购代理服务费						
	光缆合计					2349.84	
	总计					2349.84	

审核：×××　　　　编制：×××　　　　编制日期：××年1月15日

设计负责人：×××

表2-21

单项工程名称：20××年××市营福巷小区FTTH更新改造工程　　建设单位名称：××电信分公司　　表格编号：-02　　第1页　共1页

建筑安装工程费用预算表（表二）

序号	费用名称	依据和计算方法	合计（元）	序号	费用名称	依据和计算方法	合计（元）
I	II	III	IV	I	II	III	IV
一	建筑安装工程费	一～四之和	25661.98	8	夜间施工增加费	人工费×2%	134.23
（一）	直接费	（一）至（二）之和	18641.37	9	冬雨季施工增加费	人工费×3%	201.34
（1）	直接工程费	1～4之和	16728.63	10	生产工具用具使用费	不计列	
1	人工费	技工费+普工费	6711.30	11	施工用水电蒸汽费	不计列	
（1）	技工费	技工日×48	5939.52	12	特殊地区施工增加费	工日×3.2×0	
（2）	普工费	普工日×19	771.78	13	已完工程及设备保护费	不计列	
2	材料费	主要材料费+辅助材料费	4366.68	14	运土费	不计列	
（1）	主要材料费		4353.62	15	施工队伍调遣费	2×0×5（不计列）	
（2）	辅助材料费	主材费×0.3%	13.06	16	大型施工机械调遣费	不计列	
3	机械使用费	机械使用费	1452.72	二	间接费	（一）～（二）之和	4161.00
4	仪表使用费	仪表使用费	4197.93	（一）	规费		2147.61
（二）	措施费	1～16之和	1912.74	1	工程排污费	不计列	
1	环境保护费	人工费×1.5%	100.67	2	社会保障费	人工费×26.81%	1799.30
2	文明施工费	人工费×1%	67.11	3	住房公积金	人工费×4.19%	281.20
3	工地器材搬运费	人工费×5%	335.57	4	危险作业意外伤害保险费	人工费×1%	67.11
4	工程干扰费	人工费×6%×0		（二）	企业管理费	人工费×30%	2013.39
5	工程点交、场地清理费	人工费×5%	335.57	三	利润	人工费×30%	2013.39
6	临时设施费	人工费×5%	335.57	四	税金	（一＋二＋三＋光电缆费）×3.41%	846.22
7	工程车辆使用费	人工费×6%	402.68				

设计负责人：×××　　　　编制：×××　　　　审核：×××　　　　编制：×××　　　　编制日期：××年1月15日

表2-22

工程预算总表（表一）

建设项目名称：20××年××市营福巷小区FTTH更新改造工程

单项工程名称：20××年××市营福巷小区FTTH更新改造工程　　建设单位名称：××电信分公司　　表格编号：-01　　第1页 共1页

序号	表格编号	单项工程名称	小型建筑工程费	需要安装的设备费	不需要安装的设备、工器具费	建筑安装工程费	预备费	其他费用	总 价 值		
									人民币（元）	其中外币（ ）
I	II	III	IV	V	VI	VII	VIII	IX	X	XI
					总 价 值					
1	通信线路-02	工程费		2349.84		25661.98			28011.82	
2	通信线路-05	工程建设其他费						2065.64	2065.64	
3		总 计		2349.84		25661.98		2065.64	30077.46	

设计负责人：×××　　　审核：×××　　　编制：×××　　　编制日期：××年1月15日

（七）接入网工程施工预算编制说明

1．编制依据

（1）本工程定额套用中华人民共和国工业和信息化部《通信建设工程预算定额》与《通信建设工程施工机械、仪表台班费用定额》2008 年版。

（2）取费标准及其他费用均按照工信部规（2008）75 号文发布的《通信建设工程概算、预算编制办法》、《通信建设工程费用定额》执行。

（3）勘查设计费：参照国家计委、建设部《关于发布<工程勘查设计费管理规定》的通知》计价格（2002）10 号规定以及国家发展改革委（2011）534 号关于降低部分建设项目收费标准规范收费行为等有关问题的通知。

（4）建设工程监理费：参照国家发改委、建设部《关于建设工程监理与相关服务收费管理规定》（2007）670 号文的通知进行计算。

2．造价分析

（1）本工程属通信线路工程，工程为：20××年××市营福巷小区 FTTH 更新改造工程。第一个单项工程所在地距基地为 26km，由××企业负责施工。

（2）工程总费用：30077.46 元。

其中建筑安装工程费：25661.98 元，小型建筑工程费：0.00 元；

安装设备费：2349.84 元，不安装设备费：0.00 元；

其他费用：2065.64 元，预备费：0.00 元。

二、分组讨论

（1）接入网工程的施工过程须经历哪些施工工序？

（2）如何统计接入网工程量才不会出现遗漏？

2.4.5　知识拓展

通信线路工程预算定额的总说明一册说明（摘要）。

1．总说明

本定额是编制通信建设项目投资估算指标、概算定额、编制工程量清单的基础；也可作为通信建设项目招标、投标报价的基础。本定额适用于新建、扩建工程，改建工程可参照使用。本定额用于扩建工程时，其人工工时按 1.1 系数计取，拆除工程的人工工日计取办法见分册各章说明。

2．册说明

（1）《通信线路工程》预算定额适用于通信线路的新建工程。当用于扩建工程时，其扩建部分的工日定额乘以 1.10 系数。

（2）本定额是依据国家和信息产业部颁发的现行施工及验收规范、通用图、标准图等编制的。

（3）本定额只反映单位工程量的人工工日、主要材料、机械和仪表台班的消耗量。

① 关于人工工日：定额工日分为"技工工日"和"普工工日"。

② 关于主要材料：定额中的主要材料包括直接消耗在建筑安装工程中的材料使用量和规定的损耗量。

③ 关于机械、仪表台班：凡可以构成台班的施工机械、仪表，已在定额中给定台班量；对于不能构成台班的"其他机械、仪表费"，均含在费用定额中生产工具用具使用费内。

④ 通信线路工程，当工程规模较小时，以总工日为基数按下列规定系数进行调整。

工程总工日在 100 工日以下时，增加 15%；工程总工日在 100～250 工日时，增加 10%。

⑤ 敷设光缆中，OTDR 台班是按（单窗口）测试取定的，如果按（双窗口）测试时，其人工和仪表定额分别乘以 1.8 的系数。

2.4.6　课后训练

（1）完成接入网工程××小区接入施工图预算编制以及编制说明。

（2）完成接入网工程 A 小区接入施工图预算编制以及编制说明。

（3）完成接入网工程 B 小区接入施工图预算编制以及编制说明。

学习单元 5　接入网工程概预算软件编制

知识目标

- 掌握工程项目基本信息的编制。
- 掌握概预算软件中接入网工程预算定额的使用方法。
- 掌握工程量预算表（表三）、国内器材预算表（表四）甲的编制方法。
- 掌握建筑安装工程费用预算表（表二）、工程建设其他费用预算表（表五）的编制方法。
- 掌握工程预算总表（表一）的编制方法。

能力目标

- 能利用软件快速编制工程量预算表表（表三）、国内器材表（表四）。
- 能查询和挑选定额子目，正确设置和完成相关定额运算。
- 能正确设置费用参数，完成工程预算表（表二）、（表五）、（表一）的编制。

2.5.1　任务导入

任务描述：现有某小区接入 FTTH 新建工程施工图。本工程拟利用原有某区西门车站光交 GJ025、营康路 1 号 3 栋外墙 GW004 光网络箱，沿原有墙壁吊线敷设接入实现小区 FTTH 薄覆盖 241 户（电信存量用户 41 户），拟在小区新建 FTTH 下行末级光口 72 个，敷设各型光缆 0.705 皮长 km，合 12.7 芯 km，在一级分光点 144 芯无跳接光网络箱新设两台 1:8 分光器，安装楼道壁挂式光分路箱 9 台，新设 1:8 二级分光器 9 台。建设单位要求设计单位在 1 周内完成该工程 CAD 制图及施工图预算编制。工程施工企业距离施工现场为 26km，施工环境为平原地区施工。

利用概预算软件能快速完成本工程施工图预算表的生产编制任务。

2.5.2　任务分析

通过概预算软件工具快速编制接入网工程概预算，除收集手工编制概预算"学习单元所要求的相关资料外，还应开展以下技术储备工作。如"熟悉软件方法编制接入网概预算的特点、工作流程，熟悉概预算软件各表格模板的使用方法，会结合项目需要，会收集接入网工程需要的技术资料，能够完成所需安装设备的工程用量统计和消耗量计算；会收集需要安装设备及主要材料的预算价格等信息，会使用本专业（人工、材料、机械、仪表四种资源消耗）的预算定额及费用定额等定额工具书等。

2.5.3　知识准备

接入网工程概预算利用软件方法编制的步骤如下。

（1）读懂设计任务书的要求，明确施工图预算编制前的技术储备内容。

（2）收集资料熟悉工程图纸，梳理确定预算工序，完成工程量的统计。

（3）编制工程信息表，正确设置相关预算参数和选用工程类型库和材料库。

（4）录入工程预算定额子目，关联生成人工、机械、仪表工程用量。

（5）关联生成主材计费子目和工程用量，删除多计项子目，增加遗漏项子目。

（6）选用价格计算直接工程费（＝人工费+材料费+机械使用费+仪表使用费）。

（7）正确设置器材平均运距，计取各类主材预算价。

（8）正确设置表一、表二费用可变取费参数，正确计列表五各项费用。

（9）预算套用子目审查和数据计算复核。

（10）完成软件编制预算结果报表文件导出。

2.5.4　任务实施

一、实施接入网工程概预算软件编制

双击桌面上 MOTO2000 通信建设工程概预算软件快捷图标，弹出登录窗口，输入用户名和密码，单击确定按钮即可登录软件系统。登录后的软件页面如图 2-47 所示。

		序号	编　号	名　称
1	⊐	0004	01	2013XXX通信架空光缆线路迁改工程（48+24）
2		000401	01	2013XXX通信架空光缆线路迁改工程
3	⊐	0005	GL20130401	2013年XX架空光缆线路迁改工程
4		000501	01	2013年XX架空光缆线路迁改工程
5	⊐	0006	002	2013年XX市营福巷小区FTTH更新改造工程
▶6	✔	000601	002	2013年XX市营福巷小区FTTH更新改造工程

图 2-47　登录后软件页面

单击工具栏上的"新建工程"，弹出新建工程的"工程信息"页面。

（一）编制工程信息表，正确选用定额库、工程类型库和材料库

根据接入网工程信息表的要求，正确填写项目名称、专业类别、工程类别、建设单位、施工单位、设计单位等信息；正确选择设备主材版本（常用材料库）、"安装"、工程属性选择"预算"，工程预备费费率和建设期贷款利率为置 0。在完成相关信息填写和参数设置后，务必要保存新建工程；对新建文件的保存操作同项目一。

（二）录入预算定额子目和工程量，生成人工费、机械使用费、仪表费用表三

单击左边导航菜单的"工程量"按钮，可进入到"建筑安装工程量预算表（表三甲）"的编制界面。查询接入网工程预算定额子目表，直接将预算定额子目表里面的"定额编号"录入到编号列，然后回车即可实现定额子目信息的录入，如图2-48所示。

图2-48　表三甲的数据录入

在接入网工程表三甲定额子目的录入过程中，对定额子目的挑选查找方法与项目一的"章节查询"或"条件查询"完全相同，输入需要的关键词可以快速实现定额子目的模糊查询或精确查询，如图2-49所示。

图2-49　挑选定额及查询

当需要对选择的定额子目进行系数调整时，右键单击选择定额子目（选择时为蓝色背景状态），在弹出的对话框内选择"定额运算"，然后在"定额运算对话框"内技工工日和普工工日对应的编辑框内分别输入如"*1.3"后单击确定按钮，此时会在调整的定额子目名称尾增加"（工日*0.3）"的字样，表明定额子目系数调整成功，如图2-50所示。

当表三甲的数据检查获得通过后，最后需要对符合小型规模补偿条件的工程项目进行工程补偿系数判断。小型工程的补偿系数判断的条件同项目一，同时也可以查询通信预算定额册说明部分的相关内容。本工程技工工日123.74工日，普工工日40.62工日，其工程总工日在小于 250 工日但大于 100 工日范围内，因此本工程项目的工程总工日应整体增加 10%，即本工程项目的总工日＝补偿前的工程总工日×小型工程补偿系数 1.10。

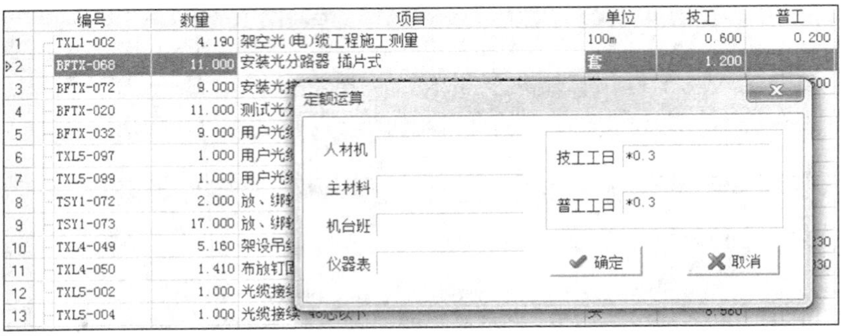

图 2-50　定额子目的系数调整

计列补偿系数操作方法：切换至"工程信息表"，在页面的下方位置找到并勾选"小工日自动调整"选项，然后回到"工程量"页面单击表三甲界面正中位置选项卡下方的"查看结果"红色按钮，鼠标移动右边"页面滑块"，可以看到直接计列小型工日补偿系数后的工程总工日情况，如图 2-51 所示。

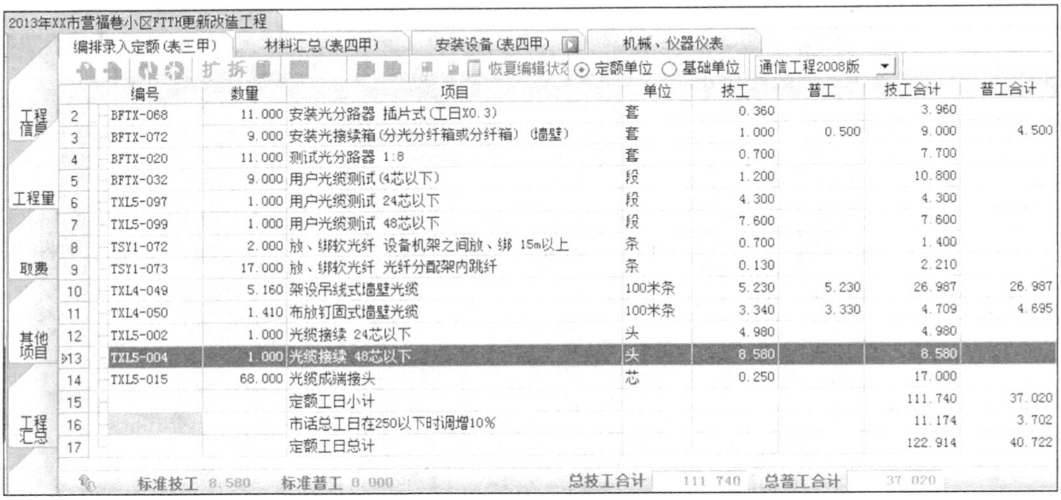

图 2-51　计列补偿系数设置

在上述工作均检查无误后，可以单击"机械、仪器仪表"按钮、再单击"机械台班（表三乙）和仪表台班（表三丙）"旁边的红色按钮"查看结果"可以查看对应选择的表格的预算费用情况。如果要退出"查看结果"状态，单击"恢复编辑状态"按钮即可，如图 2-52、图 2-53 所示。

如果对生成的费用子目需要删除，可以选择对应子目名称右击，在弹出的对话框中选择否删除即可。

（三）关联生成主材计费子目和工程量，删除多计项子目，增加遗漏项子目，生成表四

预算表（表四）的编制，主要是根据建筑安装工程量预算表（表三）甲确定的定额子目表中的“主要材料”名称进行工程实际使用材料的信息录入，录入时注意材料的规格程式和单位。对同类项的材料子目应合并同类项后一次性录入材料用量。表格中的数量为实际使用消耗量，不再是定额子目表内的“单位定额值”消耗量，此时，“材料数量”＝单位定额值×（工程统计数量/定额单位）。

编排录入定额(表三甲)　材料汇总(表四甲)　安装设备(表四甲)　机械、仪器仪表
机械台班(表三乙)　仪器仪表(表三丙)　恢复编辑状态

定额编号	项目名称	单位	数量	机械名称	单位定额值		合计值	
					数量(台班)	单价(元)	数量(台班)	合价(元)
TXL5-002	光缆接续 24芯以下	头	2.000	光缆接续车	0.800	242.00	1.600	387.20
			2.000	汽油发电机(10kW)	0.400	290.00	0.800	232.00
			2.000	光纤熔接机	0.800	168.00	1.600	268.80
TXL5-004	光缆接续 48芯以下	头	2.000	光缆接续车	1.200	242.00	2.400	580.80
			2.000	汽油发电机(10kW)	0.600	290.00	1.200	348.00
			2.000	光纤熔接机	1.200	168.00	2.400	403.20
TXL3-001	拆除9米以下水泥杆 综合土(平原地	根	19.000	汽车式起重机(5t)	0.040	400.00	0.760	304.00
				小计				2524.00

图 2-52　关联生成的（表三乙）

编排录入定额(表三甲)　材料汇总(表四甲)　安装设备(表四甲)　机械、仪器仪表
机械台班(表三乙)　仪器仪表(表三丙)　恢复编辑状态

定额编号	项目名称	单位	数量	仪器仪表名称	单位定额值		合计值	
					数量(台班)	单价(元)	数量(台班)	合价(元)
TXL1-002	架空光(电)缆工程施工测量	100m	4.190	地下管线探测仪	0.050	173.00	0.210	36.33
BFTX-020	测试光分路器 1:8	套	11.000	OTDR	0.150		1.650	
BFTX-032	用户光缆测试(4芯以下)	段	9.000	OTDR	0.400	306.00	3.600	1101.60
TXL5-097	用户光缆测试 24芯以下	段	1.000	光时域反射仪	1.400	306.00	1.400	428.40
TXL5-099	用户光缆测试 48芯以下	段	1.000	光时域反射仪	2.400	306.00	2.400	734.40
TXL5-002	光缆接续 24芯以下	头	1.000	光时域反射仪	1.200	306.00	1.200	367.20
TXL5-004	光缆接续 48芯以下	头	1.000	光时域反射仪	1.600	306.00	1.600	489.60
TXL5-015	光缆成端接头	芯	68.000	光时域反射仪	0.050	306.00	3.400	1040.40
				合计				4197.93

图 2-53　关联生成的（表三丙）

根据工程统计量对材料逐项梳理和检查，在完成材料表的子目信息录入确认后，单击界面右边隐蔽竖条状镶嵌白色小三角形的菜单按钮，在弹出的“生成主材调整对话框”内完成各种工程材料的运距设置或平均运距离设置，如图 2-54 所示。

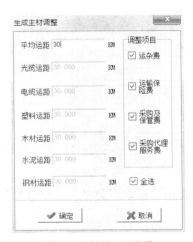

图 2-54　材料运距设置

设置完成后，单击本表格名称旁边的红色按钮"查看结果"，可以显示主材料的预算汇总结果，如图 2-55 所示。

代号	材料名称	规格程式	单位	数量	价格	材料金额	类型	类别
	复合材料壁挂式箱体	GW-16D	个	1.000	163.00	163.00	钢材	乙供
	复合材料壁挂式箱体	GW-32D	个	8.000	202.00	1616.00	钢材	乙供
	插片式分光器	1：8	只	11.110	113.00	1255.43	钢材	乙供
TXC0133	塑料钢钉线卡	#10	套	160.000	0.08	12.80	钢材	乙供
TXC0133	塑料钢钉线卡	#18	套	38.000	0.20	7.60	钢材	乙供
TXC0133	塑料钢钉线卡	#25	套	30.000	0.29	8.70	钢材	乙供
TXC0179	镀锌铁线	Φ1.5	kg	0.497	9.00	4.47	钢材	乙供
TXC25	光缆挂钩	35mm	只	288.000	0.35	100.80	钢材	乙供
TXC0252	光缆挂钩	25mm	只	735.000	0.28	205.80	钢材	乙供
	光网络箱、分纤箱铭牌		只	9.000	6.00	54.00	钢材	乙供
	光缆标志铭牌		只	20.000	4.80	96.00	钢材	乙供
TXC0320	接入网用光缆接头盒（四进四出）	24芯以下	套	1.010	75.00	75.75	钢材	乙供
TXC0320	接入网用光缆接头盒（四进四出）	48芯以下	套	1.010	84.00	84.84	钢材	乙供
TXC0279	光纤保护管		个	68.680	2.00	137.36	钢材	乙供
	PVC平管	Φ25	米	36.000	1.50	54.00	钢材	乙供
	管材锁扣	Φ25	副	72.000	2.00	144.00	钢材	乙供
TXC0495	跳纤	双头FC/UPC-FC/UPC 3M	条	6.000	8.72	52.32	钢材	乙供
TXC0495	跳纤	双头FC/UPC-SC/UPC 2M	条	2.000	7.90	15.80	钢材	乙供
TXC0495	成端尾纤	双头SC/UPC-SC/UPC 3M	条	5.000	8.15	40.75	钢材	乙供
TXC0495	跳纤	双头SC/UPC-FC/UPC 20M	条	2.000	12.40	24.80	钢材	乙供
							钢材	乙供
	小计					4154.22	钢材	乙供
	钢材运杂费	小计*0.036				149.55	钢材	乙供
	钢材运输保险费	小计*0.001				4.15	钢材	乙供
	钢材采购及保管费	小计*0.011				45.70	钢材	乙供
	钢材采购代理服务费	0					钢材	乙供
	合计					4353.62	钢材	乙供

图 2-55　国内器材预算表（表四甲）（主要材料表）

注意，光缆设备要正确列入安装设备表四甲，需要在材料汇总（表四甲）状态下将"光电缆列入设备表"前面的方框"打钩"；然后再单击切换到"安装设备（表四甲）"，单击本表格名称左边的红色按钮"查看结果"，可以查看光缆设备费，如图 2-56 所示。

代号	设备名称	规格程式	单位	数量	价格	设备金额
	[光电缆设备费]					
TXC0267	光缆	GYFTY-4	m	379.000	1.98	750.42
TXC0267	光缆	GYFTY-24	m	113.000	3.82	431.66
TXC0267	光缆	GYFTY-48	m	166.000	6.73	1117.18
	光缆小计					2299.26
	光缆运杂费	小计*0.01				22.99
	光缆运输保险费	小计*0.001				2.30
	光缆采购及保管费	小计*0.011				25.29
	光缆采购代理服务费	0				
	光缆合计					2349.84
	总计					2349.84

图 2-56　国内器材预算表（表四甲）（设备表）

（四）正确设置表一、表二费用可变取费参数，正确计列表五各项费用

当表三、表四均完成数据复核后，可以单击界面左边导航菜单"取费"按钮，在弹出的"自动处理计算表达式"（见图 2-57）对话框内设置"夜间施工费"、"施工现场与企业距离"

等各项参数，设置完成后单击"确定"按钮，即可完成对工程取费的设置。

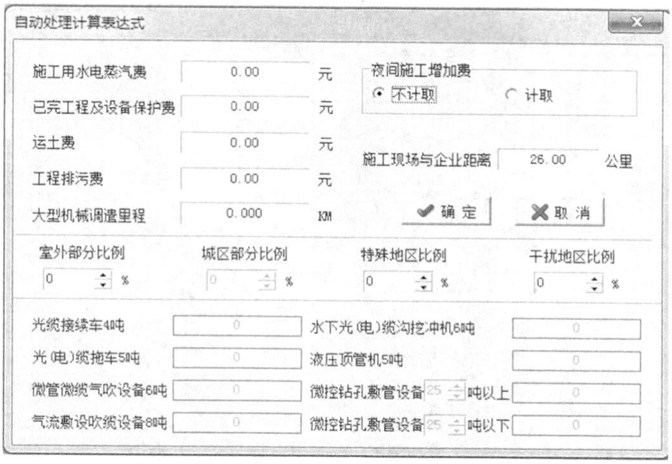

图 2-57　建筑安装预算表相关取费设置

本工程建筑安装工程预算费用的取费计算结果，如图 2-58 所示。

序号			项目	代号	计算式	合计费用	依据
			建筑安装工程费	AZFY	ZJFY+JJ+LR+SJ	25661.98	一至四之和
	一		直接费	ZJFY	JB+CS	18641.37	（一）至（二）之和
		（一）	直接工程费	JB	A1+A2+A3+A4	16728.63	1-4之和
			1、人工费	A1	A11+A12	6711.30	技工费+普工费
			（1）技工费	A11	JGGR*48	5939.52	技工日×48
			（2）普工费	A12	PGGR*19	771.78	普工日×19
			2、材料费	A2	A21+A22	4366.68	主材费+辅材费
			（1）主要材料费	A21	ZCFY	4353.62	
			（2）辅助材料费	A22	A21*0.003	13.06	主材费X0.3%
			3、机械使用费	A3	JXFY	1452.72	机械使用费
			4、仪表使用费	A4	YQFY	4197.93	仪表使用费
		（二）	措施费	CS	B1+B2+B3+B4+B5+B6+B7+B8+B9+B10+B11+B12+B13+B14+B15+B1	1912.74	1-16之和
			1、环境保护费	B1	A1*0.015	100.67	人工费X1.5%
			2、文明施工费	B2	A1*0.01	67.11	人工费X1%
			3、工地器材搬运费	B3	A1*0.05	335.57	人工费X5%
			4、工程干扰费	B4	A1*0.06*0		人工费X6%X0
			5、工程点交、场地清理费	B5	A1*0.05	335.57	人工费X5%
			6、临时设施费	B6	A1*0.05	335.57	人工费X5%
			7、工程车辆使用费	B7	A1*0.06	402.68	人工费X6%
			8、夜间施工增加费	B8			
			9、冬雨季施工增加费	B9	A1*0.02	134.23	人工费X2%
			10、生产工具用具使用费	B10	A1*0.03	201.34	人工费X3%
			11、施工用水电蒸汽费	B11	0		
			12、特殊地区施工增加费	B12	(JGGR+PGGR)*3.2*0		工日X3.2X0
			13、已完工程及设备保护费	B13	0		按实计列
			14、运土费	B14	0		按实计列
			15、施工队伍调遣费	B15	2*0*5		2X0X5
			16、大型施工机械调遣费	B16	0		
	二		间接费	JJ	GF+GL	4161.00	（一）至（二）之和
		（一）	规费	GF	C1+C2+C3+C4	2147.61	

图 2-58　建筑安装工程预算表（表二）取费结果

在完成表二取费后，单击左边导航菜单上的"其他项目"，在弹出的"参数生成计算表达式"对话框中（见图 2-59）进行"工程类别"（选中市话架空光电缆线路）、一阶段设计、建设单位管理费、工程监理费取定系数（选择按合同）等设置后，可以显示工程建设其他费用表（表五）结果，如图 2-60 所示。

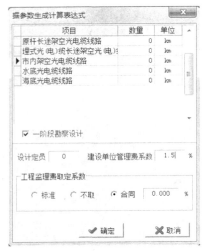

图 2-59　其他项目设置

序号	费用名称	单位	数量	单价计算式	合计	合建(%)	备注	自动	施工费
	总　计				2065.64				
1	建设用地及综合赔补费								
2	建设单位管理费			GCFY*0.015	420.18		工程总概算费用X0		
3	可行性研究费								
4	研究试验费								
5	勘察设计费				1260.53				
5.1	其中:勘察费							✔	
5.2	其中:设计费			GCFY*90000/2000000	1260.53		工程总概算费用X	✔	
6	环境影响评价费								
7	劳动安全卫生评价费								
8	建设工程监理费			GCFY*0			工程总概算费用X0		
9	安全生产费			AZFY*0.015	384.93		建筑安装工程费X0		
10	工程质量监督费								
11	工程定额测定费								
12	引进技术和引进设备其他费								
13	工程保险费								
14	工程招标代理费								
15	专利及专用技术使用费								
16	生产准备及开办费(运营费)								

图 2-60　工程建设其他费用表（表五）

（五）预算套用子目审查和数据计算复核

比照施工图纸和统计工程量内容，逐项检查套用定额子目是否有少计、多计、错计、重复计列的现象；同时逐项复核定额子目、定额单位和工程量计算是否有错误；检查表间的数据传递关系是否符合计算要求。

（六）完成软件编制结果生成文件导出

单击界面左边导航菜单"报表"按钮，在切换出的页面中，可以选择需要预览打印和结果输出的选项；然后单击"报表设置"按钮，在弹出对话框内完成报表相关设置，如图 2-61 所示。单击"多页面预览"按钮，弹出"通信建设工程预算书"预览结果显示框，如图 2-62 所示。

在此状态下，再次单击"导出 Word"按钮，在弹出的对话框内选择导出报表的保存路径，即可导出预算结果编制文件，如图 2-63 所示。

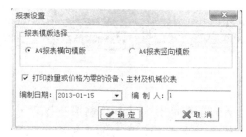

图 2-61　预览打印和输出设置

图 2-62　预览输出

图 2-63　导出路径设置

二、分组讨论

（1）利用预算软件编制接入网工程施工图预算的操作步骤有哪些？

（2）利用预算软件编制接入网工程施工图预算需要注意哪些问题？

2.5.5　知识拓展

（1）MOTO2000 通信建设工程概预算 2008 版软件的使用技巧及不常用的功能。

（2）有关 MOTO2000 通信建设工程概预算 2008 版软件的更多内容。

请访问：http://www.motosoft.com.cn/download.asp 　 官方网站。

2.5.6　课后训练

（1）完成接入网工程××小区接入施工图预算编制。

（2）完成接入网工程 A 小区接入施工图预算编制。

（3）完成接入网工程 B 小区接入施工图预算编制。

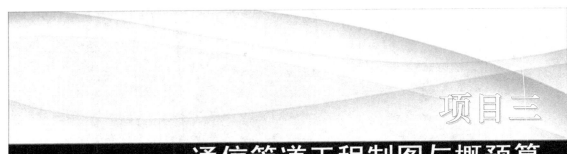

通信管道工程制图与概预算

岗位目标

具备设计专业各类建设项目工程制图和概预算的相关知识，具备管道工程 CAD 制图和概预算编制能力，能够熟练运用 CAD 软件和概预算软件完成管道工程制图和概预算编制的生产任务。

能力目标

1. 具备管道工程图纸的正确识读能力。
2. 具备管道工程图形实体的绘制能力。
3. 具备管道工程概预算手工编制能力。
4. 具备管道工程概预算软件编制能力。

学习单元 1　认识管道工程图纸

知识目标

- 掌握通信管道工程的制图规范。
- 领会通信管道工程图纸的读图方法。
- 掌握通信管道工程图纸读图示例。

能力目标

- 能完成通信管道工程图例的识读。
- 能完成通信管道工程图纸的读图。

3.1.1　任务导入

任务描述：现有某市城区客运站新建通信管道工程图纸，如图 3-1 所示。建设单位要求设计单位在 1 周内完成该工程 CAD 制图及施工图预算编制。

请完成以下学习型工作任务。

（1）通信管道开展的施工程序如何？

（2）通信管道工程制图规范和要求有哪些？

（3）通信管道工程图例有哪些？

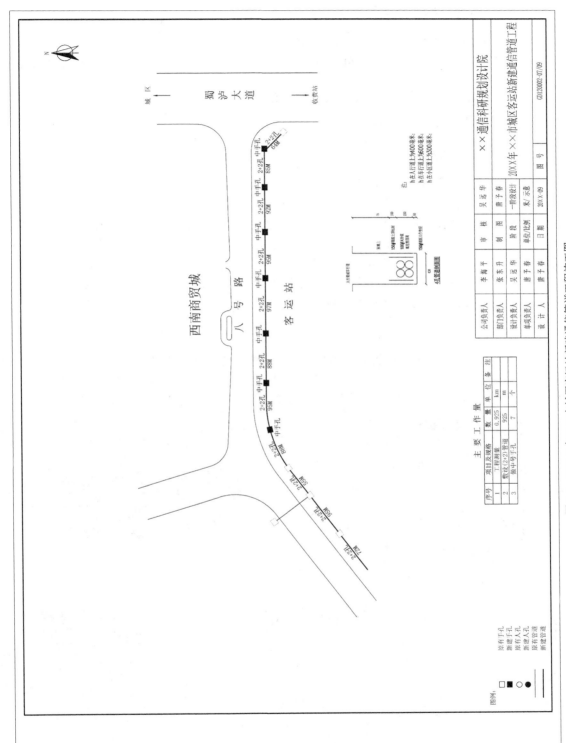

图3-1　20××年××市城区客运站新建通信管道工程施工图

图例：
□　原有手孔
■　新建手孔
○　原有人孔
●　新建人孔
———　原有管道
━━━　新建管道

序号	项目及规格	数量	单位	备注
1	工程测量	0.925	km	
2	敷设(2+2)管道	925	m	
3	砌4号手孔	7	个	

主要工作量

公司负责人	李海平	审核	吴定华	××通信科研规划设计院	
部门负责人	张东升	制图	唐子春	20××年××市城区客运站新建通信管道工程	
设计负责人	吴定华	阶段	一阶段设计		
单项负责人	唐子春	单位/比例	索示意	图号	
设计人	唐子春	日期	20×.09	CD120002-07/09	

注：
h在人行道上为400毫米；
h在车行道上为600毫米；
h在水泥道上为300毫米。

人行道处理图

地面

150毫米三基层土
100毫米砂石混合料
150毫米细砂土

级配碎石断面图

3.1.2 任务分析

（1）工程图纸类型：2012 年××市城区客运站新建通信管道工程施工图。

（2）工程图纸元素构成：管道路由平面图、管道剖面图、主要工程量表、管道图例、施工说明。

（3）工程图纸承载的任务：确定新建通信管道的城区平面位置。

（4）各组成部分的含义解释。

3.1.3 知识准备

一、通信管道概述

管道是用来穿放光（电）缆的一种地下管线建筑。与其他线路敷设形式相比，管道线路具有以下特点：容量大、占用地下断面小、便于美化城市、便于施工维护、减少光（电）缆线路直接受外力破坏、保证通信安全、便于技术管理和查询。管道由人孔、手孔及管路三部分组成，其中管路由若干管筒连接而成，为了便于施工和维护，管路中间构筑若干人孔或手孔。在管道线路制图中，这三部分是非常重要的。

（一）管路

通信管道的管材主要有水泥管块、钢管、大口径波纹管、硬聚乙烯管、CPVC 实壁管、硅芯管、聚乙烯（HDPE）多边形梅花管、蜂窝管、栅格管等。由于塑料管，特别是硬质聚氯乙烯（PVC）管优点众多，其已在通信工程施工中被广泛使用。各种管材如图 3-2～图 3-7 所示。

图 3-2　大口径波纹管

图 3-3　硅芯管

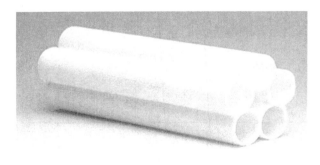

图 3-4　梅花管

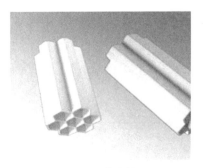

图 3-5　蜂窝管

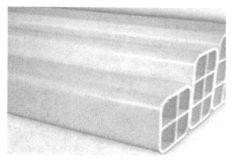

图3-6 4孔、6孔栅格管

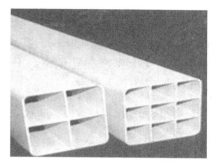

图3-7 4孔、9孔栅格管

建筑方式及管材的选用，关系到通信线路的质量，影响着城市交通和人民生活及工程造价等，所以设计时对管材应根据敷设的地理环境与方式、敷设的线缆种类进行选用，深入调查，因地制宜地加以选用。并应符合下列要求。

（1）对于新建道路宜采用混凝土管或塑料管，主要应用于小区主干和配线管道，宜以3~6孔（孔径90mm）管块为基数进行组合。

（2）在下列情况下宜采用双壁波纹式塑料管、硅芯式塑料管、多孔式塑料管及普通硬质塑料管。

① 小区主干、配线管道。

② 管道的埋深位于地下水位以下，或与渗漏的排水系统相邻近。

③ 地下综合管线较多及腐蚀情况比较严重的地段。

④ 地下障碍物复杂的地段。

⑤ 施工期限要求急迫或尽快回填土的地段。

（3）在下列情况下宜采用钢管。

① 管道附挂在桥梁上或跨越沟渠，有悬空跨度。

② 需采用顶管施工方法穿越道路或铁路路基时。

③ 埋深过浅或路面荷载过重。

④ 地基特别松软或有可能遭到强烈振动。

⑤ 有强电危险或干扰影响需要防护。

⑥ 建筑物的通信引入管道或引上管。

⑦ 在腐蚀比较严重的地段采用钢管时，须做好钢管的防腐处理。

（4）与热力管接近或交越的情况，不宜采用塑料管；

（5）土壤中含有较严重的腐蚀物，或杂散电流较大的地区，不宜采用钢管。

（二）人孔

人孔的设置是为了施工和维护方便。它通常设置于电话站前，引入光（电）缆之用，也可设置在光（电）缆的分支、接续转换、光（电）缆的转弯处等特殊场合。人孔按照规格可分为大、中、小号。大号人孔用于管孔较多的管道上，小号人孔用于管孔较少的管道上，中号人孔介于两者之间。人孔按类型又分为直通型人孔、拐弯型人孔、分歧型人孔、扇形人孔、局前人孔和特殊型人孔等。

（三）手孔

手孔（见图 3-8）的用途与人孔相似，但手孔尺寸比人孔小得多。一般情况下，工作人员不能站在手孔中作业，只允许把手伸进去检查或者操作。手孔实物如图 3-8 所示。

图 3-8　手孔实物图

二、通信管道工程制图的规范及要求

通信管道设计图主要由平面设计和剖面设计两大部分组成。

通信管道平面设计主要包含敷设通信管道的具体位置、人孔位置、通信管道段长等设计内容。通信管道路由选择应充分了解城市全面规划和通信网发展动向，与城建管理部门充分沟通、联系，并考虑城市道路建设以及通信管道管网安全，遵循通信管道路由选择原则。

通信管道的剖面设计是通信管道设计的另一重要内容，它要确定通信管道与人（手）孔的各个部分在地下的标高、深度、沟（坑）断面设计以及和其它管线跨越时的相对位置及所采取的保护措施。通信管道沟的开挖影响道路交通、建筑物和施工人员安全，并关系工程土方量，所以通信管道沟设计是通信管道设计的重要组成部分。

（一）绘图要求

（1）工程制图应根据表述对象的性质、目的与内容，选取合适的图幅及表达方式，以便完整地表述主题内容。

（2）图面应布局合理，排列均匀，轮廓清晰且便于识别。

（3）图样中应选用合适的线条宽度，避免图中的线条过粗或过细。

（4）应正确使用国家标准和行业标准规定的图例符号。派生新的图例符号时，应符合国家标准符号的派生规则，并应在合适的地方加以说明。

（5）在保证图面布局紧凑和使用方便的前提下，应选择合适的标准图纸幅面。

（二）绘图原则

（1）标准、统一、内容清晰。

（2）必须反映完整的设计内容。

（3）需考虑工程安全防护、施工可操作等。

（三）图纸要求

（1）图纸可选用 A0、A1、A2、A2 加长、A3、A4 幅面，但同一工程的图纸，除附图外，图幅必须统一。

图幅的具体规格尺寸如下。

A0——841mm × 1189mm;　　　　A1——594mm × 841mm;

A2——420mm × 594mm;　　　　A2 加长——420mm × 841mm;

A3——297mm × 420mm;　　　　A4——210mm × 297mm。

根据管道工程要按比例绘图及向当地规划部门报建和审批的情况，原则规定除附图外，其他图纸均采用蓝图出版。图纸的图幅尺寸大小设置如下。

A0——841mm × 1189mm；　　　　　　　A1——594mm × 841mm；

A2 加长——420mm × 841mm。

附图和不需要提交当地规划部门审核的图纸尺寸可采用 A3——297mm × 420mm 和 A4——210mm × 297mm 图纸。

（2）字体要求：所有字体统一为"宋体"，为使图纸的布局合理、突出管道工程设计，要求如下。

① 平面图：在 A0、A1、A2 加长的图纸上一般标注道路的中心桩号和其他管线的各种参数采用字高 2.5mm；标注道路的各种参数采用字高 3.5mm；需突出标注地名、街道名称等可采用 6.0mm 字高；新建管道的各种参数采用字高 5.0mm，图纸中的说明采用字高 4.0mm。采用 A3 的图纸一般标注道路的各种参数采用字高 2.5mm；需突出标注地名、街道名称等采用字高 5.0mm；新建管道的各种参数采用字高 4.0mm，图纸中的说明采用字高 3.0mm；以上字体的宽度一般均为 1.0mm，如确系位置不够可适当调小字体的宽度。

② 纵断面图：除管道段长和人孔的标注采用字高 5.0mm，其他文字的标注采用字高 3.5mm，数字参数采用字高 2.5mm；管道横断面的各种参数采用字高 3.5mm；总平面图经缩放后管道的标注采用字高要调整到 4.0mm。

（3）线型要求：在管道工程中的线型要根据当地规划部门的要求或国标的要求绘制。一般要求为：绘图均采用多线性绘制，道路中心线用点画线；道路下的地物用虚线（涵洞、雨水管道、污水管道等，道路的其他线条均用细实线。新建管道用粗实线，线性宽度 0.6～0.7mm（成都市规划局要求用 1.0mm，在图上显得太宽，一般不用）。

（4）图号编号要求：一般从区位图开始编号，编号顺序如下。

① 区位图。

② 道路横断面图（地下管线布置图）。

③ 新建管道横断面图。

④ 过桥、涵方案图。

⑤ 管道工程总平面图。

在采用 A0、A1、A2 加长号图纸时，如果总平面图有空间时，可将①、②、③、④图纸合并到⑤内，统称为总平面图。

⑥ 管道工程平、纵断面图。凡是需要报规划局审批的图纸必须要绘制纵断面图；平面图和纵断面图必须在一张图纸上排列且起点道路桩号必须对齐（因道路有弯道等因素，使平面图与纵断面图的各点桩号不一定完全对齐）；采用 A3 图纸时，平面图和纵断面图可以分开，编号要先平面图后纵断面图。

⑦ 管材规格尺寸图。

⑧ 人手孔装配图；采用 YD-5178-2009 标准。

①～⑥作为正式图纸编号以设计编号加图纸页数标号，如 GD090135—（2/12）等；⑦和⑧作为附图编号，编为附图 1、附图 2，依次类推。

（四）管道工程图纸详细说明

管道工程图纸根据工程的复杂程度和建设单位及当地规划部门的要求包含以下较多其他

选择的内容。

（1）区位图（本工程所在位置图）（必绘制）。不采用比例来画，不仅有本工程的道路名称，还要有周边道路的名称，即能从该示意图可以知道本工程的位置。

（2）道路横断面图（地下管线布置图）（必绘制）。具体的标注符号各地不尽相同，原则是按各管线的汉语拼音第一个字母的大写，通信—X（电信）（R 弱电）、燃气—Q（R）、给水—S（G 给水）、电力—D、雨水—Y、污水—W，其中括号外为成都地区符号。如果规划部门没有给定道路横断面图，可根据道路的实际测量绘制道路断面，将选定的管道位置画在断面图上即可。

（3）新建管道横断面图（必绘制）。该图要真实反映本次工程的工作量，包括碎石底基厚度和宽度、基础厚度和宽度、管道的排列及包封厚度、管顶覆土深度、开挖、回填的材质、回填密实度，开挖的放坡系数，操作面的宽度等。

（4）过桥、涵方案图（选择绘制）。在城市道路的建设中，均考虑了小三线的过桥过涵的问题，有的在桥板上预留小三线通道，有的要求在人行道上铺设。如有桥梁的设计资料，则必须有通信管道通过桥涵的方案（桥上管孔的排列方式、桥下的管道进人孔窗口的管道断面图）；在已建桥梁上铺设管道，如果采用从桥边附挂的方式铺设，必须画出支架的示意图、桥侧面支架设置示意图。

（5）管道工程总平面图（选择绘制）。管道工程如果平面图超过 3 张，则最好要有一张总平面图（根据当地规划部门的要求决定是否绘制），总平面图要简明整洁，不管平面图有多少，但总平面图只能有一张，要把平面图缩放后归到一张，总平面图的幅面尺寸可以选大一号的。图纸设计的说明要在该图中。

（6）管道工程平面图（必绘制）。作为管道工程的主图，管道工程平面图必须有详实的道路工程参数和道路两侧的地形、地貌、地物；在图纸的布局上，要突出管道设计的参数。同时，在图纸上无法准确表达的设计方案要用文字进行表述。如果图纸由几个分图组成，图纸的接图符号要准确，要能准确地反映施工图的连接。

（7）纵断面图（选择绘制）。纵断面图则是为了准确地反映在管道的位置上与其他管线的交越情况，为此，在新建道路上铺设通信管道时，要有道路的设计资料和其他管线的设计资料；在已建道路上要从规划建设部门提取到详实的地下管线的资料。在该图中要将地下障碍的情况反映到图纸上。如规划部门提供了道路的具体参数，在纵断面图上将道路的具体设计高程、其他管线的高程、管径及管道的参数等标注在该图中。

三、通信管道工程图例

要掌握管道工程的图纸绘制，不仅要熟悉相关的制图标准和规范，还必须要熟练使用本专业中常见的工程图例。根据（通信管道与线路工程制图与图形符号（《YD/T 5015-2005》））行业标准和通信企业标准的应用情况，以下梳理并摘要了当前通信管道工程中常见的图形符号。

1. 通信管道人孔和手孔符号（见表 3-1）

表 3-1　　　　　　　　　　　　　通信管道人孔和手孔符号

序　号	名　称	图　例	主要用途及 CAD 绘制命令组合
1-1	直通型人孔	──┤□├──	直线绘制，矩形绘制，多边形绘制

续表

序 号	名 称	图 例	主要用途及 CAD 绘制命令组合
1-2	手孔		直线绘制，矩形绘制，多边形绘制
1-3	局前人孔		直线绘制，矩形绘制，多边形绘制，修剪
1-4	直角人孔		直线绘制，矩形绘制，多边形绘制，修剪
1-5	斜通人孔		直线绘制，矩形绘制，多边形绘制，修剪
1-6	分歧人孔		直线绘制，矩形绘制，多边形绘制，修剪，镜像
1-7	埋式人孔		直线绘制，矩形绘制，多边形绘制
1-8	有防蠕动装置的人孔		直线绘制，矩形绘制，多边形绘制，圆弧绘制

2．指北针图形符号（见表 3-2）

表 3-2　　　　　　　　　　　　　　　指北针图形符号

序 号	名 称	图 例	主要用途及 CAD 绘制命令组合
1	指北标志 1		在通信线路工程中使用的指北标志
2	指北标志 2		因管道工程大部分为配合市政工程建设，在通信管道工程中可使用如图所示的指北标志

3．主要人孔和手孔平面及断面图

图 3-9～图 3-18 为主要人孔和手孔平面及断面图。

四、分组讨论

（1）管道系统的组成有哪些？

（2）新建管道工程与管线工程的区别是什么？

（3）请描述通信管道工程的主要施工过程及典型工序的施工工艺。

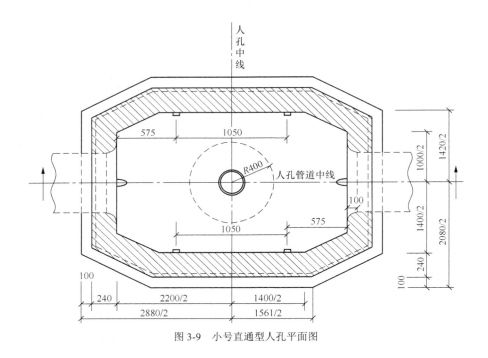

图 3-9 小号直通型人孔平面图

图 3-10 小号直通型人孔断面图

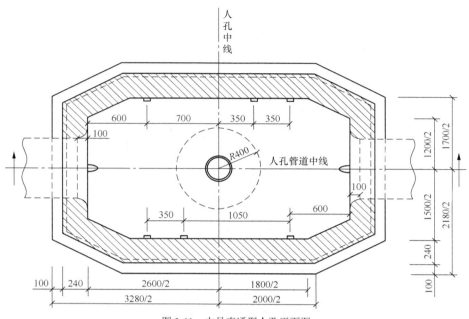

图 3-11 中号直通型人孔平面图

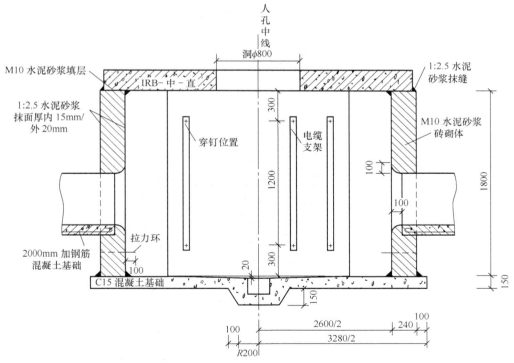

图 3-12 中号直通型人孔断面图

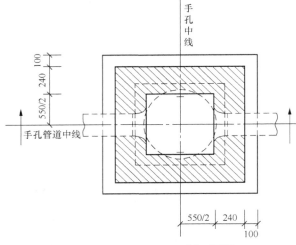

图 3-13　55mm×55mm 手孔平面图

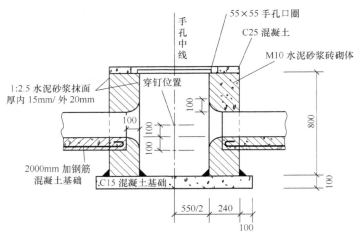

图 3-14　55mm×55mm 手孔断面图

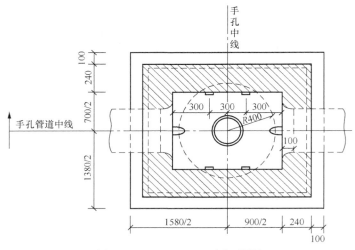

图 3-15　70mm×90mm 手孔平面图

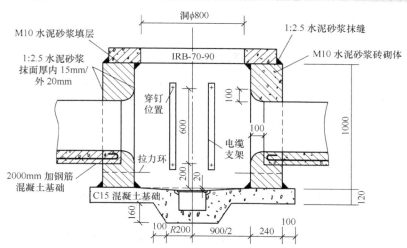

图 3-16　70mm×90mm 手孔断面图

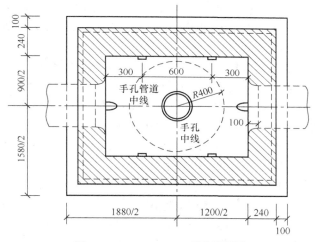

图 3-17　90mm×120mm 手孔平面图

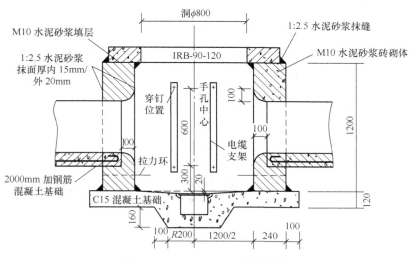

图 3-18　90mm×120mm 手孔断面图

五、通信管道工程图纸的读图方法

（1）收集工程建设资料，了解工程项目背景。

（2）了解工程施工过程和施工工艺，提高对工程图纸描述信息的理解能力。

（3）熟悉本专业类别的工程图例。

（4）采用先全貌后局部的读图顺序。

（5）四结合读图法。

3.1.4　任务实施

采用合适的工程读图方法，完成工程概况描述和工程量的统计。

步骤一：读出工程图纸的专业类别和图纸表现主题类别。

步骤二：理解通信管道工程图纸的组成，理解各组成部分的含义。

步骤三：熟悉本专业的工程图例，特别是常见常用图例。

步骤四：分解工程图纸承载信息的图块内容，对施工图上的管道、手孔和人孔等进行识别。

步骤五：四结合（图例与设备安装图结合、与标注结合、与文字说明结合、与主要工程量结合）读懂各图块表现主题的具体含义。

步骤六：用文字描述读图结果：本工程为 20××年××市城区客运站新建通信管道工程图纸。工程拟在现业城区新客运站、市区恒利山水等区域新建通信管道××管程公里，合计××孔公里，本工程设计管道沟和人、手孔坑采用人工挖掘，人孔、手孔坑放坡系数为 0.25，管道沟不放坡；本工程所有开挖管道均做混凝土基础，现场浇灌混凝土基础厚度 8cm，管道基础宽度按管群宽度加包封 10cm，在车行道铺设的管采用#200 混凝土全程包封。其中人工开挖路面混凝土路面（250 以下）Xm，开挖管道沟及人（手）孔坑分普通土、硬土、软石、坚石环境；混凝土管道基础一立型（350 宽）C15 新建 Xm+Ym；新建砖砌配线手孔（SK3）三号手孔 X 个，砖砌配线手孔一号手孔（SK1）X 个；人孔壁开窗口 X 处；敷设塑料管道 1 孔 Xm，敷设塑料管道 2 孔（2×1）Xm，敷设塑料管道 4 孔（2×2）Ym；详细技术数据详见工程勘察图纸；工程施工地点距离施工企业 26km。

3.1.5　知识拓展

（1）【YD/T 5015-2007】通信管道与线路工程制图与图形符号规范。

（2）【YD_5178-2009】通信管道人孔和手孔图集。

3.1.6　课后作业

（1）绘制通信管道工程施工程序图

（2）完成指定项目工程图纸的读图任务。

学习单元 2　通信管道工程绘图环境设置与图纸模板绘制

知识目标

● 理解软件用户界面及其功能，掌握图形文件基本操作。

- 掌握对象捕捉工具条、缩放工具条的配置。
- 掌握参数选项设置、格式单位、图形界限的设置。
- 掌握通信工程图纸模板边框的绘制。
- 掌握通信工程图签格式的表格绘制。
- 掌握通信工程图签格式的尺寸标注。
- 掌握图层、线型、线宽和颜色的设置。
- 掌握通信管道工程所需块的创建与块编辑。

能力目标

- 能完成所需功能的绘图环境配置和参数设置。
- 能完成格式图层、线型、线宽和颜色的设置。
- 能完成通信管道工程所需块的创建与块编辑。
- 能完成通信管道工程工程图纸模板的绘制。

3.2.1　任务导入

任务描述：现有某市城区客运站新建通信管道工程图纸，如图 3-1 所示。建设单位要求设计单位在 1 周内完成该工程 CAD 制图及施工图预算编制。请完成以下工作任务。

（1）完成软件用户界面及其功能熟悉，掌握图形文件基本操作。

（2）完成绘制平台配置：工作空间切换、对象捕捉工具条配置、缩放工具条配置。

（3）完成绘图环境参数配置：完成工具选项配置、格式单位、图形界限配置等。

（4）完成通信管道工程工程图纸模板的绘制任务，如图 3-19 所示。

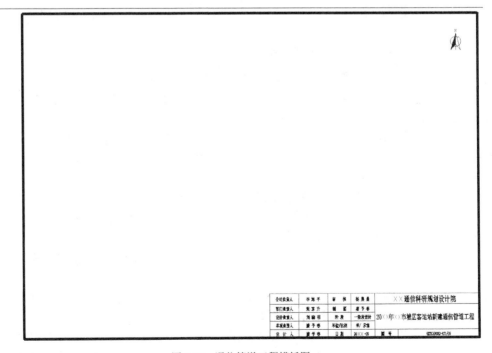

图 3-19　通信管道工程模板图

3.2.2 任务分析

（1）绘图环境平台"配置的工具栏及窗口"的全部解锁。

（2）完成通信管道工程绘图环境设置和格式图层的设置。

（3）绘图环境平台"配置的工具栏及窗口"的全部锁定。

（4）让学生梳理图幅尺寸要求，明确工程图纸内外边框的间距尺寸。

（5）绘制矩形外边框：输入矩形命令+绝对坐标表示法精确定位左下角点、右上角点。

（6）绘制矩形内边框：输入矩形命令+绝对坐标表示法精确定位左下角点、右上角点。

（7）梳理图签字格式行列关系，设置表格样式和文字样式。

（8）完成表格单元格的文字编辑和排版，完成线性标注和连续标注。

（9）完成表格右下角点与内边框右下角点的捕捉重合排版。

（10）完成通信工程图纸指北针绘制，圆+斜线+横线+竖线+北。

（11）完成整幅图纸模板的框选左移动，将图形移出坐标原点位置为下幅模板绘制腾出空间。

3.2.3 知识准备

通信管道工程图纸绘图环境设计基本步骤同项目一。不同之处在于，通信管道工程常用的基本图形实体主要包括各种类型的人孔、手孔和街道建筑物等。因此，需要新建的图层包括：原有手孔、新建手孔、原有人孔、新建人孔、原有管道、新建管道等，原则上新建实体用粗实线（0.6mm），原有实体用细实线（0.25mm），并用不同颜色加以区分。

详细操作步骤可参考项目一。

3.2.4 任务实施

一、通信管道工程绘图环境配置与参数选项设置操作

步骤一：打开 AutoCAD 软件用户界面，选择"文件"菜单，完成图形文件的管理操作。

（1）文件新建：文件菜单—新建—选择样板文件对话框—选择"架空线路工程施工图样模板.dwt"的文件—打开，完成图形新建。

（2）文件保存：单击左上角"保存"快捷键—弹出图形另存为对话框—更新文件名为"通信管道工程施工图样模板"—单击"保存于下拉按钮"选择存放位置—单击"保存"按钮完成图形文件保存操作。

步骤二：根据需要对绘图环境参数配置和工具选项配置进行调整。

操作方法同项目二接入网工程绘图环境参数配置和工具选项配置。

步骤三：根据需要对格式—单位、格式—图形界限设置进行调整。

（1）单击格式—单位，完成图形单位长度、精度、插入时的缩放单位等设置，如图3-20所示。

（2）单击格式—图形界限，命令行提示信息，重新设置模型空间界限：X，Y。

步骤四：完成文字样式和标注样式设置

（1）文字样式设置：单击"格式"菜单栏内子项目"文字样式"，弹出"文字样式"对话框，单击"新建"按钮，弹出"新建文字样式"对话框，输入样式名"通信管道工程"确定，可以看到当前样式名已更新为新输入的名字，然后对文字样式进行设置，如图 3-21 所示，字体名为"宋体"，字高为 3.0mm。

图 3-20　图形单位设计

图 3-21　文字样式设置

（2）标注样式设置：单击"格式"菜单栏子项目"标注样式"，弹出【标注样式管理器】对话框，单击"新建"按钮新建名为"通信管道工程"的标准样式。对标注的"线"、"符号与箭头"和"文字"等几个选项卡进行设置即可，如图 3-22～图 3-24 所示。

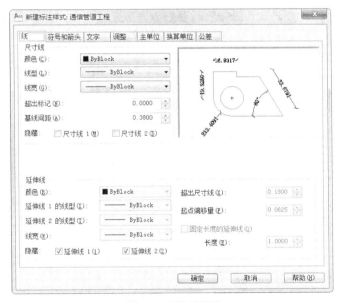

图 3-22　标注线设置

二、通信管道工程图纸模板的绘制

步骤一：完成图纸模板内外边框块的插入和块信息编辑。

1. 完成图纸模板内外边框块的插入

在保存为"通信管道工程施工图样模板"文件下的工作空间编辑状态下单击"插入"菜单—

块，弹出插入块对话框—单击"名称"下拉菜单或选中"名称"矩形框内的信息，连续点击"PgDn"（下翻页键）或"PgUp"（上翻页键）选中目标块后单击确定按钮，完成目标块的插入。

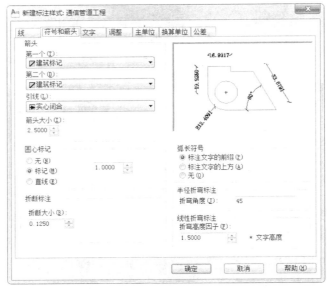

图 3-23　符号和箭头设置

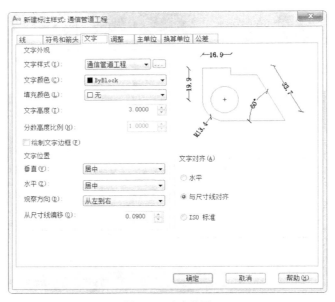

图 3-24　文字设置

2．完成块信息编辑

（1）直接对插入块进行块编辑。当目标块成功插入到目标区域后，鼠标框选"目标块"对象后右击，在弹出的右键菜单上单击"块编辑器"，在弹出的块编辑状态栏完成块信息编辑。

（2）分解插入块后进行图形对象编辑。当目标块成功插入到目标区域后，鼠标框选"目标块"对象，单击"修改"菜单—分解，完成块分解后，可以正常对分解后的图形对象进行信息编辑。

步骤二：完成通信工程图签格式的表格块的插入和块信息更新编辑。

操作方法同步骤一：图纸模板内外边框块的插入和块信息编辑。

步骤三：梳理绘图对象，完成专业模板的格式图层设置和需要创建的块梳理。

（1）设置图层：原有手孔、新建手孔、原有人孔、新建人孔、原有管道、新建管道等。

（2）创建块：原有手孔、新建手孔、原有人孔、新建人孔、原有管道、新建管道块、主要工程量块、2 孔管道剖面图块、4 孔管道剖面图块、街道建筑物简易图块，小号手孔平面图块、小号手孔剖面图块，中号手孔平面图块、中号手孔剖面图块，大号手孔平面图块、大号手孔剖面图（即 1—1 剖面图）等。

步骤四：完成通信工程图签模板标准指北针的绘制。

利用圆、直线+正交命令+捕捉端点、辅助直线、捕捉中点、剪切、图形填充、文字编辑命令绘制标准指北针。

3.2.5　知识拓展

练习绘制【YD 5178-2009】通信管道人孔和手孔图集中各种类型人手孔的平面及断面图。

3.2.6　课后作业

（1）巩固练习绘图环境设置操作。

（2）绘制通信管道工程施工图 CAD 模板。

学习单元 3　通信管道工程图形实体绘制

知识目标

- 掌握通信管道工程二维图形的绘制。
- 领会通信管道工程图形实体绘制。
- 掌握块创建与块编辑。
- 领会通信管道工程样板图绘制。

能力目标

- 能完成通信管道工程二维图形的绘制。
- 能完成通信管道工程图形实体的绘制。
- 能完成块创建与编辑。
- 能完成通信管道工程样板图绘制。

3.3.1　任务导入

任务描述：现有某市城区客运站新建通信管道工程图纸，如图 3-1 和图 3-25 所示。建设单位要求设计单位在 1 周内完成该工程 CAD 制图及施工图预算编制。请完成本工程的施工样图绘制。

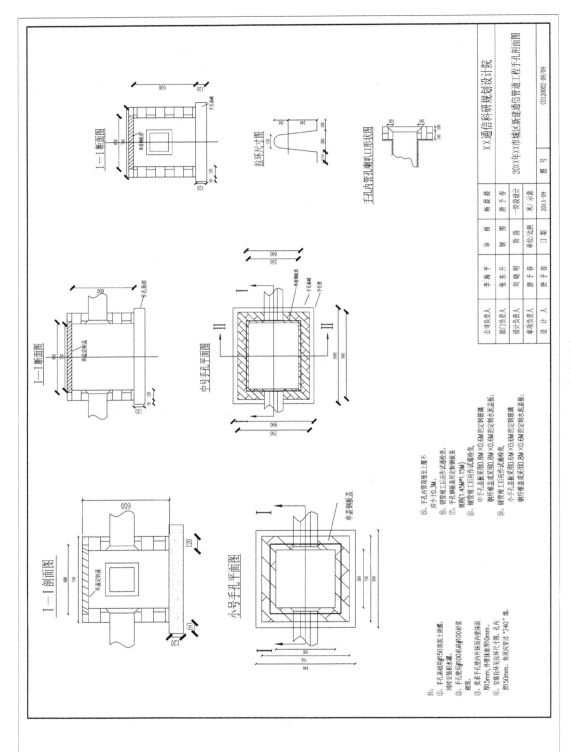

图 3-25 手孔剖面图

3.3.2　任务分析

要完成通信管道工程图纸绘制，需要学会通信管道工程二维图形的绘制、通信管道工程图形实体的绘制、常见地形地貌图形绘制和路由参照物绘制等。同时还需要熟悉标准，如国家标准《通信管道与线路工程制图与图形符号规范》、企业标准《通信管道专业图例规范》、《通信管道工程勘察及制图工作指南》、《通信管道工程图纸范例》等。

（1）明确通信管道工程施工图绘制要求，根据图纸信息量及复杂性程度合理选用图幅模板。

（2）确定绘图方向，综合考虑图块布局位置、确定新建路由与路由参照物的比例。

（3）分解工程图纸：可分解为管道路由平面图、管道剖面图、主要工程量表、管道图例、施工说明。

（4）对单个图块进行绘制和绘制命令分解，选取合适的 CAD 命令完成图形绘制。

（5）明确工程格式图层、线型、线宽和颜色的设置，块的创建与编辑。

（6）分块实施图形绘制，绘制完成后检查核对信息，编制工程相关的说明。

3.3.3　知识准备

一、技术储备

1．带线宽的矩形绘制

菜单栏："绘图"—"矩形"。

工具栏：单击"矩形"。

命令栏：输入"rectang"命令。

任务：绘制边长为 3mm 的实心正方形。

命令组合：正交模式<正交开>+矩形命令

单击打开正交模式，选择"矩形"绘制工具，在命令窗口输入"W"修改矩形的线宽为 3mm；单击鼠标确定矩形的一个角点；在命令窗口输入"D"选择按尺寸绘制矩形，然后输入矩形的长和宽均为 3mm；最后在屏幕上单击鼠标即可绘制一个边长为 3mm 的实心正方形。

2．圆角绘制

菜单栏："修改"—"圆角"。

工具栏：单击"圆角"。

命令栏：输入"fillet"命令。

任务：将一个直角修改为指定半径的圆角。

命令组合：圆角命令。

选择"圆角"工具，输入"R"设置合适的半径值，在图中单击选择需要倒圆角的两条直线即可。

二、通信管道工程相关块的创建

下面介绍小号手孔平面图及剖面图块的创建。块创建的方法前面已经介绍过，这里不再赘述，只重点说明绘制小号手孔平面图及剖面图的技巧。人手孔平面图及剖面图均采用示意方式绘制，如图3-26所示。

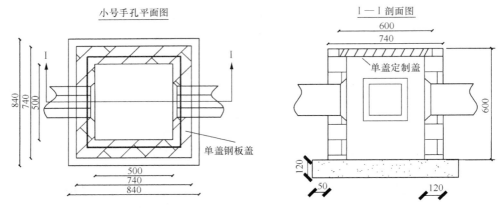

图 3-26　小号手孔平面及剖面图

1．小号手孔平面图绘制

（1）采用 CAD 的"矩形"绘制工具绘制一个合适的矩形作为平面图最外面的边框，然后利用"偏移"命令得到内部的几个矩形。

（2）利用"直线"、"多段线"及"对象捕捉"工具绘制 I—I 剖面线。

（3）利用"直线"及"对象捕捉"工具绘制绘制平面图一侧的管道，另一侧的管道可用"镜像"工具得到。

（4）利用"填充"工具填充平面图中的墙体部分，注意可以通过填充"角度"和"比例"得到合适的填充效果，填充设置如图3-27所示。

图 3-27　填充图案

（5）尺寸标注，先通过"标注样式"设置标注为需要的样式，然后单击"标注"—"线性"，选择要标注的对象，输入"M"选择多行文字，最后输入尺寸即可。

（6）最后将画好的平面图创建为块。

2．小号手孔剖面图绘制

绘制方法和平面绘制类似。

三、通信管道工程施工图绘制的方法

（1）根据通信管道工程绘制对象，更新对应格式图层，完成图层线型、线宽和颜色设置。

（2）根据通信管道工程绘制要求，确定绘图对象的最小图形单元以 3 号字为基准绘制。

（3）结合施工图表现主题，新建路由与原有路由绘制比例为 1:1。

（4）根据管道路由图等图块的幅面大小和复杂性程度情况确定整张图纸的总体布局和绘制方向。

（5）绘图顺序：图签信息编辑—工程图例—管道路由平面图—技术标注—X 号手孔剖面图—工程说明—主要工作量表。

（6）绘图涉及的绘制命令：管道路由平面图（直线+正交、图案填充、矩形、连续复制、偏移、修剪、旋转、移动、文字编辑、标注、标注块）；小号中号手孔施工平面图（直线、矩形、偏移、图案填充、标注及文字标注）；X 孔管道剖面图（正多边形、矩形、直线+正交、偏移、文字标注）等。

四、分组讨论

（1）如何确定施工图绘制的比例和最小图形单位基准？

（2）如何把握通信管道工程图形元素的总体布局？

3.3.4 任务实施

本教材以 AutoCAD 2010 为软件平台，介绍通信管道工程绘图的方法。通过本单元的学习，应能根据生产任务要求完通信管道工程施工图的绘制。

一、绘制工程图例

该管道工程的图例如图 3-28 所示。

1．创建图例

单击格式菜单栏图层命令分别建立对应的 6 种图层，逐一绘制各个图例。采用的矩形、圆、圆环、直线等工具，细线为 0.25mm，粗线为 0.6mm。

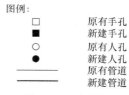

图 3-28　工程图例

2．图例编辑注意事项

（1）为确保所绘图例横平竖直、上下左右间距适当，绘制前可打开状态栏上的"栅格功能"以辅助窗口绘图。

（2）对同类型或相同长短的图例符号可以在"正交开"状态下复制对象完成编辑。

（3）若绘制对象长短不一，可以添加辅助线进行统一修剪操作。

3．原有手孔的绘制

（1）命令组合：矩形+线宽设置（0.25mm 线径）+线型颜色（黑色）。

（2）操作过程：单击状态栏上"正交按钮"为开状态，然后再单击矩形命令，光标在图纸的左下角适当位置开始抓取矩形的第一个角点，输入"D"选择按尺寸绘制矩形，然后输入矩形的长、宽值均为3，最后在图纸的适当位置单击鼠标即可。

4．新建手孔的绘制

（1）命令组合：矩形+线宽设置（3mm 线径）+线型颜色（黑色）。

（2）操作过程：单击状态栏上"正交按钮"为开状态，然后再单击矩形命令，输入"W"设置矩形线宽为3mm，光标在图纸的左下角适当位置开始抓取矩形的第一个角点，入"D"选择按尺寸绘制矩形，然后输入矩形的长、宽值均为3，最后在图纸适当位置单击鼠标即可。

5．原有人孔的绘制

单击快捷工具栏上的"圆"命令，光标在绘图位置抓取一点为圆心，屏幕命令行窗口提示："指定圆的半径"，输入"3"回车即可。

6．新设人孔的绘制

（1）命令组合：圆环（内径 0mm、外径 3mm）

（2）操作过程：单击"绘图"菜单"圆环"命令，屏幕命令行窗口提示"指定圆环的内径"，输入"0"回车；屏幕命令行窗口提示："指定圆环的外径"，输入"3"回车即可。

7．原有管道的绘制

（1）命令组合：直线（适宜长度）+线宽设置（0.25mm 线径）+线型颜色（黑色）。

（2）操作过程：单击状态栏上"正交按钮"为开状态，然后再单击直线命令，光标在图纸的左下角适当位置开始抓取直线起始点，横向移动适当长度后，按下鼠标左键确定即可。

8．新建管道的绘制

（1）命令组合：直线（适宜长度）+线宽设置（0.6mm 线径）+线型颜色（黑色）。

（2）操作过程：操作过程同原有管道绘制。

二、绘制管道路由平面图

工程图纸的整体布局原则上应与勘察现场的实际地形地貌的情况最大限度相似，并清楚明确地反映出线路的起止位置、线路走向的方位角，绘制偏差应控制在读图容许误差可接受的范围内（以不引起施工歧义为判断基准）。选择街道图层，绘制管道所经过的街道及周围主要的参照物，如图 3-29 所示。

绘图工具：直线（红色），圆角和多行文字（宋体，字高 4mm、5mm）。

三、绘制新建路由图

沿街道绘制管道路由图，如图 3-30 所示，注意新建手孔、原有手孔、新建管道、原有管道等应在不同图层上绘制。标注的字体为宋体，字高为 3mm。

绘图工具：矩形（长和宽为 3mm），带线宽的矩形（线条宽 3mm，矩形的长和宽分别是 3mm），直线（线宽 0.6mm，黑色），多行文字（宋体，字高 3mm）。

四、绘制管道剖面图

管道剖面图如图 3-31 所示，绘图工具：直线（0.25mm，黑色，绿色）、圆（半径 3mm）、多行文字（宋体，字高 3mm）。

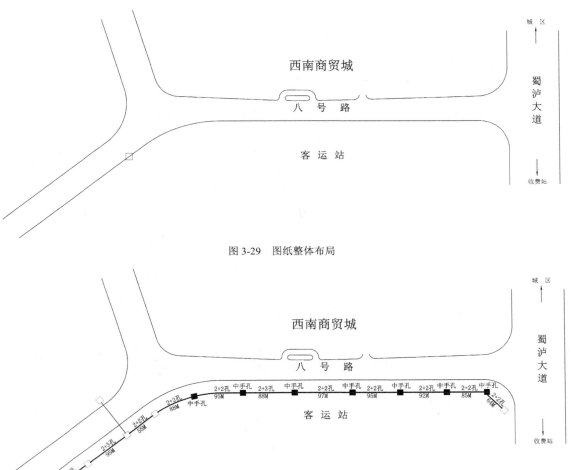

图 3-29　图纸整体布局

图 3-30　绘制管道路由图

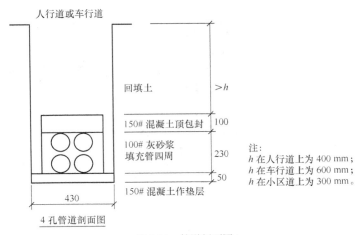

注：
h 在人行道上为 400 mm；
h 在车行道上为 600 mm；
h 在小区道上为 300 mm。

4 孔管道剖面图

图 3-31　管道剖面图

五、绘制手孔平面及断面图

手孔平面及断面图绘制方法见3.3.3 "通信管道工程相关块的创建"。

3.3.5　知识拓展

通信管道路由选择原则如下。

（1）符合地下管线长远规划，并考虑充分利用已有的管道设备。

（2）选择通信线路较集中、适应发展需求的街道。

（3）尽量不在沿交换区界线周围建设主干通信管道、尽量不在铁道、河流等地铺设管道。

（4）选择供线最短、尚未铺设高级路面的道路建设管道。

（5）选择地上及地下障碍物少、施工方便的道路建设管道。

（6）尽可能避免在有化学腐蚀或电气干扰严重的地带铺设管道，必要时必须采取防腐措施。

（7）避免在过于迂回曲折或狭窄的道路中、有流沙翻浆现象、地下水位甚高或水质不好的地区建设通信管道。

（8）避免在规划未确定、可能转为其他用途的区域，远离各类取土采石和堆放填埋场中建管道。

（9）避免在经济林、高价值作物集中地带建管道。

（10）有新建的城市道路时，应考虑通信管道的建设。

在通信管道路由选择过程中，要充分了解城市全面规划和通信网发展动向，与城建管理部门充分沟通、联系，并考虑城市道路建设以及通信管道管网安全。

3.3.6　课后作业

（1）完成2012年××市城区友谊路管道新建工程平面图绘制（见图3-37）。

（2）完成通信管道工程施工样板图模板绘制（含图块制作）。

学习单元4　通信管道工程概预算手工编制

知识目标

- 掌握通信管道工程的预算基础知识。

- 领会通信管道工程预算定额、费用定额、机械仪表费用定额的使用方法。

- 掌握工程量预算表（表三）的编制方法。

- 掌握国内器材表（表四）甲的编制方法。

- 掌握工程建设其他费用预算表（表五）的编制方法。

- 掌握建筑安装工程费（表二）的编制方法。

- 掌握建筑安装工程预算总表（表一）的编制方法。

能力目标

- 能完成收集资料并正确读图。

- 会套用预算定额子目。
- 会使用预算定额说明。
- 会使用工程机械仪表台班费用定额。
- 能完成编制预算表格表一至表五。

3.4.1　任务导入

任务描述：某市城区客运站新建通信管道工程。

工程拟在××市城区新客运站、市区恒利山水等区域新建通信管道××管程公里，合计××孔公里，其中人工开挖路面为混凝土路面（250mm 以下）Xm，开挖管道沟及人（手）孔坑分普通土、硬土、软石、坚石环境；混凝土管道基础一立型（350mm 宽）C15 新建 Xm+Ym；新建砖砌配线手孔（SK3）三号手孔 X 个，砖砌配线手孔一号手孔（SK1）X 个；人孔壁开窗口 X 处；敷设塑料管道 1 孔 X 米，敷设塑料管道 2 孔（2×1）X 米，敷设塑料管道 4 孔（2×2）Y 米；详细技术数据见工程勘察图纸；工程施工地点距离施工企业 26km。建设单位要求设计单位在 1 周内完成该工程 CAD 制图及施工图预算编制。

根据工程任务书的要求完成该工程施工图预算表一至表五的手工编制任务。

3.4.2　任务分析

（1）读懂工程任务书的要求，明确施工图预算编制前所需要做的技术储备。

（2）收集资料熟悉工程图纸，梳理并确定预算工序，明确工程量统计方法。

（3）套用预算定额子目，分别统计设备安装工程量、设备电缆布放工程量、设备测试类工程量等。

（4）计算人工、主材、机械仪表工程用量。

（5）选用价格计算直接工程费（=人工费+材料费+机械使用费+仪表使用费）

（6）预算套用子目审查和数据复核。

（7）编写本工程的预算编制说明。

3.4.3　知识准备

一、通信管道工程概预算手工编制的流程

（1）读懂工程任务书的要求，明确施工图预算编制前的技术储备

通信管道工程基础、工程预算基础、通信管道工程预算定额、费用定额、机械仪表费用定额的使用方法。

（2）收集资料熟悉工程图纸，梳理确定预算工序，明确工程量统计方法。

（3）按路由穿越逐条统计设备安装工作量，套用预算定额子目，计算人工、主材、机械仪表工程用量，即编制预算表三、表四。

（4）选用价格计算直接工程费（=人工费+材料费+机械使用费+仪表使用费），然后计算建筑安装工程费、工程建设其他费、工程预算总费用。

（5）步骤五：预算套用子目审查和数据复核。

（6）编写本工程的预算编制说明。

二、通信管道工程基础

（一）建设项目的概念

通信管道工程分解如图 3-32 所示。

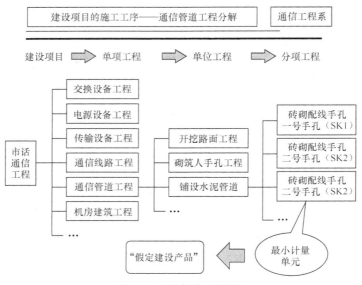

图 3-32　通信管道工程分解

（二）管道工程施工流程

首先要明确管道工程工程施工的流程，施工流程决定了工序，基本上每一个工序都有一条对应的定额条目。通信管道工程的施工流程总结如图 3-33 所示。

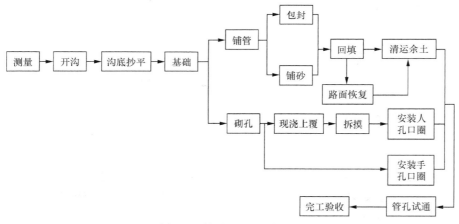

图 3-33　管道工程施工流程图

（三）通信管道工程系统基础

通信管道工程系统基础如图 3-34 所示。

通信管道工程基础—管道系统结构　通信工程系

各种管材（PVC 管、硅芯管、水泥管等）组成，其他设备还有人孔口圈、电缆托架、电缆托板、接水罐、钢筋、水泥。

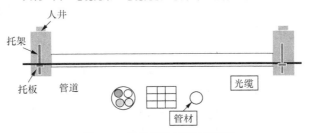

图 3-34　通信管道工程系统基础

（四）通信管道工程主要器材

通信管道工程的主要器材包括水泥及水泥预制品、塑料管材、钢件、铁件和建材等。

通信管道工程中水泥预制品主要有水泥管块、通道盖板、手孔盖板、人孔上覆等。水泥预制品生产前，须按水泥类别、标号及混凝土标号做至少一组（三块）混凝土试块。

管道工程中塑料管材的质量、规格、型号应符合设计文件的规定。常用 PVC 塑管规格有 $\phi60mm$、$\phi63mm$、$\phi75mm$、$\phi110mm$ 硬塑管、$\phi110mm$ 双壁波纹管等。

管道工程用钢管有无缝和有缝钢管两种。钢管用于桥梁或过路。人（手）孔铁件有人孔铁盖、口圈、盖板（手孔）、拉力环、电缆托架、托板、积水罐等。其中人孔铁盖、口圈及手孔盖板分为灰铸铁和球墨铸铁两种。球墨铸铁用于车行道，灰铸铁用于人行道或小区内。人（手）孔铁盖装置（内外盖、口圈）的规格应符合标准圈的规定。

通信管道建材包括：烧结砖或混凝土砌块、砂（天然）、石料（碎石、天然砾石）等。

三、通信管道工程计算规则

1. 施工测量长度计算（单位：m）

管道工程施工测量长度=路由长度。

2. 通信管道的长度计算：均按图示管道段长（单位：m）

即人（手）孔中心—人（手）孔中心计算，不扣除人（手）孔所占长度。

3. 开挖路面面积的计算

① 开挖管道沟路面面积（不放坡）。

$$A=BL$$

式中　A——路面面积（m^2）；

　　　B——沟底宽度（B=管道基础宽度 D+施工余度 $2d$）（m）；

　　　L——管道沟路面长度（m）。

施工余度 $2d$：管道基础宽度＞630mm 时，$2d$=0.6m（每侧各 0.3m）；

管道基础宽度≤630mm 时，$2d$=0.3m（每侧各 0.15m）；

② 开挖管道沟路面面积（放坡）。

$$A=(2Hi+B)L$$

式中　A——路面面积（m^2）；

  H——沟深（m）；

  B——沟底宽度（m）；

  i——放坡系数；

  L——管道沟路面长度（m）。

 ③ 开挖人孔坑路面面积（不放坡）。

人孔坑路面面积：

$$A=ab$$

式中 A——人孔坑面积（m²）；

  a——人孔坑底长度（坑底长度=人孔基础长度+0.6m）（m）；

  b——人孔坑底宽度（坑底宽度=人孔基础宽度+0.6m）（m）。

 ④ 开挖人孔坑路面面积（放坡）。

$$A=(2Hi+a)(2Hi+b)$$

式中 A——人孔坑路面面积（m²）；

  H——坑深（m，不含路面厚度）；

  I——放坡系数（由设计按规范确定）；

  A——人孔坑底长度（m）；

  B——人孔坑底宽度（m）。

 ⑤ 开挖路面总面积。

   总面积=各人孔开挖路面总和+各管道沟开挖路面面积总和

 4．开挖土方体积的计算

 ① 挖管道沟土方体积（不放坡）。

$$V=BHL$$

式中 V——挖管道沟体积（m³）；

  B——沟底宽度（m）；

  H——沟深度（m，不包含路面厚度）；

  L——沟长度（m，两相邻人孔坑坑坡中点间距）。

 ② 挖管道沟土方体积（放坡）。

$$V=(Hi+B)HL$$

式中 V——挖管道沟体积（m³）；

  H——平均沟深度（m，不包含路面厚度）；

  i——放坡系数（m，由设计按规范确定）；

  B——沟底宽度（m）；

  L——沟长度（m，两相邻人孔坑坑口边间距）。

 ③ 挖人孔坑土方体积（不放坡）。

$$V=abH$$

式中 V——挖人孔坑土方体积（m³）；

  a——坑底长度（m）；

  b——坑底宽度（m）；

  H——坑深度（m，不包含路面厚度）。

 ④ 挖人孔坑土方体积（放坡）

$$V=H/3[ab+(a+2Hi)+(ab(a+Hi)(b+2Hi))^{1/2}]$$

式中　V——挖人孔坑土方体积（m^3）；

　　　H——人孔坑深（m，不包含路面厚度）；

　　　a——人孔坑底长度（m）；

　　　b——人孔坑底宽度（m）；

　　　i——放坡系数。

⑤　总开挖土方体积在无路面情况下：总开挖土方体积=各人孔开挖土方总和+各段管道沟开挖土方总和。

5．通信管道工程回填土（石）方体积

通信管道工程回填土（石）方体积=挖管道沟土（石）方体积+挖人孔坑土（石）方体积-管道建筑体积（基础、管群、包封）-人孔建筑体积。

按每段管道沟或每个人孔坑确定抽水工程量：段为两相邻人孔坑间的距离，人孔个数不分大小。

6．通信管道包封混凝土体积

①　通信管道包封示意图如图 3-35 所示。

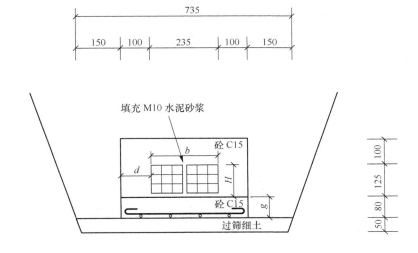

2 孔（2×1）栅 格 管 横 断 图
包　封　示　意　图

图 3-35　通信管道包封示意图

②　通信管道包封混凝土体积：$n=(V_1+V_2+V_3)$。

其中：

　　　　V_1——管道基础侧包封混凝土体积（m^3），计算公式：

$$V_1=2（d-0.05）gL$$

式中　d——包封厚度（m）；

　　0.05——基础每侧外露宽度（m）；

　　　g——包封基础厚度（m）；

　　　L——管道基础长度（m，相邻两人孔外壁间距）。

V_2——基础以上管道侧包封混凝土体积（m²），计算公式：

$$V_2 = 2dHL$$

式中　d——包封厚度（m）；

　　　H——管群侧高（m）；

　　　L——管道基础长度（m，相邻两人孔外壁间距）；

　　　V_3 为管道顶包封混凝土体积（m³），计算公式为

$$V_3 = (b+2d)dL$$

式中　b——管道宽度（m）；

　　　d——包封厚度（m）；

　　　L——管道基础长度（m，相邻两人孔外壁间距）。

四、工程量计算举例

根据上面的计算标准，对常用手孔挖土面积计算如图 3-36 所示。

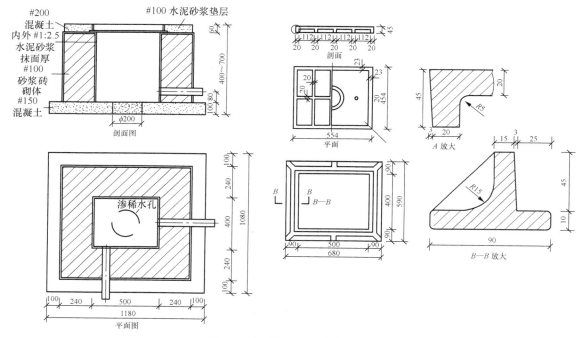

图 3-36　小手孔（SSK）主体结构图

已知：a=0.4m，b=0.5m，人孔坑壁厚 0.24m，各方向基础 0.1m，操作面 0.3m，H 按 0.7m 考虑，不考虑放坡，每个小手孔挖土面积计算如下：

$$A = [a+(0.24+0.1+0.3) \times 2] \times [b+(0.24+0.1+0.3) \times 2] = 2.99\text{m}^2$$

3.4.4　任务实施

这里以××市城区客运站和友谊路新建通信管道工程为例，详细介绍通信管道工程概预算的手工编制过程。工程图纸如图 3-1、图 3-25 和图 3-37 所示，其中图 3-1、图 3-37 为管道工程路由图，图 3-25 为手孔平面及断面图。

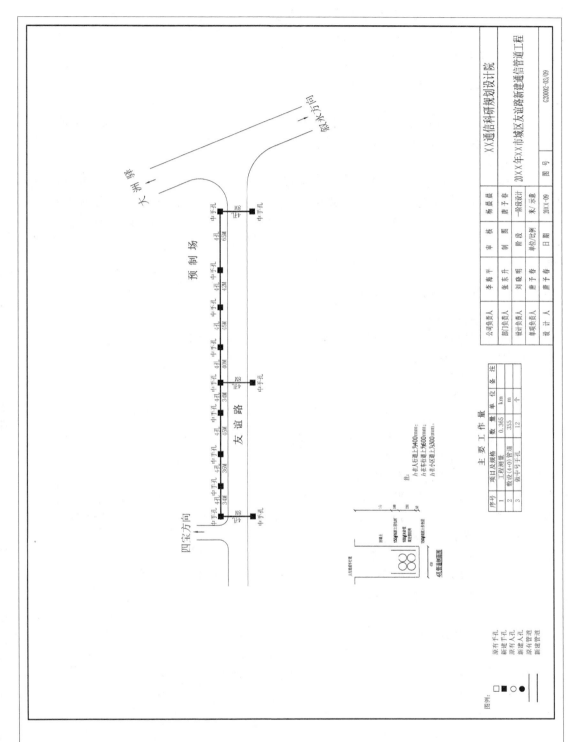

图3-37　20××年××市城区友谊路新建通信管道工程

一、实施通信管道工程概预算表格的手工编制

(一)工程说明描述

(1)本工程为××电信公司××市城区客运站和友谊路新建通信管道工程一阶段施工图设计。

(2)施工环境为平原地区;施工企业距离施工现场不足 35km;本工程不委托监理。

(3)新建 1.291 管程 km,合 5.216 管孔 km,管材采用直径 110PVC 塑料波纹管,砖砌中手孔 19 个。

(4)管道沟和人孔坑采用人工挖掘,人孔坑及管道沟挖深在 1.8m 以下不放坡,根据现场土质情况可适当调整沟(坑)放坡系数(现场签证核实)。现场浇灌混凝土基础厚度:12 孔以下按 8cm 记取,24 孔以下按 10cm 记取,24 孔以上按 12cm 记取,基础宽度按管群宽度加宽 10cm(每侧 5cm)记取;管道包封体积以管间间距 2cm,两侧和顶部厚度 8cm 计算。

(二)通信管道工程的工程量统计

1. 施工测量长度计算

管道工程施工测量长度=路由长度=(926+365)/1000=1.291km

2. 通信管道的长度计算

均按图示管道段长进行计算,即人(手)孔中心—人(手)孔中心,为 1.291km。

3. 开挖路面总面积

① 开挖管道沟路面面积(不放坡)。

$$A=BL/100=(1291 \times (0.43+0.3))/100=9.424\ 百\ m^2$$

② 开挖人孔坑路面面积(不放坡)。

共 19 个中手孔,则开挖路面面积为

$$A=(ab \times 19)/100=((1.09+0.6) \times (0.89+0.6) \times 19)/100=0.479\ 百\ m^2$$

③ 总面积=各人孔开挖路面总和+各管道沟开挖路面面积总和=9.424+0.479=9.902 百 m²

4. 开挖土方体积的计算

① 挖管道沟土方体积(不放坡)。

$$V=BHL/100=((0.43+0.3) \times (0.78-0.25) \times 1291)/100=4.995\ 百\ m^3$$

② 开挖人孔坑土方体积(不放坡)。

共 19 个中手孔,则开挖土方体积为

$$A=(abH \times 19)/100=((1.09+0.6) \times (0.89+0.6) \times (0.78-0.25) \times 19)/100=0.225\ 百\ m^3$$

③ 总开挖土方体积=各人孔开挖土方总和+各段管道沟开挖土方总和=4.995+0.225=5.22 百 m³

其中普通土 60%共 3.132 百 m³,沙砾土 25%共 1.305 百 m³;软石 10%共 0.522 百 m³,坚石 5%共 0.261 百 m³。

5. 混凝土基础

混凝土基础长度等于管道长度共 12.91 百米。

6. 混凝土包封体积

根据设计说明,混凝土包封体积为包封好后的管道体积减去管道所占体积。

$$((0.08+0.11+0.02+0.11+0.08) \times (0.08+0.11+0.02+0.11+0.08)-$$
$$0.08 \times (0.05+0.11+0.02+0.11+0.05)-4 \times 3.14 \times 0.05 \times 0.05) \times 1291 = 130.907 \text{m}^2$$

7．手推车倒土

手推车倒土体积=管道建筑体积（基础、管群、包封）+人孔建筑体积

$$=((1.09 \times 0.89 \times 0.12+0.99 \times 0.79 \times 0.6) \times 19+0.4 \times 0.4 \times 1291)/100=2.177 \text{ 百 m}^3$$

8．回填土方体积

回填土方体积=总开挖土方体积−手推车倒土体积=5.22−2.177=3.043 百 m^3

9．砖砌手孔（SK1）

砖砌手孔共 19 个。

10．人孔壁开窗口

人孔壁开窗口共 7 处。

根据以上计算得到主要工程量表（见表 3-3）。

表 3-3　　　　　　　　　　　建筑安装工程量预算表（表三甲）

工程名称：××市客运站和友谊路新建管道工程　　　　　　建设单位名称：××电信公司

序号	定额编号	项目名称	单位	数量	单位定额值		合计值	
					技工	普工	技工	普工
I	II	III	IV	V	VI	VII	VIII	IX
1	TGD1-001	施工测量	km	1.291	30.00		38.73	
2	TGD1-003	人工开挖路面混凝土路面（250 以下）	百 m²	9.903	16.16	104.80	160.03	1037.83
3	TGD1-015	开挖管道沟及人（手）孔坑普通土	百 m³	3.130		26.00		81.38
4	TGD1-017	开挖管道沟及人（手）孔坑砂砾土	百 m³	1.310		65.00		85.15
5	TGD1-018	开挖管道沟及人（手）孔坑软石	百 m³	0.520	5.00	170.00	2.60	88.40
6	TGD1-019	开挖管道沟及人（手）孔坑坚石（人工）	百 m³	0.260	24.00	458.00	6.24	119.08
7	TGD1-023	回填土方夯填原土	百 m³	3.040		26.00		79.04
8	TGD1-028	手推车倒运土方	百 m³	2.180	1.00	16.00	2.18	34.88
9	TGD2-009	混凝土管道基础一立型（350mm 宽）C15	百米	12.910	5.48	8.21	70.75	105.99
10	TGD2-063	敷设塑料管道 4 孔（2×2）	百米	12.910	2.13	3.19	27.50	41.18
11	TGD2-090	管道混凝土包封 C15	m³	130.907	1.74	1.74	227.78	227.78
12	TGD3-065	砖砌配线手孔一号手孔（SK1）	个	19.000	1.48	1.95	28.12	37.05
13	TGD4-015	人孔壁开窗口	处	7.000		2.00		14.00
		施工地区：平原地区系数：1						
		合计					563.93	1951.76

（三）主要材料用量

主要材料用量统计见表 3-4。

表 3-4　　　　　　　　　　　　　　主要材料用量统计表

序号	定额编号	项 目 名 称	工程量	主材名称	单位	定额数量	主材使用量
1	TGD1-018	开挖管道沟及人（手）孔坑软石	0.522	硝铵炸药	kg	33	17.226
				雷管	个	100	52.200
				导火索	m	100	52.200
2	TGD2-009	混凝土管道基础一立型（350 宽）C15	12.91	水泥	t	0.868	11.206
				粗砂	t	1.979	25.549
				碎石	t	3.75	48.413
				圆钢 6	kg	1.18	15.234
				圆钢 10	kg	7.84	101.214
				板方材	m²	0.094	1.214
3	TGD2-063	敷设塑料管道 4 孔（2×2）	12.91	塑料管支架	套	50	645.500
				接续胶圈	个	6m 一个	869.273
	TGD2-090	管道混凝土包封 C15	130.907	水泥	t	0.31	40.581
				粗砂	t	0.707	92.551
				碎石	t	1.339	175.284
				板方材	m²	0.06	7.854
4	TGD3-065	砖砌配线手孔一号手孔（SK1）	19	水泥	t	0.135	2.565
				粗砂	t	0.63	11.970
				碎石	t	0.359	6.821
				机制砖	千块	0.35	6.650
				手孔口圈	套	1.01	19.190
				电缆支架	根	2.02	38.380
				电缆托架穿钉	根	4.04	76.760
				板方材	m²	0.01	0.190

二、工程预算表编制结果

通信管道工程预算表的编制结果见表 3-5～表 3-12。

三、通信管道工程施工预算编制说明

1. 编制依据

（1）本工程定额套用中华人民共和国工业和信息化部《通信建设工程预算定额》与《通信建设工程施工机械、仪表台班费用定额》2008 年版。

（2）取费标准及其他费用均按照工信部规（2008）75 号文发布的《通信建设工程概算、预算编制办法》、《通信建设工程费用定额》执行。

表 3-5

建设项目名称: 20××年××市客运站和友谊路新建管道工程
单项工程名称: 20××年××市客运站和友谊路新建管道工程

工程预算总表 (表一)

建设单位名称: ××市电信分公司　　　　表格编号: GD-01　　　　第 1 页 共 1 页

序号	表格编号	单项工程名称	小型建筑工程费	需要安装的设备费	不需要安装的设备、工器具费	建筑安装工程费	预备费	其他费用	总价值 (元)	
									人民币	其中外币 ( )
I	II	III	IV	V	VI	VII	VIII	IX	X	XI
						总价值				
1	GD-02	工程费		89550.45		254805.72			344356.17	
2	GD-05	工程建设其他费						24483.46	24483.46	
3		总计		89550.45		254805.72		24483.46	368839.63	

设计负责人: ××　　　　审核: ××　　　　编制: ××　　　　编制日期: ××年 11 月 10 日

表3-6

单项工程名称：20××年××市客运站和友谊路新建管道工程　　建设单位名称：××市电信分公司　　表格编号：GD-02

建筑安装工程费用预算表（表二）　　第1页　共1页

序号 I	费用名称 II	依据和计算方法 III	合计（元）IV
一	建筑安装工程费	一至四之和	254805.72
（一）	直接费	（一）至（二）之和	193798.76
（一）	直接工程费	1-4之和	177311.71
1	人工费	技工费＋普工费	64151.95
(1)	技工费	技工日×48	27068.40
(2)	普工费	普工日×19	37083.55
2	材料费	主材费＋辅材费	102278.05
(1)	主要材料费		102266.72
(2)	辅助材料费	主材费×0.5%	511.33
3	机械使用费	机械使用费	10381.71
4	仪表使用费	仪表使用费	
（二）	措施费	1-16之和	16487.05
1	环境保护费	人工费×1.5%	962.28
2	文明施工费	人工费×1%	641.52
3	工地器材搬运费	人工费×1.6%	1026.43
4	工程干扰费	人工费×6%×0	
5	工程点交、场地清理费	人工费×2%	1283.04
6	临时设施费	人工费×12%	7698.23
7	工程车辆使用费	人工费×2.6%	1667.95
8	夜间施工增加费	不计列	
9	冬雨季施工增加费	人工费×2%	1283.04
10	生产工具用具使用费	人工费×3%	1924.56
11	施工用水电蒸汽费	人工费×6%	
12	特殊地区施工增加费	工日×3.2×0	
13	已完工程及设备保护费	不计列	
14	运土费	不计列	
15	施工队伍调遣费	2×0×10	
16	大型施工机械调遣费	不计列	
二	间接费	（一）至（二）之和	36566.62
（一）	规费	不计列	20528.63
1	工程排污费	不计列	
2	社会保障费	人工费×26.81%	17199.14
3	住房公积金	人工费×4.19%	2687.97
4	危险作业意外伤害保险费	人工费×1%	641.52
（二）	企业管理费	人工费×25%	16037.99
三	利润	人工费×25%	16037.99
四	税金	（一＋二＋三＋光电缆费）×3.41%	8402.35

设计负责人：××　　编制：××　　审核：××　　编制：××　　编制日期：××年11月10日

表 3-7

建筑安装工程量预算表（表三）甲

单项工程名称：20××年××市××客运站和友谊路新建管道工程

建设单位名称：××市电信分公司

表格编号：GD-03

第 1 页 共 1 页

序号	定额编号	项 目 名 称	单 位	数 量	单位定额值		合计值	
					技工	普工	技工	普工
I	II	III	IV	V	VI	VII	VIII	IX
1	TGD1-001	施工测量	100m	12.910	3.000		38.730	
2	TGD1-003	人工开挖路面混凝土路面（250mm 以下）	100m²	9.903	16.160	104.800	160.032	1037.834
3	TGD1-015	开挖管道沟及人（手）孔坑普通土	100m³	3.130		26.000		81.380
4	TGD1-017	开挖管道沟及人（手）孔坑砂砾土	100m³	1.310		65.000		85.150
5	TGD1-018	开挖管道沟及人（手）孔坑软石	100m³	0.520	5.000	170.000	2.600	88.400
6	TGD1-019	开挖管道沟及人（手）孔坑坚石（人工）	100m³	0.260	24.000	458.000	6.240	119.080
7	TGD1-023	回填土方夯填原土	100m³	3.040		26.000		79.040
8	TGD1-028	手推车倒运土方	100m³	2.180	1.000	16.000	2.180	34.880
9	TGD2-009	混凝土管道基础（厚度 80mm）一立型（350mm 宽）C15	100m	12.910	5.480	8.210	70.747	105.991
10	TGD2-063	敷设塑料管道 4 孔（2×2）	100m	12.910	2.130	3.190	27.498	41.183
11	TGD2-090	管道混凝土包封 C15	m³	130.907	1.740	1.740	227.778	227.778
12	TGD3-065	砖砌配线手孔一号手孔（SK1）	个	19.000	1.480	1.950	28.120	37.050
13	TGD4-015	人孔壁开窗口	处	7.000		2.000		14.000
14		定额工日合计					563.925	1951.766

设计负责人：××

审核：××

编制：××

编制日期：××年 11 月 10 日

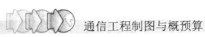

表 3-8
单项工程名称：20××年××市客运站和友谊路新建管道工程

建筑安装工程机械使用费预算表（表三）乙

建设单位名称：××市电信分公司　　　表格编号：GD-04　　　第 1 页　共 1 页

序号	定额编号	项目名称	单位	数量	机械名称	单位定额值		合计值		
						数量（台班）	单价（元）	数量（台班）	合价（元）	
I	II	III	IV	V	VI	VII	VIII	IX	X	
1	TGD1-003	人工开挖路面混凝土路面（250mm 以下）	100m²	9.903	燃油式路面切割机	0.700	121.00	6.932	838.77	
2	TGD1-003	人工开挖路面混凝土路面（250mm 以下）	100m²	9.903	燃油式空气压缩机（含风镐）（6m³/min）	2.500	330.00	24.758	8170.14	
3	TGD1-018	开挖管道沟及人（手）孔坑软石	100m³	0.520	燃油式空气压缩机（含风镐）（6m³/min）	3.000	330.00	1.560	514.80	
4	TGD1-019	开挖管道沟及人（手）孔坑坚石（人工）	100m³	0.260	燃油式空气压缩机（含风镐）（6m³/min）	10.000	330.00	2.600	858.00	
5					小计				10381.71	

设计负责人：×× 　　　　审核：×× 　　　　编制：×× 　　　　编制日期：××年 11 月 10 日

表3-9

国内器材预算表（表四）甲
（主材表）

单项工程名称：20××年××市客运站和友谊路路新建管道工程　　建设单位名称：××市电信分公司　　表格编号：GD-06　　第1页 共2页

序号 I	名称 II	规格程式 III	单位 IV	数量 V	单价（元）VI	合计（元）VII	备注 VIII	物资代码 IX
1	塑料管支架		套	645.500	9.00	5809.50		TXC0554
	小计					5809.50		
	塑料运杂费	小计×0.043				249.81		
	塑料运输保险费	小计×0.001				5.81		
	塑料采购及保管费	小计×0.011				63.90		
	塑料采购代理服务费							
	合计					6129.02		
2	水泥	32.5	t	54.473	590.00	32139.07		TXC0532
	小计					32139.07		
	水泥运杂费	小计×0.18				5785.03		
	水泥运输保险费	小计×0.001				32.14		
	水泥采购及保管费	小计×0.011				353.53		
	水泥采购代理服务费							
	合计					38309.77		
3	板方材Ⅲ等		m³	9.206	1500.00	13809.00		TXC0027
4	粗砂		t	130.476	50.00	6523.80		TXC0075
5	导火索		m	52.000	15.00	780.00		TXC0078
6	电缆托架	60cm	根	38.380	27.00	1036.26		TXC0136
7	电缆托架穿钉	M16	副	76.760	5.50	422.18		TXC0139
8	火青管	金属壳	个	52.000	15.00	780.00		TXC0341
9	机制砖		千块	6.650	450.00	2992.50		TXC0345
10	中号手孔盖（复合盖）			19.000	235.00	4465.00		
11	手孔口圈		套	19.190	160.00	3070.40		TXC0525

设计负责人：××　　审核：××　　编制：××　　编制日期：××年11月10日

表 3-10

单项工程名称：20××年××市客运站和友谊路新建管道工程

国内器材预算表（表四）甲

（主材表）

建设单位名称：××市电信分公司　　　　表格编号：GD-06　　　　第 2 页 共 2 页

序号	名 称	规 格 程 式	单位	数 量	单价（元）	合计（元）	备 注	物资代码
I	II	III	IV	V	VI	VII	VIII	IX
12	碎石	5～32	t	230.668	55.00	12686.74		TXC0565
13	硝胺炸药		kg	17.160	80.00	1372.80		TXC0603
14	圆钢	φ6mm	kg	15.234	5.50	83.79		TXC0624
15	圆钢	φ10mm	kg	101.214	5.50	556.68		TXC0626
16	机制砖		块	6.650	450.00	2992.50		
17	接续胶圈		个	869.273	4.03	3503.17		
18	人手孔信息牌（含安装费）	规格：塑雕	块	19.000	5.50	104.50		
	小计					55179.32		
	钢材运杂费	小计×0.036				1986.46		
	钢材运输保险费	小计×0.001				55.18		
	钢材采购及保管费	小计×0.011				606.97		
	钢材采购代理服务费							
	合计					57827.93		
	总计					102266.72		

设计负责人：××　　　审核：××　　　编制：××　　　编制日期：××年11月10日

表 3-11

单项工程名称: 20××年××市客运站和友谊路路新建管道工程

国内器材预算表（表四）甲

（需安装设备）

建设单位名称: ××市市电信分公司

表格编号: GD-07

第 1 页　共 1 页

序号	名　称	规 格 程 式	单位	数量	单价（元）	合计（元）	备　注	物资代码
I	II	III	IV	V	VI	VII	VIII	IX
	[光电缆设备费]							
1	塑料管	含连接件	m	5215.640	16.80	87622.75		TXC0552
	光缆小计					87622.75		
	光缆运杂费	小计×0.01				876.23		
	光缆运输保险费	小计×0.001				87.62		
	光缆采购及保管费	小计×0.011				963.85		
	光缆采购代理服务费							
	光缆合计					89550.45		
	总计					89550.45		

设计负责人: ××　　　　审核: ××　　　　编制: ××　　　　编制日期: ××年 11 月 10 日

表3-12

工程建设其他费预算表（表五）甲

单项工程名称：20××年××市客运站和友谊路新建管道工程　　建设单位名称：××市电信分公司　　表格编号：GD-12　　第 1 页 共 1 页

序号	费用名称	计算依据及方法	金额（元）	备注
I	II	III	IV	V
1	建设用地及综合赔补费			
2	建设单位管理费	GCFY × 0.015	5165.34	工程总概算费用 × 0.015
3	可行性研究费			
4	研究试验费			
5	勘察设计费		15496.03	
5.1	其中：勘察费			
5.2	其中：设计费	GCFY × 90000/2000000	15496.03	工程总概算费用 X90000/2000000
6	环境影响评价费			
7	劳动安全卫生评价费			
8	建设工程监理费	GCFY × 0		工程总概算费用 × 0
9	安全生产费	AZFY × 0.015	3822.09	建筑安装工程费 × 0.015
10	工程质量监督费			
13	工程保险费			
14	工程招标代理费			
	总计		24483.46	
16	生产准备及开办费（运营费）			

设计负责人：××　　　　审核：××　　　　编制：××　　　　编制日期：××年11月10日

（3）勘查设计费：参照国家计委、建设部《关于发布<工程勘查设计费管理规定》的通知》计价格（2002）10 号规定以及国家发展改革委（2011）534 号关于降低部分建设项目收费标准规范收费行为等有关问题的通知。

（4）建设工程监理费：参照国家发改委、建设部《关于建设工程监理与相关服务收费管理规定》（2007）670 号文的通知进行计算。

2．造价分析

（1）本工程属通信管道工程，工程共分为：2012 年××市客运站和友谊路新建管道单项工程。本工程所在地距基地为 26km，由企业施工。

（2）工程总费用：368839.63 元，其中建筑安装工程费：254805.72 元，小型建筑工程费：0.00 元，安装设备费：89550.45 元，其他费用：24483.46 元，预备费：0.00 元。

四、分组讨论

（1）通信管道工程的施工过程须经历哪些施工工序？

（2）如何统计通信管道工程量才不会出现遗漏？

3.4.5　知识拓展

通信管道工程预算定额册说明如下。

（1）《通信管道工程》预算定额主要用于通信管道的新建工程。当用于扩建工程时其扩建部分的工日定额乘以 1.10 系数，用于拆除工程时，按有关章节的说明执行。

（2）本定额是依据国家和信息产业部颁发的现行施工及验收规范、通用图、标准图等编制的。

（3）本定额只反映单位工程量的人工工日、主要材料、机械和仪表台班的消耗量。

① 关于人工工日：定额工日分为"技工工日"和"普工工日"。

② 关于主要材料：定额中的主要材料包括直接消耗在建筑安装工程中的材料使用量和规定的损耗量。

③ 关于机械、仪表台班：凡可以构成台班的施工机械、仪表，已在定额中给定台班量；对于不能构成台班的"其他机械、仪表费"，均含在费用定额中生产工具用具使用费内。

（4）本定额的土质、石质分类参照国家有关规定，结合通信工程实际情况，划分标准详见《通信管道工程预算定额》附录一。

（5）本定额中不包括施工用水，使用时另行计算。

（6）开挖土（石）方工程量计算见《通信管道工程预算定额》的附录二。

（7）主要材料损耗率及参考容重表见《通信管道工程预算定额》的附录三。

（8）混凝土配合比表见《通信管道工程预算定额》的附录四。

（9）水泥砂浆配合比表见《通信管道工程预算定额》的附录五。

（10）水泥管管道每百米管群体积参考表见《通信管道工程预算定额》的附录六。

（11）通信管道水泥管块组合图见《通信管道工程预算定额》的附录七。

（12）100m 长管道基础混凝土体积一览表见《通信管道工程预算定额》的附录八。

（13）定型人孔体积参考表见《通信管道工程预算定额》附录九。

（14）通信管道工程，当工程规模较小时，以总工日为基数按下列规定系数进行调整。

① 工程总工日在 100 工日以下时，增加 15%；

② 工程总工日在 100～250 工日时，增加 10%。

3.4.6 课后作业

完成通信管道工程施工图预算编制以及预算编制说明。

学习单元 5 通信管道工程概预算软件编制

知识目标

- 掌握预算文件的基本操作。
- 掌握工程项目基本信息的编制。
- 掌握工程量预算表（表三甲、乙、丙）的编制。
- 掌握国内器材表（表四甲）的编制操作。
- 领会工程建设其他费用预算表（表五）的编制。
- 掌握建筑安装工程费用预算表（表二）的编制。
- 掌握建筑安装工程预算总表（表一）的编制。

能力目标

- 能利用软件编制工程量预算表（表三）甲、国内器材表（表四）甲、工程建设其它费预算表（表五）。
- 能利用软件根据项目特点设置费用参数，正确编制建筑安装工程预算表（表一）、（表二）费用。

3.5.1 任务导入

现有某市城区客运站新建通信管道工程图纸。

工程拟在现业城区新客运站、市区恒利山水等区域新建通信管道××管程 km，合计 Y 孔 km，本工程设计管道沟和人、手孔坑采用人工挖掘，人、手孔坑放坡系数为 0.25，管道沟不放坡；本工程所有开挖管道均做混凝土基础，现场浇灌混凝土基础厚度 8cm，管道基础宽度按管群宽度加包封 10cm，在车行道铺设的管采用#200 混凝土全程包封。其中人工开挖路面混凝土路面（250mm 以下）Xm，开挖管道沟及人（手）孔坑分普通土、硬土、软石、坚石环境；混凝土管道基础一立型（350mm 宽）C15 新建 Xm+Ym；新建砖砌配线手孔（SK3）三号手孔 X 个，砖砌配线手孔一号手孔（SK1）X 个；人孔壁开窗口 X 处；敷设塑料管道 1 孔 Xm，敷设塑料管道 2 孔（2×1）Xm，敷设塑料管道 4 孔（2×2）Ym；详细技术数据详见工程勘察图纸；工程主要设备及材料按平均运距离 40km 计列。工程施工地点距离施工企业 26km。建设单位要求设计单位在 1 周内完成该工程 CAD 制图及施工图预算编制。

根据工程任务书的要求完成该工程施工图预算表一至表五的软件编制任务。

3.5.2　任务分析

通过概预算软件工具，快速编制通信管道工程概预算，除收集"手工编制概预算"学习单元所要求的相关资料外，还应开展以下技术储备工作。如"熟悉利用概预算软件工具编制新建管道工程概预算的特点、工作流程，熟悉概预算软件预算表格模板的使用方法，结合项目需要，会收集新建管道工程需要的技术资料、能完成所需安装设备工程用量统计和消耗量计算；会收集需要的安装设备及主要材料的预算价格等信息，会使用本专业（人工、材料、机械、仪表四种资源消耗）的预算定额及费用定额等定额工具书等"。

3.5.3　知识准备

通信管道工程概预算软件编制的步骤如下。

（1）读懂工程任务书的要求，明确施工图预算编制前的技术储备。掌握工程预算基础、通信管道工程预算定额、费用定额、机械仪表费用定额的使用方法。

（2）整理收集资料熟悉工程图纸，梳理确定预算工序，明确工程量统计方法。

（3）编制工程项目基本信息表，正确选用定额库、工程类型库和材料库。

（4）录入通信管道工程预算定额子目，关联生成人工、机械、仪表工程用量。

（5）关联生成主材计费子目和工程量，删除多计项子目，增加遗漏项子目。

（6）选用价格计算直接工程费（直接工程费=人工费+材料费+机械使用费+仪表使用费）。

（7）正确设置器材平均运距，计取各类主材预算价。

（8）正确设置表一、表二费用可变取费参数，正确计列表五各项费用。

（9）预算套用子目审查和数据复核。

（10）完成软件编制预算结果报表文件导出。

3.5.4　任务实施

双击桌面上 MOTO2000 概预算软件快捷图标，弹出登录窗口，输入用户名和密码，单击确定按钮即可登录软件系统，登录后的软件页面，如图 3-38 所示。

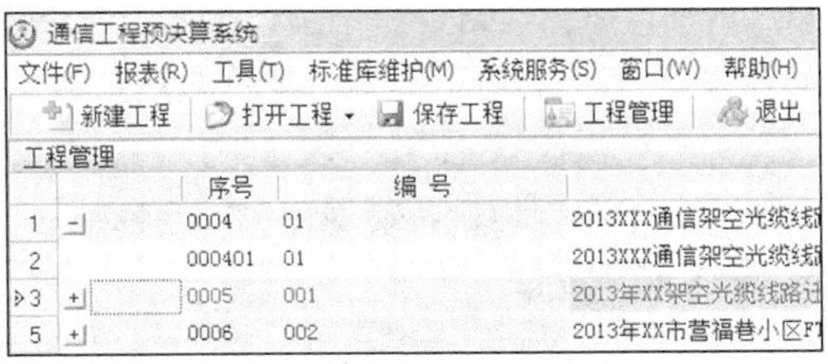

图 3-38　登录后软件页面

单击左上角"新建工程"按钮，弹出新建工程的"工程基本信息"录入界面。

1. 编制工程项目信息表，正确选用定额库、工程类型库和材料库

根据项目信息表的填写要求和填写方法同项目一、项目二。

2. 录入预算定额子目和工程量，生成人工费、机械使用费、仪表费用表三

单击左边导航菜单的"工程量"按钮，可进入"建筑安装工程量预算表（表三）甲"的编制界面。查询通信管道工程预算定额子目表，直接将预算定额子目表里面的"定额编号"

录入到编号列，然后按回车键即可实现定额子目信息的录入，如图 3-39 所示。

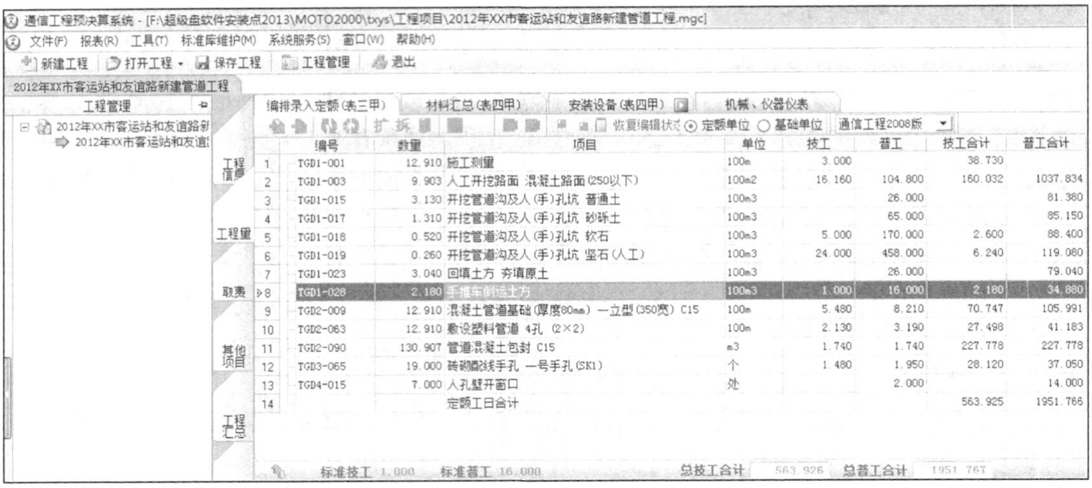

	编号	数量	项目	单位	技工	普工	技工合计	普工合计
1	TGD1-001	12.910	施工测量	100m	3.000		38.730	
2	TGD1-003	9.903	人工开挖路面 混凝土路面(250以下)	100m2	16.160	104.800	160.032	1037.834
3	TGD1-015	3.130	开挖管道沟及人(手)孔坑 普通土	100m3		26.000		81.380
4	TGD1-017	1.310	开挖管道沟及人(手)孔坑 砂砾土	100m3		65.000		85.150
5	TGD1-018	0.520	开挖管道沟及人(手)孔坑 软石	100m3	5.000	170.000	2.600	88.400
6	TGD1-019	0.260	开挖管道沟及人(手)孔坑 坚石(人工)	100m3	24.000	458.000	6.240	119.080
7	TGD1-023	3.040	回填土方 夯填原土	100m3		26.000		79.040
8	TGD1-028	2.180	手推车倒运土方	100m3	1.000	16.000	2.180	34.880
9	TGD2-009	12.910	混凝土管道基础(厚度80mm) 一立型(350宽) C15	100m	5.480	8.210	70.747	105.991
10	TGD2-063	12.910	敷设塑料管道 4孔 (2×2)	100m	2.130	3.190	27.498	41.183
11	TGD2-090	130.907	管道混凝土包封 C15	m3	1.740	1.740	227.778	227.778
12	TGD3-065	19.000	砖砌配线手孔 一号手孔(SK1)	个	1.480	1.950	28.120	37.050
13	TGD4-015	7.000	人孔壁开窗口	处		2.000		14.000
14			定额工日合计				563.925	1951.766

图 3-39 （表三）甲的数据录入

在管道工程表三甲定额子目的录入过程中，对定额子目的挑选查找方法与项目一的“章节查询”或“条件查询”完全相同，输入需要的关键词可以快速实现定额子目的模糊查询或精确查询，如图 3-40 所示。

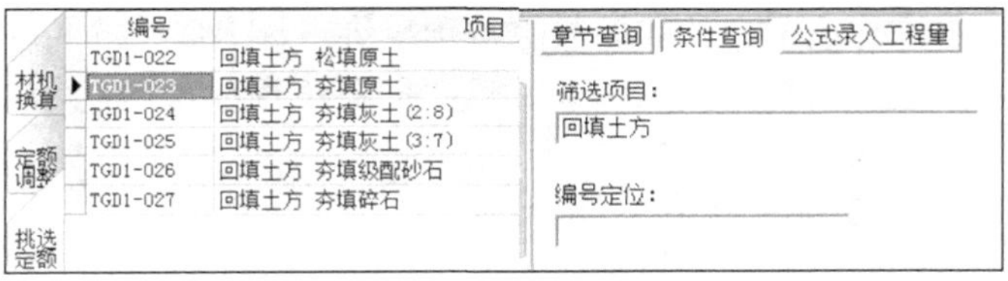

图 3-40 挑选定额及查询

本工程暂不涉及定额子目系数调整。若需要时，其系数调整的方法同项目一。

当表三甲的数据检查获得通过后，最后需要进行小型工程补偿系数判断。

本工程技工工日 563.93 工日，普工 1951.77 工日，其工程总工日远远超过小型工程规模补偿条件，因此本工程不予补偿。在上述工作都检查无误后，可以单击“机械、仪器仪表按钮”、再单击“机械台班（表三乙）和仪表台班（表三丙）”旁边的红色按钮“查看结果”可以查看对应选择的表格的预算费用情况。如果要退出“查看结果”状态，单击“恢复编辑状态”按钮即可，如图 3-41 和图 3-42 所示。

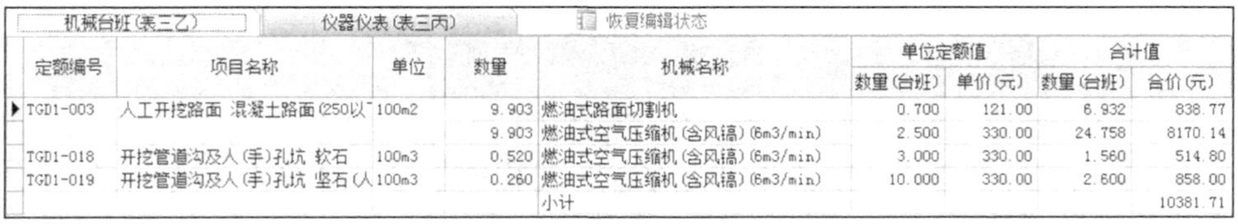

定额编号	项目名称	单位	数量	机械名称	单位定额值		合计值	
					数量(台班)	单价(元)	数量(台班)	合价(元)
TGD1-003	人工开挖路面 混凝土路面(250以	100m2	9.903	燃油式路面切割机	0.700	121.00	6.932	838.77
			9.903	燃油式空气压缩机(含风镐)(6m3/min)	2.500	330.00	24.758	8170.14
TGD1-018	开挖管道沟及人(手)孔坑 软石	100m3	0.520	燃油式空气压缩机(含风镐)(6m3/min)	3.000	330.00	1.560	514.80
TGD1-019	开挖管道沟及人(手)孔坑 坚石(人	100m3	0.260	燃油式空气压缩机(含风镐)(6m3/min)	10.000	330.00	2.600	858.00
				小计				10381.71

图 3-41 关联生成的（表三乙）

若对生成的费用子目需要删除，可以选择对应的子目名称右击，在弹出的对话框中选择删除即可。从查看结果可以看到，本工程没有仪表使用费用的消耗。

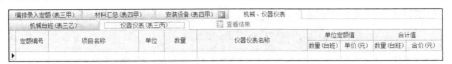

图 3-42　关联生成的（表三丙）

3．关联生成主材计费子目和工程量，删除多计项子目，增加遗漏项子目，生成表四

预算表（表四）的编制，主要是根据建筑安装工程量预算表（表三）甲确定的定额子目表中的“主要材料”名称进行工程实际使用材料的信息录入，录入时注意材料的规格程式和单位。对同类项的材料子目应合并同类项后一次性录入材料用量。表格中的数量为实际使用消耗量，不再是定额子目表内的“单位定额值”消耗量。此“材料数量”＝单位定额值×（工程统计数量/定额单位）。

图 4-43　材料运距设置

根据工程统计量对材料逐项梳理和检查，在完成材料表的子目信息录入确认后，单击界面右边隐蔽竖条状镶嵌白色小三角形的菜单按钮，在弹出的“生成主材调整对话框”内完成各种工程材料的运距设置或平均运距离设置（本项目为40km），如图3-43所示。

设置完成后，单击本表格名称旁边的红色按钮“查看结果”，可以显示主材料的预算汇总结果，如图3-44所示。

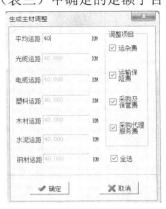

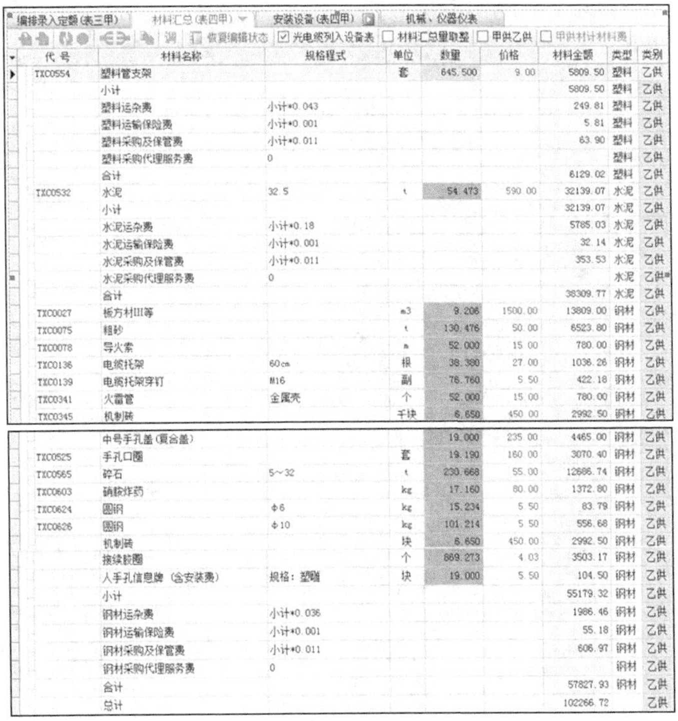

代号	材料名称	规格程式	单位	数量	价格	材料金额	类型	类别
TXC0554	塑料管支架		套	645.500	9.00	5809.50	塑料	乙供
	小计					5809.50	塑料	乙供
	塑料运杂费	小计*0.043				249.81	塑料	乙供
	塑料运输保险费	小计*0.001				5.81	塑料	乙供
	塑料采购及保管费	小计*0.011				63.90	塑料	乙供
	塑料采购代理服务费	0					塑料	乙供
	合计					6129.02	塑料	乙供
TXC0532	水泥	32.5	t	54.473	590.00	32139.07	水泥	乙供
	小计					32139.07	水泥	乙供
	水泥运杂费	小计*0.18				5785.03	水泥	乙供
	水泥运输保险费	小计*0.001				32.14	水泥	乙供
	水泥采购及保管费	小计*0.011				353.53	水泥	乙供
	水泥采购代理服务费	0					水泥	乙供
	合计					38309.77	水泥	乙供
TXC0027	板方材III等		m3	9.206	1500.00	13809.00	钢材	乙供
TXC0075	粗砂		t	130.476	50.00	6523.80	钢材	乙供
TXC0078	导火索		m	52.000	15.00	780.00	钢材	乙供
TXC0136	电缆托架	60cm	根	38.380	27.00	1036.26	钢材	乙供
TXC0139	电缆托架穿钉	M16	副	76.760	5.50	422.18	钢材	乙供
TXC0341	火雷管	金属壳	个	52.000	15.00	780.00	钢材	乙供
TXC0345	机制砖		千块	6.650	450.00	2992.50	钢材	乙供
	中号手孔盖(复合盖)			19.000	235.00	4465.00	钢材	乙供
TXC0525	手孔口圈		套	19.190	160.00	3070.40	钢材	乙供
TXC0565	碎石	5～32	t	230.668	55.00	12686.74	钢材	乙供
TXC0603	硝铵炸药		kg	17.160	80.00	1372.80	钢材	乙供
TXC0624	圆钢	φ6	kg	15.234	5.50	83.79	钢材	乙供
TXC0626	圆钢	φ10	kg	101.214	5.50	556.68	钢材	乙供
	机制砖		块	6.650	450.00	2992.50	钢材	乙供
	接续胶圈		个	869.273	4.03	3503.17	钢材	乙供
	人手孔信息牌（含安装费）	规格：塑膜	块	19.000	5.50	104.50	钢材	乙供
	小计					55179.32	钢材	乙供
	钢材运杂费	小计*0.036				1986.46	钢材	乙供
	钢材运输保险费	小计*0.001				55.18	钢材	乙供
	钢材采购及保管费	小计*0.011				606.97	钢材	乙供
	钢材采购代理服务费	0					钢材	乙供
	合计					57827.93	钢材	乙供
	总计					102266.72		乙供

图 3-44　国内器材预算表（表四）甲（主要材料表）

特别注意：根据国家相关规定的要求，双层薄壁PVC波纹管在管道工程中按设备费计列，因此应选择该材料的类型为“光缆类”材料以便于计入软件设定的设备表。该材料要正确列入安装设备表（表四）甲，需要在材料汇总（表四）甲状态下将“光电缆列入设备表”

前面的方框"打勾"；然后再单击切换到"安装设备（表四）甲"，单击本表格名称左边的红色按钮"查看结果"，可以查看光缆设备费，如图3-45所示。

代　号	设备名称	规格程式	单位	数量	价格	设备金额
	[光电缆设备费]					
TXC0552	塑料管	含连接件	m	5215.640	16.80	87622.75
	光缆小计					87622.75
	光缆运杂费	小计*0.01				876.23
	光缆运输保险费	小计*0.001				87.62
	光缆采购及保管费	小计*0.011				963.85
	光缆采购代理服务费	0				
	光缆合计					89550.45
	总计					89550.45

图3-45　国内器材预算表（表四甲）（设备表）

4．正确设置表一、表二费用可变取费参数，正确计列表五各项费用

当表三、表四均完成数据复核后，可以单击界面左边导航菜单"取费"按钮，在弹出的"自动处理计算表达式"（见图3-46）对话框内设置"夜间施工费"、"施工现场与企业距离（本工程为26km）"等各项参数后单击"确定"，即可完成对工程取费的设置。

本工程建筑安装工程预算费用的取费计算结果如图3-47所示。

图3-46　建筑安装预算表相关取费设置

序号			项目	代号	计算式	合计费用	依据
			建筑安装工程费	AZFY	ZJFY+JJ+LR+SJ	254805.72	一至四之和
一			直接费	ZJFY	JB+CS	193798.76	（一）至（二）之和
	（一）		直接工程费	JB	A1+A2+A3+A4	177311.71	1~4之和
		1、	人工费	A1	A11+A12	64151.95	技工费+普工费
		（1）	技工费	A11	JGGR*48	27068.40	技工日X48
		（2）	普工费	A12	PGGR*19	37083.55	普工日X19
		2、	材料费	A2	A21+A22	102778.05	主材费+辅材费
		（1）	主要材料费	A21	ZCFY	102266.72	
		（2）	辅助材料费	A22	A21*0.005	511.33	主材费X0.5%
		3、	机械使用费	A3	JXFY	10381.71	机械使用费
		4、	仪表使用费	A4	YQFY		仪表使用费
	（二）		措施费	CS	B1+B2+B3+B4+B5+B6+B7+B8+B9+B10+B11+B12+B13+B14+B15+B1	16487.05	1~16之和
		1、	环境保护费	B1	A1*0.015	962.28	人工费X1.5%
		2、	文明施工费	B2	A1*0.01	641.52	人工费X1%
		3、	工地器材搬运费	B3	A1*0.016	1026.43	人工费X1.6%
		4、	工程干扰费	B4	A1*0.06*0		人工费X6%X0
		5、	工程点交、场地清理费	B5	A1*0.02	1283.04	人工费X2%
		6、	临时设施费	B6	A1*0.12	7698.23	人工费X12%
		7、	工程车辆使用费	B7	A1*0.026	1667.95	人工费X2.6%
		8、	夜间施工增加费	B8			
		9、	冬雨季施工增加费	B9	A1*0.02	1283.04	人工费X2%
		10、	生产工具用具使用费	B10	A1*0.03	1924.56	人工费X3%
		11、	施工用水电蒸汽费	B11	0		人工费X6%
		12、	特殊地区施工增加费	B12	(JGGR+PGGR)*3.2*0		工日X3.2X0
		13、	已完工程及设备保护费	B13	0		不计列
		14、	运土费	B14	0		不计列
		15、	施工队伍调遣费	B15	2*0*10		2X0X10
		16、	大型施工机械调遣费	B16	0		
二			间接费	JJ	GF+GL	36566.62	（一）至（二）之和
	（一）		规费	GF	C1+C2+C3+C4	20528.63	
		1、	工程排污费	C1	0		
		2、	社会保障费	C2	A1*0.2681	17199.14	人工费X26.81%
		3、	住房公积金	C3	A1*0.0419	2687.97	人工费X4.19%
		4、	危险作业意外伤害保险费	C4	A1*0.01	641.52	人工费X1%
	（二）		企业管理费	GL	A1*0.25	16037.99	人工费X25%
	三		利润	LR	A1*0.25	16037.99	人工费X25%
	四		税金	SJ	(ZJFY+JJ+LR-GDLF)*0.0341	8402.35	（一+二+三-光电缆费）X3.41

图3-47　建筑安装工程预算表（表二）取费结果

在完成表二取费后，单击左边导航菜单上的"其他项目"，在弹出的"参数生成计算表达式"对话框中（见图3-48）进行"工程类别"（选中通信管道）、一阶段设计、建设单位管理费、工程监理费取定系数（选择按合同）等设置后，可以显示工程建设其他费用表（表五）结果，如图3-49所示。

5．预算套用子目审查和数据计算复核

比照施工图纸和统计工程量内容，逐项检查套用定额子目是否有少计、多计、错计、重复计列的现象；同时逐项复核定额子目、定额单位和工程量计算是否有错误；检查表间的数据传递关系是否符合计算要求。

图3-48 其他项目设置

图3-49 工程建设其他费用表（表五）

6．完成软件编制结果生成文件导出

单击界面左边导航菜单"报表"按钮，在切换出的页面中，可以选择需要预览打印和结果输出的选项；然后单击"报表设置"按钮，在弹出对话框内完成报表相关设置，如图3-50所示。单击"多页面预览"按钮，弹出"通信建设工程预算书"预览结果显示框，如图3-51所示。

图3-50 预览打印和输出设置

在此状态下，再次单击"导出 Word"，在弹出的对话框内选择导出报表的保存路径，即可导出预算结果编制文件，如图 3-52 所示。

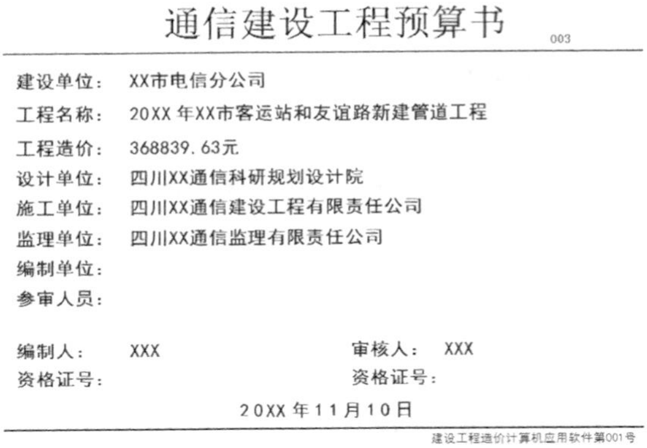

通信建设工程预算书 003

建设单位： XX市电信分公司
工程名称： 20XX年XX市客运站和友谊路新建管道工程
工程造价： 368839.63元
设计单位： 四川XX通信科研规划设计院
施工单位： 四川XX通信建设工程有限责任公司
监理单位： 四川XX通信监理有限责任公司
编制单位：
参审人员：

编制人： XXX　　　　　审核人： XXX
资格证号：　　　　　　　资格证号：

20XX 年 11 月 10 日

建设工程造价计算机应用软件第001号

图 3-51　预览输出

导出格式文件：　20XX年XX市客运站和友谊路新建管道工程-003

图 3-52　导出路径设置

3.5.5　知识拓展

有关 MOTO2000 通信建设工程概预算 2008 版软件的使用可访问官方网站：http://www.motosoft.com.cn/download.asp。

3.5.6　课后作业

利用概预算软件完成指定通信管道工程施工图预算编制。

传输设备工程制图与概预算

岗位目标

具备设计专业各类建设项目工程制图和概预算的相关知识，具备传输设备工程 CAD 制图和概预算编制能力，能够熟练运用 CAD 软件和概预算软件完成传输设备工程制图和概预算编制的生产任务。

能力目标

1. 具有传输设备工程图纸的正确识读能力。
2. 具有传输设备工程施工样板图绘制能力。
3. 具有传输设备工程概预算手工编制能力。
4. 具有传输设备工程概预算软件编制能力。

学习单元 1　认识传输设备工程图纸

知识目标

- 掌握传输设备工程图纸的制图规范。
- 领会传输设备工程图纸的读图方法。

能力目标

- 能完成传输设备工程图例的识读。
- 能完成传输设备工程图纸的读图。

4.1.1　任务导入

任务描述：现有某西路局传输机房设备安装工程施工图纸，如图 4-1～图 4-6 所示。建设单位要求设计单位在 1 周内完成该工程 CAD 制图及施工图预算编制。

请完成以下学习型工作任务。

1. 能完成传输设备工程图例的识读。
2. 能完成传输设备工程图纸的读图。

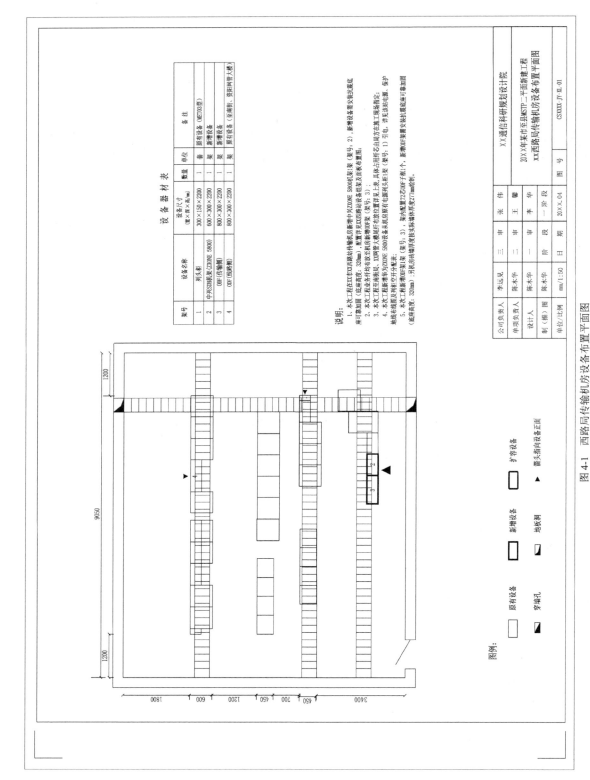

图 4-1 西路局传输机房设备布置平面图

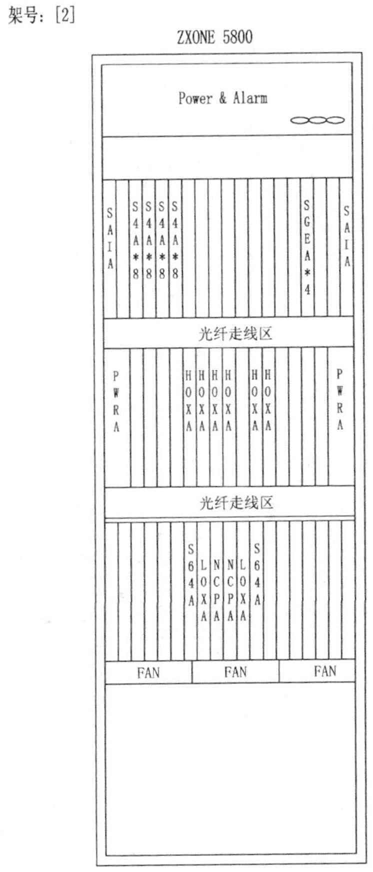

架号：[2]

ZXONE 5800

Power & Alarm

○○○○○

光纤走线区

光纤走线区

FAN

FAN

FAN

FAN

本设备为本期新增设备

机架尺寸（宽×深×高）：600mm×300mm×2200mm

图例：

ZXONE 5800设备：
HOXA:A型交叉板
LOXA:40G低阶交叉板
SA1A:系统接口板
PWRA:电源板
S64A:1路SDH制式STM-64光板
SGEA×4:4路SDH制式GE透传板

公司负责人	李远见	三 审	陈木华	张 伟		X X 通信科研规划设计院
单项负责人	陈木华	二 审	陈木华	王 馨		20XX年某市至县MSTP二平面新建工程
设计人	陈木华	一 审	陈木华	李 华		X X 西路局传输机房设备组架及面板布置图
制（描）图		阶 段	段	一阶段		图 号 GSXXX-JY-XL-02
单位/比例	mm/1:50	日 期		20XX. 04		

图 4-2 西路局传输机房设备组架及面板布置图

203

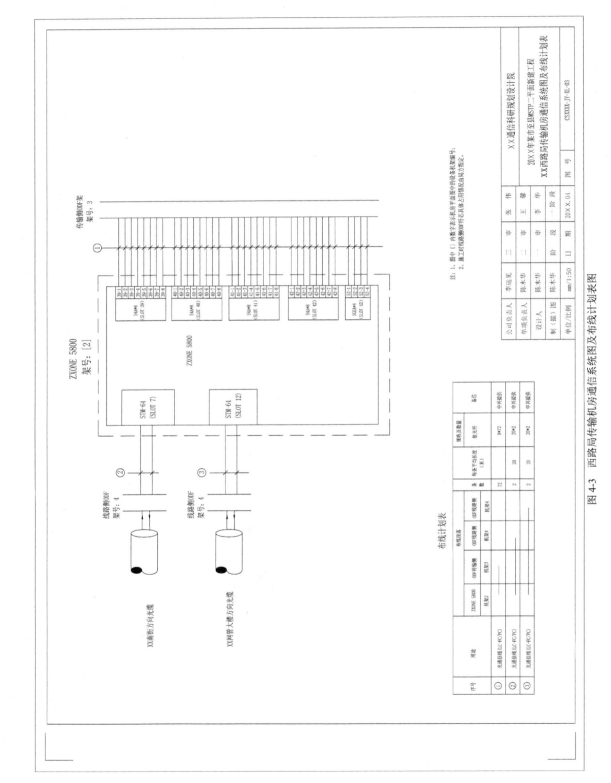

图 4-3 西路局传输机房通信系统图及布线计划表图

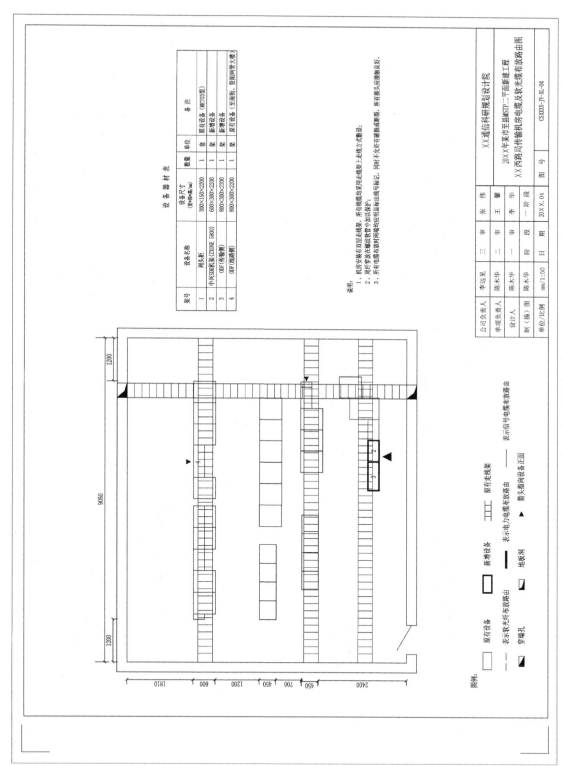

图4-4　西路局传输机房电缆及软光缆布放路由图

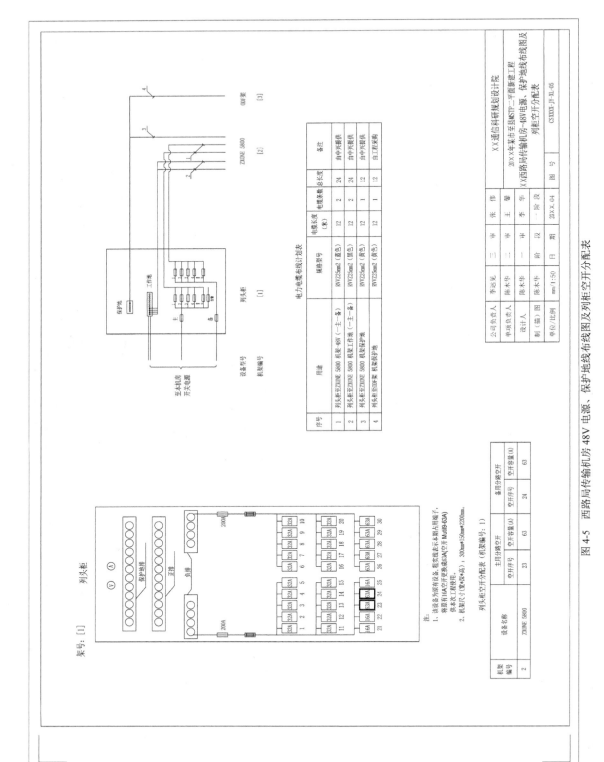

图 4-5　西路局传输机房 48V 电源、保护地线布线图及列柜空开分配表

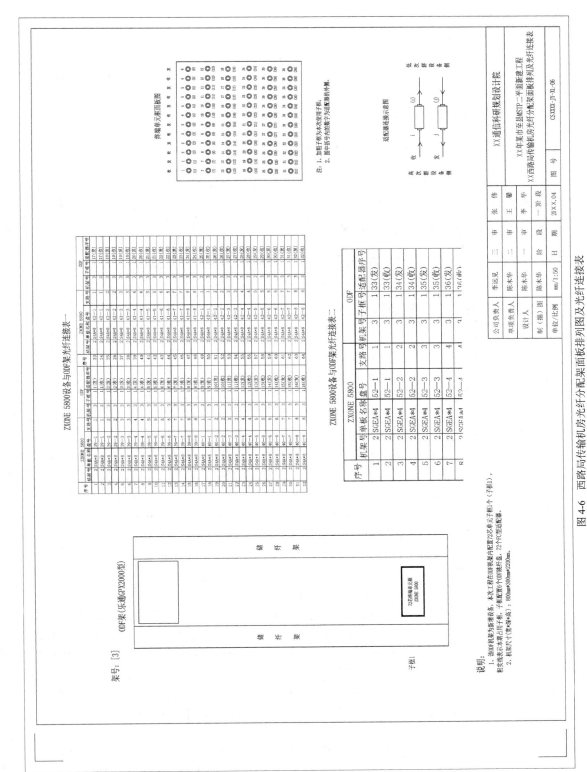

图 4-6　西路局传输机房光纤分配架面板排列图及光纤连接表

4.1.2 任务分析

要完成传输设备工程图纸的认识，读图前必须要进行一系列的知识准备，如传输设备工程图纸的组成有哪些？通信工程制图规范是如何规定的？传输设备工程图纸的读图方法有哪些？

4.1.3 知识准备

一、通信传输设备工程制图规范

根据《有线接入网设备安装工程设计规范》（YD/T 5139-2005）以及企业标准《有线接入设备工程勘察及制图工作指南》（ZN005-2009）等相关规范，传输设备工程的制图要求如下。

（一）传输设备工程图纸绘制的依据

（1）依据国标（YD/T 5139—2005）有线接入网设备安装工程设计规范。
（2）依据勘察工作完成后建设方认可的网络建设方案及相关站点勘察信息。

（二）传输设备工程图纸绘制的原则

1. 图幅尺寸要求
（1）传输设备工程制图均采用 A3 图纸。
（2）A3 图纸尺寸为 420mm×297mm，图框尺寸为 395mm×287mm。
（3）图框外留宽：装订线边宽为 25mm，其余三边宽为 10mm。

2. 图纸比例
（1）根据图纸表达的内容深度和选用的图幅，选择合适的比例。
（2）不同的图纸比例图框可由标准 1:1 的图框放大相应的倍数得到，如比例为 1:X 的图框可由标准 1:1 的图框放大 X 倍得到。为便于设计和指导施工，传输设备工程图纸应反映实际机房尺寸大小；因此其图框比例常采用 1:50 比例绘制，即外边框尺寸为：420×50=21000mm、297×50=14850mm，内边框尺寸为：395×50=19750mm、287×50=14350mm。
（3）图纸比例越小，图面线条越清晰。若能采用较小的图纸比例时，杜绝选用较大的图纸比例。如能用 1:50 的图纸比例布局的画面，就不能采用 1:100 的图纸比例。

3. 图签及填写要求
绘图时原则上应采用通信企业标准图框格式，要求如下。
（1）"图纸名称"栏的字体高度按照所填内容的多少确定。以 1:X 的图纸比例为例，字体高度选择范围为 2.4X～3X；原则上选用高度为 3X 的字体，若名称超长，最多可缩小至高度为 2.4X 的字体；若仍超长，应将名称分行书写；杜绝太小的字体，以免打印的图纸字体不清晰。
（2）名称分行书写时须保证每行文字的意思完整，杜绝将词组拆开。如"××局综合机房（A 楼二楼）传输专业电缆布放路由图"不能拆为"××局综合机房（A 楼二楼）传输"和"专业电缆布放路由图"两行，更不能拆为"××局综合机房（A 楼二楼）传输专"和"业电缆布放路由图"两行等。
（3）"图纸名称"栏包括工程名称和图纸名称两部分内容。工程名称与项目管理系统上的工程名称保持一致；单独占用一行。图纸名称为所属辖区+局名+机房名（地理位置、楼层）+图纸类别名。

① 所属辖区：当一个工程多个局点并位于不同的辖区时，才需要这部分内容，如锦江分公司、金牛分公司。

② 局名：如沙河堡局、莲花局。

③ 机房名（地理位置、楼层）：如传输机房（负一楼）、综合机房（北楼二楼）、活动机房（校园北角）。

④ 图纸类型名：如设备平面布置图、接入网设备电缆布放路由图、走线架安装位置图、机房改造工艺图。

（4）图号由四部分组成，编号方案：设计编号—区域名—局名—序号。

① 设计编号：与项目管理系统中的设计编号保持一致，如 CS110001。

② 区域名：采用大写汉语简拼字母，如锦江区表示为 JJQ。

③ 局名：采用大写简拼字母，如沙河堡局表示为 SHBJ。

④ 序号：图纸顺序号，用两位阿拉伯数字表示，如 01、02 等。

⑤ "图号"每一部分用短线"-"连接。

例：CS11XXXX-JJQ-XL-06 表示 2011 年锦江区传输线路改造工程第 6 张图纸。

（5）机房图纸序号一般按下列顺序编号：① 机房工艺图；② 走线架安装图；③ 设备平面布置图；④ 电缆布放路由图；⑤ 端子安排示意图；⑥ 机柜板位图；⑦ 设备面板图；⑧ 非标设备订货图；⑨ 其他需增加的图纸。

4．传输设备工程施工图信息

（1）施工图用来指导工程施工，因此要全面完整地反映工程安装信息。

（2）一张完整的施工图有表现主体、图例和工程说明等。

（3）设备平面布置图中还包含《设备器材表》信息。

（4）电缆布放路由图中还包含《电缆布放计划表》信息。

（5）根据需要增加施工图中的信息量，使图纸表述准确，信息量完整。

5．画面选择及布局

（1）根据表述对象的规模大小、复杂程度，所要表达的详细程度来选择较小的合适的图面。

（2）图面布局合理、排列均匀、轮廓清晰、便于识别。

6．图线型式

（1）绘图时一般选择 0.25mm 线宽，采用不同颜色的图线并结合实线、虚线、点画线等区分所要表达的图形内容。

（2）打印时，设置线宽，应使图形和配线的比例协调恰当，重点突出，主次分明。

（3）细实线是最常用的线条，机房墙、门、窗、墙洞、指引线、尺寸标注线、表格等均使用细实线。

（4）当需要区分新安装的设备时，粗线表示新建，细线表示原有设施，虚线表示规划预留部分，避免图中线条过粗和过细。

（三）传输设备工程图纸绘制的基本步骤

施工图绘制以机房设备平面布置图为基础，根据设备平面布置规划来确定机房工艺处理、走线架安装及电缆布放路由等，其基本设计步骤如下：

（1）根据查勘的结果策划机房设备平面布置。

（2）根据设备平面布置结果考虑机房工艺处理。如是否新开门，开门方向；是否开墙洞或楼板洞、地坑等，开在什么位置合适；是否新砌隔墙，从什么位置砌墙合适等。

（3）根据设备平面布置结果和信号电缆与电力电缆不交叉的原则来确定走线架和爬梯的安装位置。如什么位置安装什么规格的走线架合适；走线架是考虑单层还是双层；什么位置需要设置爬梯等。

（4）根据设备平面布置图和搭设的走线架来确定电缆的走向，严格遵循信号电缆与电力电缆不交叉、交流电缆和直流电缆不交叉的布线原则。

（5）根据实际情况增添网络组织图、端子排列图、端口占用图、设备面板图等，以此共同组成一套完整的施工图。

二、通信传输设备工程图纸的组成及绘制要求

传输设备工程图纸内容一般包括系统图和单站图两大部分。

系统图包括网络配置图，网络结构图，通路组织图，公务系统图，同步系统图，网管系统图共计六张；单站图包括机房设备布置平面图，设备组架图，交叉连接图，通信系统图及布线计划表，电缆及软光纤布放路由图，电源，保护地线图及列柜熔丝分配表图，列告警系统布线图，光纤分配架面板排列及光纤连接表，数字分配架面板排列及数字系统连接表共计九张。本项目中，工程图纸由设备布置平面图、设备组架及面板布置图、通信系统图及布线计划表、电缆及软光缆布放路由图、48V 电源+保护地线布线图及列柜空开分配表、光纤分配架面板排列及光纤连接表共六张图纸构成，其中设备布置平面图则由设备平面图、设备器材表、说明及图例组成，如图 4-1 所示。

（一）传输设备工程单站图绘制的基本要求

机房设备布置平面图由机房平面图、设备表、说明 3 部分组成。

图纸名称中应标明该机房所处楼层。

1．机房设备平面布置图

（1）机房内设备的规划布局如下。

① 统筹考虑、整体规划，方便扩容。在考虑机房设备布局时，应纵观全局，兼顾各专业设备，并且机柜的排列顺序应便于今后扩容。

② 机位队列排，专业分区划，正面朝门看。机柜的排列就像士兵一样排成队列；并且按专业划分区域，同一专业的设备规划在同一区；机柜的正面正对门，即使不能正对门，也须侧对门；不能让机柜的背面对着门，除非是背靠背安装的设备。

③ 主通道宽、间距合理、施工容易。合理安排设备在机房内的布置，按照机房预先规划区域依次摆放新增设备。机房进门一侧需留出能方便搬移机架的主通道；每列设备的间距要合理，方便机柜门的开关和设备维护操作；设备机架内外两侧的间距最好保持 800mm 以上的空间以方便施工操作；墙挂设备的高度和正前方空间距离以方便人站在地面操作为宜；所有设备前均无妨碍施工、扩容和维护操作的阻挡物。

④ 规划布缆、路由清晰、电缆线短。考虑机房设备布局的同时，还要兼顾电缆的布放规划；规划好或理清楚各类设备电缆布放的路由走向、线缆的起止点，严格做到信号电缆与电力电缆不交叉、交流电缆和直流电缆不交叉，并且尽可能使布放的电缆线最短，保证给监理、施工方提供明确的信息。

（2）机房设备平面布置图绘制要求如下。

① 机房平面图应按照实际尺寸大小绘制。对于一般性传输工程，机房平面图原则上绘制比例为 1:50。图中突出强调部分字体高度采用 3.6X，其余部分字体高度采用 3X（图纸比例为 1:X），即传输设备工程选用 1:50 的图纸比例，那么字体高度则分别选用：3.6×50=180mm、3×50=150mm。

② 机房墙体、柱、门和窗的绘制。

a．一般情况下，砖墙厚为 240mm，也可根据实际测量的墙厚绘制。

b．玻璃隔墙、石膏板隔墙等薄型墙体厚按 120mm 绘制。

c．机房要求横长竖宽。一般将机房外围边长较长的一侧墙位于整个画面的水平方向。

d．一般情况下，机房柱子为方柱，也有圆柱；根据实际测量的柱子大小绘制。

e．机房门分为双开门和单开门，双开门宽一般为 1500～1800mm，单开门宽一般为 800mm，也有一种 1000mm 宽的子母门；在对门宽没有严格要求的场合，双开门按宽 1500mm 绘制，单开门按宽 800mm 宽绘制，也可根据实际测量的尺寸绘制。

f．窗户按实际测量的宽度绘制。

③ 设备的绘制要求如下。

a．设备用闭合的矩形或多段线绘制，必须是一个闭合的整体，不能用线条绘制；在图中用蓝色粗实线绘制本次工程新增设备；用白色一般实线绘制原有设备；用白色虚线绘制规划预留机位，给建设方提供设备扩容后的机房布局。

b．设备的宽度和深度按实际尺寸绘制。

c．采用实心箭头"▲"绘制设备安装正面指示标记。

d．设备用阿拉伯数字编号，编号原则为：先主设备，后配套设备，再按设备安装位置依次排序号。

e．对于本次工程涉及的所有设备，应采用序号（如 1、2、3…）在相关位置进行标注，该序号与设备表中的序号相对应。对于本次不涉及的设备，为保证图纸整洁美观、重点突出，在平面图中仅画出其位置，不再对其设备名称进行描述。

④ 设备表绘制。对应平面图中标明的设备序号，将本次工程涉及的所有设备依次列表说明。设备序号按如下顺序从小到大排列：电力室内电源分配设备、传输机房内直流配电屏、列头柜、线路侧 ODF、传输主设备、业务侧 ODF、时钟 DDF、业务侧 DDF、网管设备。

⑤ 说明。简要介绍相关工程在本机房内的工程量。主要包括 MSTP 设备、电源、线路侧 ODF、业务侧 ODF、DDF 等。"说明"部分文字对齐方式采用"左对齐"，宽度根据文字的多少而定；其余部分的文字对齐方式为"正中"，文字宽度因子（即长宽比）设置为 0.8。

⑥ 图签外的字体设置。根据需要调整合适的字体高度，长宽比为 0.8 的宋体。

⑦ 标尺的设置。

a．标尺的设置样式：传输设备工程标注 50（倾斜标尺）。

b．颜色：白色；线型：细实线；基线间距：3.75；超出尺寸线：3X，如设置为 150。

c．箭头样式：倾斜；箭头大小：3X，如设置为 150。

d．文字位置：上方置中，从尺寸线偏移 50；文字对齐：与尺寸线对齐。

e．单位格式：小数、十进制度数、精度 0。

⑧ 标尺绘制原则：连续绘制

a．机房尺寸标尺绘制：按开间连续绘制，两个相邻柱子之间为一开间，标尺起止点以柱子中心点为准，标尺放在机房墙体外，但不能离得太远。

b．设备定位标尺绘制：以画面水平和垂直方向分别连续绘制，标尺起止点以机房墙体内线至最近设备的正面或背面或侧面，或者设备面至面或背至背的距离；标尺最好放在机房内靠近设备处，若不能，再考虑放在机房外。

　　c．表格必须采用 AUTOCAD 绘制，杜绝插入其它软件编辑的表格。

　　d．文字对齐方式采用正中和左中两种方式，文字宽度为 2.4X。

　　e．字体要求：图中汉字全为长宽比为 0.8 的宋体，阿拉伯数字全为 TXT 字体。字体高度除表名"安装设备表"采用 3.6X 外，其余部分字体高度均为 3X。

2．设备组架图

设备组架图由设备组架配置图、单板说明两部分组成。

（1）设备组架配置图应标明新增或扩容传输设备相关单板的具体配置情况；图中的序号与机房平面图保持一致；图中应反映设备尺寸、功耗等信息；对于扩容设备，新增板卡用粗实线表示。

（2）单板说明需将设备组架配置图中涉及单板的名称与功能依次列表说明。

3．交叉连接图

（1）交叉连接图以 STM-1 为单位，反映 MSTP 设备各业务单板间的时隙分配与电路安排情况。应标明各单板对应的槽位号及相关业务电路名称。

（2）该图中的电路安排应与通路组织图相对应 。

4．通信系统图及布线计划表

（1）通信系统图表示本工程各设备间、设备内部相关板卡间所有信号线缆的物理连接情况，主要包括光跳纤、同轴电缆、网线等，不含电力电缆。

（2）布线计划表与其相对应，对每种线缆的型号、数量、长度详细列表说明。

5．电缆及软光纤布放路由图

（1）电缆及软光纤布放路由图由布放路由图、设备表、说明 3 部分组成。布放路由图中应对所涉及的设备进行标注，标号应与平面图相对应；并采用不同线型，直观表示出各设备间线缆布放路由走向。说明中需对该机房走线方式及线缆布放注意事项进行说明。

（2）字体要求同设备平面布置图；表格须采用 AutoCAD 绘制，杜绝插入其他软件编辑的表格。

（3）电缆长度为实际路由长度冗余 10% 后向上取整，如实际长度为 8.3m，冗余 10% 后长度为 9.13m，向上取整为 10 米。

（4）对于安装有双层走线架的机房，上层走线架用于布放电力电缆，下层走线架用于布放信号电缆。

（5）当一个设计中包含多个专业内容时，电缆布放路由图分专业绘制，避免在同一张图中绘制过多的电缆线条而影响图纸的清晰度。

6．电源、保护地线图及列柜熔丝分配表图

由列头柜组架图、电源、保护地线连接图及列柜熔丝分配表 3 部分组成。如需新增列头柜，还应增加分支柜（直流屏）组架图和分支柜（直流屏）熔丝分配表。

7．列告警系统布线图

列告警系统布线图表示新增传输设备至列头柜间的告警线缆布放情况。一般在列内布放。对于本列头柜不具备告警功能的，可跨列引接。

8．光纤分配架面板排列及光纤连接表

由光纤分配架组架图、终端单元框示意图和光纤连接表 3 部分组成。

9. 数字分配架面板排列及数字系统连接表

由数字分配架面板排列图和数字系统连接表 2 部分组成。

（二）图纸绘制的总体要求

1. 布局要求

图纸的表现主体应居图纸版面的合理位置，表现主题配套的设备器材表、说明和图例的布局应便于施工指导和符合使用者的阅读习惯。

2. 图例及字体要求

图纸字体采用宽度因子（即汉字长宽比）为 0.8 的宋体，阿拉伯数字采用 TXT 字体；除突出强调的图块名称（如设备器材表、图例、说明等）的字体高度应采用 $3.6X$ 外，其余部分字体高度均为 $3X$（X 即采用 1:X 的图纸比例）。

3. 工程说明要求

（1）工程新增主设备描述：新增设备安装方式及安装位置、新增设备规格型号及安装数量、以及特别需要技术交底的事项等描述。

（2）工程扩容设备描述：安装设备位置描述，本次扩容情况描述等。

三、传输设备工程图形符号的使用（摘要）

机房建筑及设施（见表 4-1）

表 4-1　　　　　　　　　　　　机房建筑及设施

序号	名　称	图　例	主要用途及 CAD 绘制命令组合
4-1	原有设备		原有设备（矩形）
4-2	新增设备		新增传输设备（带线宽的矩形 W，45mm，蓝色图层）
4-3	扩容设备		多段线（端点宽度 45mm、45mm，蓝色图层）
4-4	方形孔洞		左为穿墙洞，右为地板洞 矩形+捕捉+直线+图案填充
4-5	设备面向		箭头指向设备正面 多段线（端点宽度 150mm、0mm）
4-6	走线架 1		原有走线架（0.25 线径） 直线+正交开+连续复制+修剪
4-7	走线架 2		新增走线架（0.6 线径） 直线+正交开+连续复制+修剪+蓝色图层
4-8	布放路由 1		表示软光纤布放路由 或表示信号电缆布放路由
4-9	布放路由 2		表示电力电缆布放路由 多段线（端点宽度 60mm、60mm，蓝色图层）
4-10	墙		墙的一般表示方法 直线+偏移
4-11	可见检查孔		正多边形（4）+旋转+捕捉+直线
4-12	不可见检查孔		正交+复制+虚线线形

序号	名　称	图　例	主要用途及 CAD 绘制命令组合
4-13	圆形孔洞		圆+圆弧+图案填充
4-14	方型坑槽		矩形+捕捉+连续折线
4-15	圆形坑槽		圆+圆弧
4-16	墙预留洞		尺寸标注可采用（宽×高）或直径形式 直线+偏移+虚线+复制
4-17	墙预留槽		尺寸标注可采用（宽×高×深）形式
4-18	空门洞		直线+辅助线+镜像
4-19	单扇门		包括平开或单面弹簧门 作图时开度可为 45° 或 90°
4-20	双扇门		包括平开或单面弹簧门 作图时开度可为 45° 或 90°
4-21	百叶窗		矩形+偏移+直线+修剪+图案填充
4-22	电梯		矩形+偏移+对象捕捉+直线+修剪
4-23	隔断		包括玻璃、金属、石膏板等 与墙的画法相同，厚度比墙窄
4-24	栏杆		与隔断的画法相同，宽度比隔断小，应有文字标注
4-25	楼梯	上	应标明楼梯上（或下）的方向
4-26	房柱	或	可依照实际尺寸及形状绘制，根据需要可选用空心或实心
4-27	标高	室内 室外	直线+捕捉中点+镜像+图案填充

四、分组讨论

一个局站传输通信系统需要经历哪些通信路径和通信设备？

五、传输设备工程图纸的读图方法

（1）收集工程建设资料，了解工程项目背景。

（2）了解工程施工过程和施工工艺，提高对工程图纸描述信息的理解能力。

（3）熟悉本专业类别的工程图例。

（4）采用先全貌后局部的读图顺序。

（5）四结合读图法（图例与路由图、标注、文字说明、主要工程量结合）。

4.1.4　任务实施

采用合适的工程读图方法，完成图 4-1 工程概况描述和工程量的统计。

步骤一：读出工程图纸的专业类别和图纸表现主题类别。

步骤二：理解传输设备工程图纸的组成，理解各组成部分的含义。

步骤三：熟悉本专业的工程图例，特别是常见常用图例。

步骤四：分解工程图纸的图块内容，对施工图上的机房建筑物和设备进行识别。

步骤五：通过四结合（图例与设备安装图结合、与标注结合、与文字说明结合、与主要工程量结合）读懂各图块所表现主题的具体含义。

步骤六：用文字描述读图结果：本工程为某电信公司端站传输扩容新建工程。

（1）拟在某端站传输机房内新增中兴 ZXONE 5800 机架 1 架（架号 2），新增设备需安装抗震底座可靠加固（底座高度：320mm），配置详见××西路站设备组架及面板布置图；新增 ODF 架 1 架（架号 3），架内配置 72 芯 ODF 子框 1 个，新增 ODF 架需安装抗震底座可靠加固（底座高度：320mm）；本次工程业务纤均布放至机房新增 ODF 架（架号 3）。

（2）本次工程至南街局、××网管大楼尾纤布放位置详见—××西路局传输机房设备布置平面图设备器材表，具体占用纤芯由局方在施工现场指定。

（3）本次工程新增华为 ZXONE 5800 设备从机房原有电源列头柜 1 架（架号 1）引电，详见该站电源、保护地线布线图及列柜空开分配表；工程施工地点距离施工企业 30km。

4.1.5　知识拓展

传输设备工程——总图的绘制要求

1．网络配置图

网络配置图内容包括：站点名称、主用光缆使用情况、备用光缆使用情况、站点间距离、光放段长度和衰减、光复用段长度、线路总长度。

2．网络结构图

网络结构图可直观地表示拟新建/改造传输系统的拓扑结构。扩容工程需分现状图和本次工程目标网络图分别绘制，并在目标网络图中标明本次扩容涉及的站点。

3．通路组织图

通路组织图用于表示拟新建/改造传输系统各段落通道占用、电路开放及转接情况。扩容工程需标明本次计划扩容或调整通道。

4．公务系统图

公务系统图用于表示拟新建/改造传输系统公务系统配置情况。应反映系统群呼号码和各节点选呼号码。扩容工程如不涉及增减节点，一般不对现公务系统进行调整。

5．同步系统图

同步系统图用于表示拟新建/改造传输系统同步系统组织情况，应标明外部引接，以及其他各站点的时钟跟踪方向和优先。

6．网管系统图

网管系统图用于表示拟新建/改造传输系统网管系统配置情况。该图中应表明网络系统配置和使用情况，及相关 DCN 系统组织情况。

4.1.6　课后作业

（1）绘制线路工程施工程序图。

（2）完成镇北局传输设备工程图纸图 4-7～图 4-12 的读图结果描述和工程量统计。

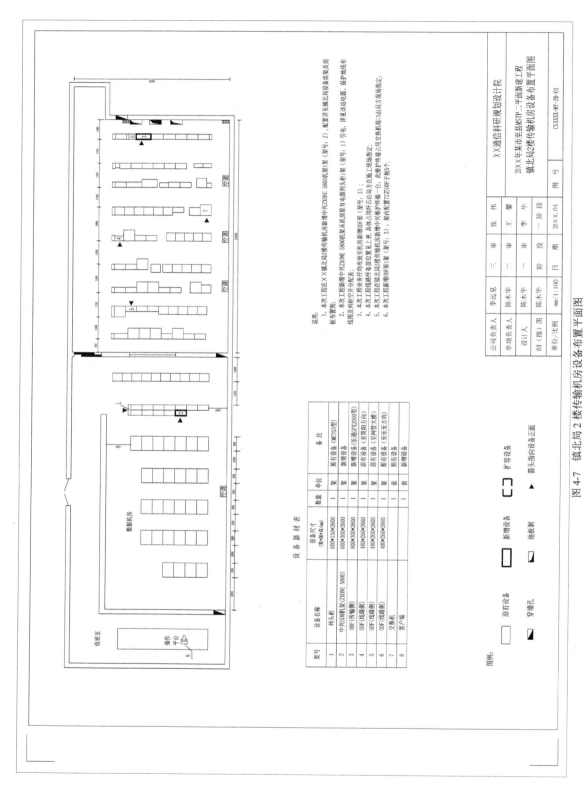

图 4-7 镇北局 2 楼传输机房设备布置平面图

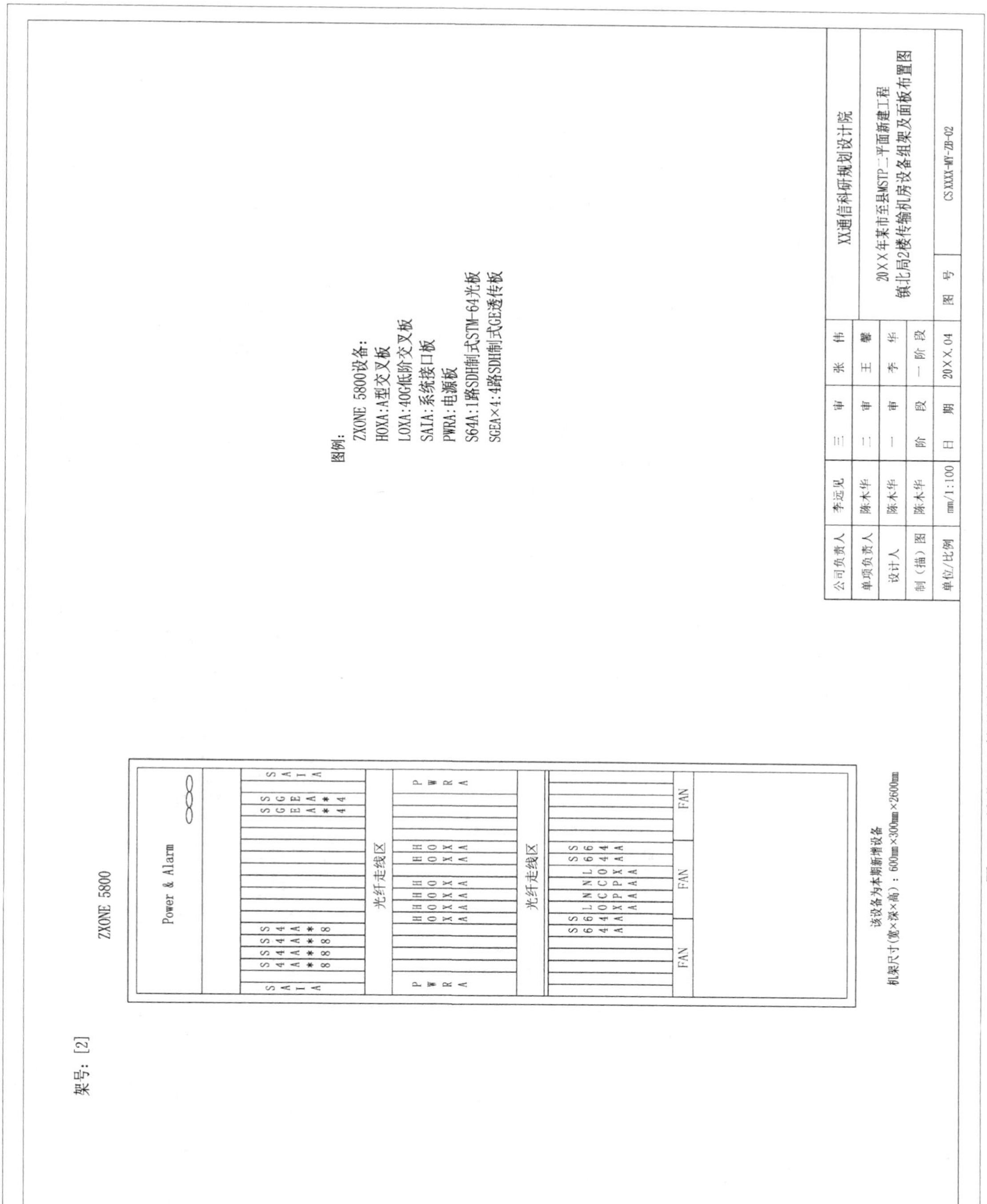

架号：[2]

ZXONE 5800

Power & Alarm

光纤走线区

光纤走线区

该设备为本期新增设备
机架尺寸（宽×深×高）：600mm×300mm×2600mm

图例：

ZXONE 5800设备：
HOXA: A型交叉板
LOXA: 40G低阶交叉板
SAIA: 系统接口板
PWRA: 电源板
S64A: 1路SDH制式STM-64光板
SGEA×4: 4路SDH制式GE透传板

公司负责人	李远见			传		张	馨	XX通信科研规划设计院
单项负责人	陈木华	三	审	王	华			20XX年某市至乑县MSTP二平面新建工程
设计人	陈木华	二	审	李	华			镇北局2楼传输机房设备组架及面板布置图
制（描）图	陈木华	一	审					
单位/比例	mm/1:100	阶	段	一阶段	段			图号 CS.XXXX-WFY-ZB-02
		日	期	20XX.04				

图 4-8 镇北局 2 楼传输机房设备组架及面板布置图

217

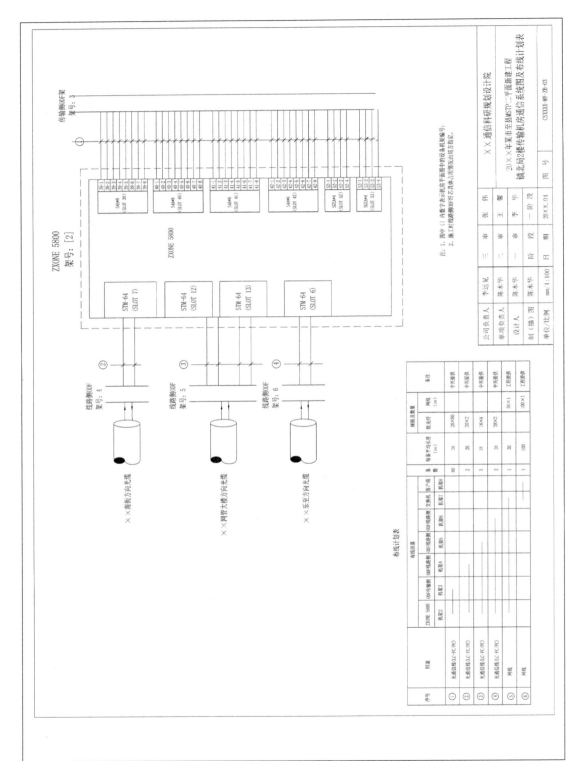

图 4-9　镇北局 2 楼传输机房通信系统图及布线计划表

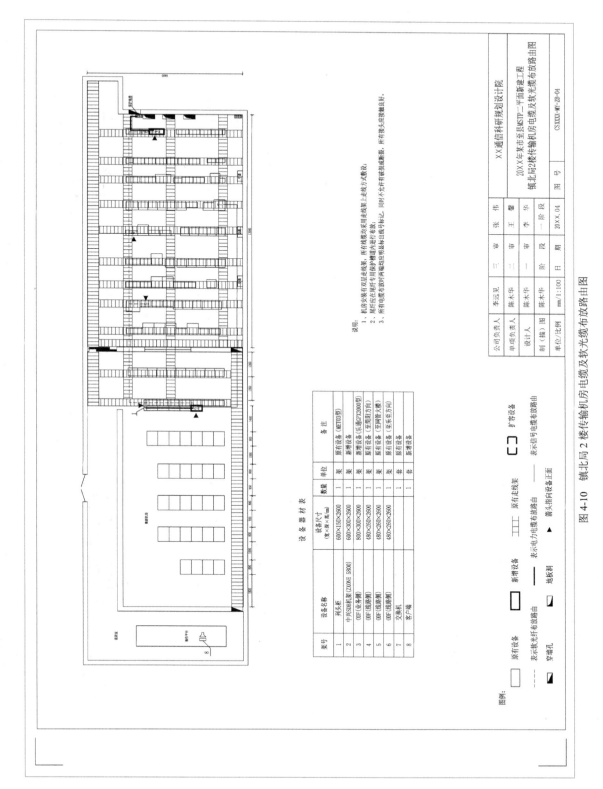

图 4-10 镇北局 2 楼传输机房电缆及软光缆布放路由图

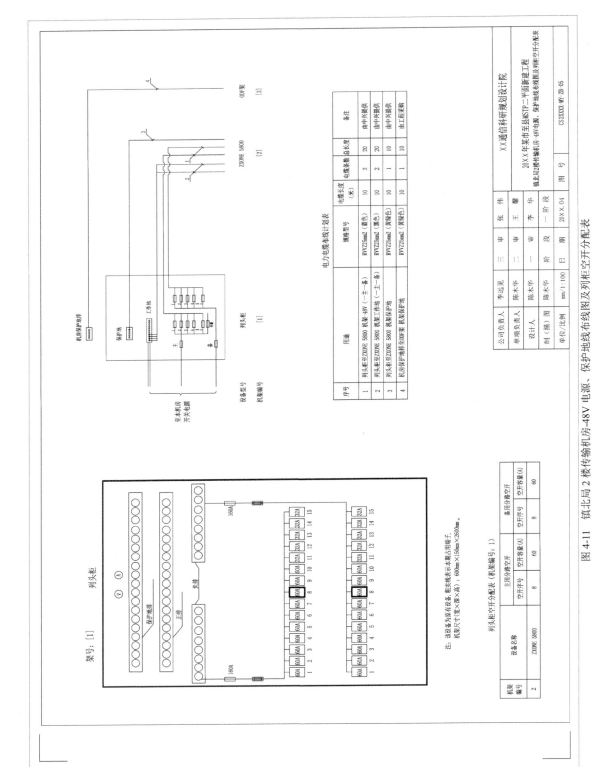

图 4-11　镇北局 2 楼传输机房 -48V 电源、保护地线布线图及列柜空开分配表

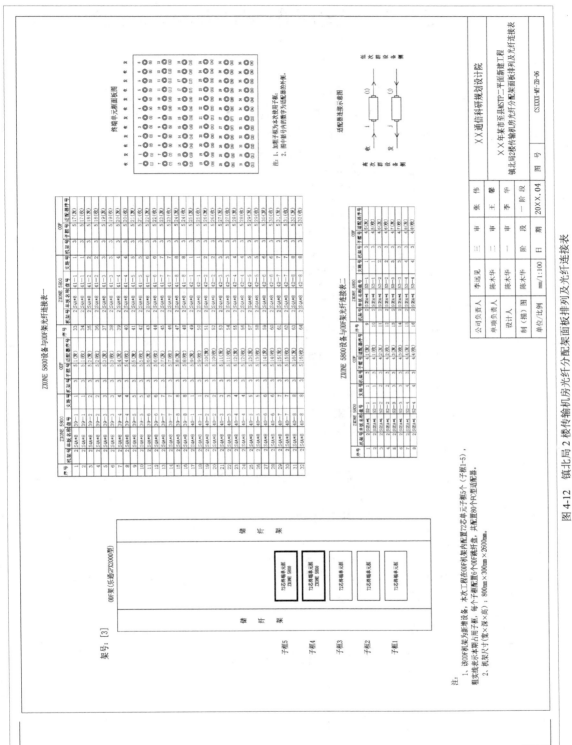

图 4-12　镇北局 2 楼传输机房光纤分配架面板排列及光纤连接表

学习单元 2　绘图环境设置与图纸模板绘制

知识目标

- 掌握对象捕捉、缩放工具条等绘制平台的配置。
- 掌握参数选项设置，格式单位、图形界限的设置。
- 掌握通信工程图纸模板边框和图签格式的绘制。
- 掌握文字样式、表格样式、标注样式的设置。
- 掌握通信工程图签格式的尺寸标注。

能力目标

- 能完成所需功能的绘图环境配置和参数设置。
- 能完成文字样式、表格样式、标注样式设置。
- 能完成传输设备工程图纸模板的绘制。

4.2.1　任务导入

任务描述：现有某西路局传输机房设备布置平面图，如图 4-1 所示。

建设单位要求设计单位在一周内完成该工程 CAD 制图及施工图预算编制，请完成以下工作任务。

（1）完成传输设备工程绘图环境设置。

（2）完成传输设备工程图纸模板的绘制。

4.2.2　任务分析

要完成传输设备工程绘图环境设置和图纸模板绘制，需要完成以下一些知识准备和技能准备。

1. 传输设备工程绘图环境设置

传输设备工程绘图环境需要配置哪些内容？

2. 传输设备工程图纸模板绘制

（1）传输设备工程图纸模板绘制的对象有哪些？

（2）绘制工程图纸模板的要求是如何规定的？

（3）如何绘制这些模板的图形对象？

4.2.3　知识准备

分组讨论：请梳理传输设备工程需要绘制的典型图块有哪些？

4.2.4　任务实施

一、传输设备工程绘图环境配置与参数选项设置

步骤一：启动 AutoCAD2010 图标进入软件用户界面，其绘制平台配置及基本参数选项

设置同项目一架空线路工程绘图环境设置，如图 4-13 所示。

图 4-13　工程绘图环境设置

步骤二：选择"文件"菜单，完成图形文件的管理。

选择文件菜单或命令栏输入命令，完成图形文件的新建、打开、保存操作。

文件新建：单击"文件"菜单—"新建"—"选择样板"对话框—选择"acad.dwt"的文件-打开，完成图形新建。文件保存：单击左上角"保存"快捷键—弹出图形另存为对话框—输入文件名"传输设备工程施工图样模板"—单击"保存"于下拉按钮选择存放位置—单击"保存"，完成图形文件保存。

步骤三：格式单位、格式图形界限设置。

单击"格式"菜单栏，以弹出活动菜单上选择"图形界限"，操作后注意观察跟踪屏幕左下方"命令行"提示信息，重新设置模型空间界限（按 A3×50 图纸设置）：在命令行输入坐标 0，0 后回车（见图 4-14），继续在命令行输入坐标：21000，14850 后回车（见图 4-15），即可完成设置。

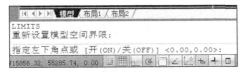

图 4-14　设置模型空间界限

图 4-15　重新设置模型空间界限

步骤四：完成文字样式、表格样式、标注样式设置。

（一）文字样式设置

（1）单击"格式"菜单栏内子项目"文字样式"，弹出"文字样式"对话框，单击"新建"按钮，弹出新建文字样式对话框，输入样式名"传输设备工程"确定，可以看到当前样式名已更新为新输入的名字。

（2）字体：字体名方框内选择 TT 宋体（如果方框内没有选择对象 TT 宋体，则需要在使用大字体前面的矩形框内取掉"钩"再重新选择即可），字体大小注释性、使文字方向与布局匹配、字体效果之颠倒和反向，应根据需要进行选择。

（3）单击"新建"按钮，输入新的样式名，如"传输设备工程"后，字体样式为常规（默认）、在"高度"方框内输入 150，宽度因子为 0.8，倾斜角为 0（默认）；单击"应用"按钮后关闭。如图 4-16 所示。

（二）标注样式设置

单击"格式"菜单栏内子项目"标注样式"，弹出"标注样式管理器"对话框，单击

"新建"按钮，弹出"创建新标注样式"对话框（见图 4-17）。

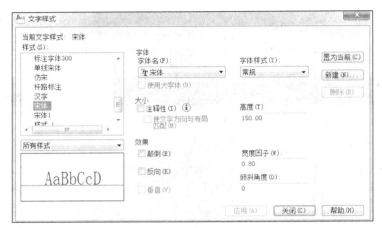

图 4-16　新文字样式设置

图 4-17　创建新文字样式

输入样式名"传输机房标注"，选择基础样式为"standard"后确定点击"继续"，弹出"新标注样式：传输设备工程"对话框，在此对话框上主要选择"线、符号与箭头"、"文字"、"主单位"四个选项卡进行设置，操作方法同项目一所示。

传输机房标注标尺的设置及绘制参数内容详见学习单元 1 知识储备部分之"标尺的设置及绘制"。

（三）表格样式设置

（1）表格样式设置：单击"格式"菜单—表格样式—新建—创建新的表格样式—输入样式名—继续—新建表格样式—"常规"选项卡—选择"对齐正中"、页边距（水平、垂直）均设置为 1.5；文字选项卡—文字高度—输入 150—确定—置为当前—关闭退出至窗口。

（2）文字高度设置：传输设备工程一般为放大的 A3 图纸（选用 3X），当 X=50 时，则为 150。

二、传输设备工程图纸模板的绘制

步骤一：完成通信传输设备工程图纸模板边框的绘制。

在保存为"传输设备工程施工图样模板"文件下的工作空间编辑状态下点击"插入"菜单—块，弹出插入块对话框——单击"名称下拉菜单"或选择"名称矩形框内的信息"，连续单击"PgDn"（下翻页键）或"PgUp"（上翻页键）选择目标块后——单击确定按钮，完成目标块的插入。菜单及工具栏设置如图 4-18 所示。

图 4-18　菜单及工具栏设置

步骤二：完成块信息编辑

（1）直接对插入块进行块编辑。当目标块成功插入到目标区域后，鼠标框选"目标块"对象右击，在弹出的右键菜单上单击"块编辑器"—在弹出的块编辑状态栏完成块信息编辑。

（2）分解插入块后进行图形对象编辑。当目标块成功插入到目标区域后，鼠标框选"目标块"对象，单击"修改"菜单—分解，完成块分解后，可以正常对分解后的图形对象进行信息编辑。

此图框的大小为 A3 图框的 50 倍，所以插入后按缩放比例因子 50 倍缩放，如图 4-19 所示。

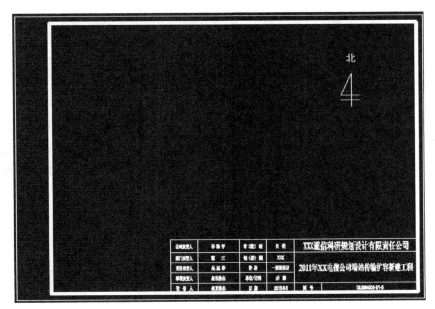

图 4-19　××传输设备工程施工图纸边框和块信息编辑

步骤三：梳理绘图对象，完成专业模板的格式图层设置和需要创建的块梳理。

（1）设置图层：原有设备、新增设备、扩容设备、穿墙孔、地板洞、箭头指向设备正面、原有走线架或新建走线架、电力电缆布放路由、软光纤布放路由、信号电缆布放路由等。

（2）需创建的块：原有设备、新增设备、扩容设备、穿墙孔、地板洞、箭头指向设备正面、原有走线架或新建走线架、机位间距标注块、电力电缆布放路由、软光纤布放路由、信号电缆布放路由、设备器材表块、ZXONE 5800 设备块、ZXONE 5800 设备集成图例块、布线计划表块（5800 设备至 ODF 传输侧或线路侧）、传输机房通信系统图块、列头柜块、列头柜空开分配表块、电力电缆布线计划表、保护地线布线图块、光纤分配架面板排列块（即终端单元框面板图）、适配器连接示意图块、ODF 架块等。

4.2.5　知识拓展

1．线性标注

线性标注指标注图形对象在水平方向、垂直方向或指定方向的尺寸，又分为水平标注、垂直标注和旋转标注三种类型。水平标注用于标注对象在水平方向的尺寸，即尺寸线沿水平方向放置；垂直标注用于标注对象在垂直方向的尺寸，即尺寸线沿垂直方向放置；旋转标注则标注对象沿指定方向的尺寸。

使用命令：DIMLINEAR。

2．连续标注

连续标注指在标注出的尺寸中，相邻两尺寸线共用同一条尺寸界线。

使用命令：DIMCONTINUE。

4.2.6　课后作业

（1）巩固练习绘图环境设置操作。

（2）绘制传输设备工程典型图纸 CAD 模板。

学习单元 3　传输设备工程施工图样板绘制

知识目标

- 掌握直线、圆、椭圆、圆弧、矩形、多段线的创建，镜像、阵列、偏移的编辑。
- 掌握旋转、移动、图形的连续复制与删除；修剪和延伸对象；图案填充与编辑。
- 掌握传输设备工程二维图形及图形实体的绘制、块创建与块编辑。
- 领会传输设备工程样板图绘制的方法。

能力目标

- 能完成基本二维图形的绘制。
- 能完成传输设备工程二维图形及图形实体的绘制。
- 能完成块的创建与编辑。

● 能完成传输设备工程样板图绘制，如机房设备布置平面图、机房设备组架及面板布置图和机房通信系统图。

4.3.1 任务导入

任务描述：现有某西路局传输设备扩容新建工程，如图 4-1～图 4-6 所示。图纸中包括传输机房设备布置平面图（列头柜、中兴 SDH 机架 ZXONE5800、传输测和线路测 ODF）、传输机房设备组架及面板布置图、传输机房通信系统图及布线计划表、传输机房电缆及软光缆布放路由图、传输机房 48V 电源、保护地线布线图及列柜空开分配图、传输机房光纤分配架面板排列及光纤连接表。建设单位要求设计单位在一周内完成该工程的 CAD 制图及施工图预算编制。

4.3.2 任务分析

本单元为了完成传输设备工程的图纸绘制，需要进行一系列的工程制图的知识储备和技能准备。相关知识主要有：如何利用计算机辅助设计软件进行二维图形的绘制；如何进行传输设备工程的图形实体绘制；如何绘制一张完整的建设项目工程图纸等。

4.3.3 知识准备

一、二维图形实体的绘制

本项涉及的绘图命令主要有：直线的绘制、圆的绘制、圆弧的绘制、矩形的绘制、多段线的绘制与编辑、镜像复制对象、阵列对象、偏移对象、旋转对象、移动对象、图形的连续复制和删除、修剪和延伸对象、图案填充与编辑等。

二、传输设备工程图形实体绘制

本项目涉及的工程图形实体绘制主要包括：原有设备、新增设备、扩容设备、穿墙孔、地板洞、箭头指向设备正面、原有或新建走线架、电力电缆布放路由、软光纤布放路由、信号电缆布放路由、机位间距标注块、设备器材块、ZXONE 5800 设备块、ZXONE 5800 设备集成图例块、布线计划表块（5800 设备至 ODF 传输侧或线路侧）、传输机房通信系统图块、列头柜块、列头柜空开分配表块、电力电缆布线计划表、保护地线布线图块、光纤分配架面板排列块（即终端单元框面板图）、适配器连接示意图块、ODF 架块等。

三、传输设备工程施工图绘制的方法

绘图比例：按 1:1 比例实绘完成传输设备工程施工图与样图模板绘制，图框比例采用 A3 图纸的 3X 绘制。绘制过程要注意以下几点：

（1）根据传输设备工程绘制对象，完成图层、线型、线宽和颜色设置。

（2）根据传输设备工程绘制要求，确定绘图对象的最小图形单元以文字大小 3X 字号为基准。

（3）机房设备布置平面图按 1:50 比例绘制：单位为 mm，其他部分按基准字体高度的50 倍绘制。

（4）根据机房设备布置图等图块幅面大小和复杂性程度情况确定整张图纸的总体布局和绘制方向。

（5）绘图顺序：图签信息—工程图例—机房设备布置平面图—技术标注—设备器材表—说明。

（6）绘图涉及的绘制命令：机房设备布置平面图（直线+正交、镜像、多段线、捕捉交点、矩形、连续复制、偏移、修剪、旋转、移动、文字编辑、标注、标注块、设备器材表格块）；机房设备组架及面板布置图（椭圆、阵列、矩形、偏移、标注及文字标注）；机房通信系统图（椭圆、圆弧阵列、图案填充、镜像、偏移、垂直线）等。

四、技术储备

（一）阵列

阵列命令可以创建按指定方式（矩形或环形）排列的多个重复对象。"矩形阵列"是将选定对象按指定的行数和列数排列成矩形；"环形阵列"是将选择的对象按指定的圆心和数目排列成环形。可以使用以下三种方法激活"阵列"命令。

（1）在"修改"工具栏中单击"阵列"图标。

（2）在"修改"菜单中选择"阵列"选项。

（3）在命令行输入 AR 或 ARRAY。

（4）执行阵列命令后，会弹出"阵列"对话框。

该对话框用于设置创建矩形阵列或者环形阵列的各项参数，在该对话框的右上角，有一"选择对象"图标，单击该图标，关闭"阵列"对话框，返回绘图区，选择要组成阵列的图形后回车，将再次返回到原对话框。在此主要介绍矩形阵列，当选择"矩形阵列"项后，则对话框各选项含义如下。

① 行、列：指定阵列中的行数和列数，可以直接在文本框中输入所需数值。

② 行偏移（拾取行偏移）：用于指定行间距。可以直接在文本框中输入所需数值，如输入为负值，则表示向下添加行。也可以单击"拾取行偏移"图标，关闭"阵列"对话框，返回绘图区，用十字光标在绘图区指定两点作为行间距。

③ 列偏移（拾取列偏移）：用于指定列间距。可以直接在文本框中输入所需数值，如输入为负值，则表示向左添加列。也可以单击"拾取列偏移"图标，关闭"阵列"对话框，返回绘图区，用十字光标在绘图区指定两点作为列间距。

④ "拾取行、列两个偏移"的按钮：此按钮也可以用来设置行间距和列间距。单击该按钮，关闭"阵列"对话框，返回绘图区，用十字光标拖动出一个矩形，其长和宽分别代表列间距和行间距。

⑤ 阵列角度（拾取阵列的角度）：指定阵列的倾斜角度，可以直接在文本框中输入所需数值。也可以单击"拾取阵列的角度"图标，关闭"阵列"对话框，返回绘图区，用十字光标在绘图区指定两点作为阵列倾斜角度。

（二）修剪

使用修剪命令可以根据修剪边界修剪超出边界的线条，被修剪的对象可以是直线、圆、弧、多段线、样条曲线和射线等。要注意进行修剪时，修剪边界与被修剪的线段必须处于相交状态。可以使用以下三种方法激活"修剪"命令：

（1）在"修改"工具栏上单击"修剪"图标。

（2）在"修改"菜单中选择"修剪"选项。

（3）在命令行输入 TR 或 TRIM。

操作方法同项目一架空线路工程制图与概预算的修剪。

（三）偏移

使用偏移命令可以根据指定距离或通过点，建立一个与所选对象平行或具有同心结构的形体。能被偏移的对象包括直线、圆、圆弧、样条曲线等。可以使用以下三种方法激活"偏移"命令。

（1）在"修改"工具栏上，单击"偏移"图标。

（2）在"修改"菜单中，选择"偏移"选项。

（3）在命令行输入 O 或 OFFSET。

命令：OFFSET

指定偏移距离或[通过(T)]〈通过〉：　　//指定偏移的距离，即偏移后新对象与源对象之间的距离

选择要偏移的对象或〈退出〉：　　//选定对象

指定点以确定偏移所在一侧：　　//在图形选定对象的上方任意取一点 2 作为偏移的方向

选择要偏移的对象或〈退出〉：　　//按【Enter】键结束

（四）图案填充

边界图案填充命令使用对话框操作来填充图形中的一个封闭区域。

可以使用以下三种方法激活"填充"命令。

（1）在"绘图"工具栏中单击"图案填充"图标。

（2）在"绘图"菜单中选择"图案填充"选项。

（3）在命令行输入 BH 或 BHATCH。

执行填充命令后，会弹出"边界图案填充"对话框。该对话框中可以设置图案填充、填充边界以及填充方式等。

"图案填充"选项卡主要用于定义要应用的填充图案的外观，包括填充图案样式、比例、角度等参数的设置。

（1）单击"绘图"工具栏中的图标，打开"边界图案填充"对话框。

（2）在"图案填充"选项卡的"类型"下拉列表框中选择"预定义"选项。

（3）单击"图案"下拉列表框右侧的按钮，打开"填充图案选项板"对话框，在该对话框中单击名称为"ANGLE"填充图案，然后单击"确定"按钮返回"边界图案填充"对话框。

（4）单击"拾取点"按钮，返回绘图区中指定填充区域，在命令行操作如下。

命令：BHATCH

选择内部点：　　//在图所示圆内部单击鼠标左键，按【Enter】键完成拾取点操作。

（5）系统返回"边界图案填充"对话框，单击"确定"按钮即完成填充。

（五）多行文字

使用多行文字命令也可以在绘图区创建标注文字。它与单行文字的区别在于所标注的多行段落文字是一个整体，可以进行统一编辑，因此多行文字命令较单行文字命令相比，更灵活、方便，它具有一般文字编辑软件的各种功能。可以使用以下三种方法激活"多行文字输入"命令。

（1）单击"绘图"工具栏中的图标。

（2）选择"绘图"→"文字"→"多行文字"菜单选项。

（3）在命令行输入 MT 或 MTEXT。

命令：MTEXT

当前文字样式："Standard"当前文字高度：　　　　　//系统显示当前文字样式和文字高度

指定第一角点：　　　　　　　　　　　　//在绘图区中拾取一点作为多行文字区域的左上角点

指定对角点或[高度(H)/对正(J)/行距(L)/旋转(R)/样式(S)/宽度(W)]：　　//在右下角拾取一点

指定多行文字区域后，系统打开如图所示文字输入框和"文字格式"工具栏。其中"文字格式"工具栏用于修改或设置字符的格式。在文字输入框中输入相应的文字后，单击"确定"按钮即可创建多行文字输入。

五、分组讨论

1. 如何确定施工图绘制的比例和最小图形单位基准？
2. 如何把握传输设备工程图形元素的总体布局？

4.3.4　任务实施

根据生产任务要求完成传输设备工程施工图、传输机房设备组架及面板布置图、机房通信系统图、传输机房电缆及软光缆布放路由图、传输机房-48V 电源、保护地线布线图及列柜空开分配图和传输机房光纤分配架面板排列及光纤连接表等的绘制。

一、传输设备工程图例及图形实体编辑

（一）绘制工程图例绘制

传输机房设备布置平面图图例如图 4-20 所示。

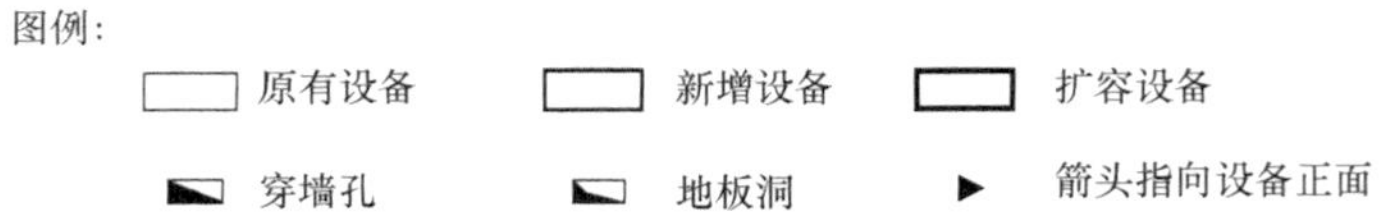

图例：

　　　　□ 原有设备　　　　□ 新增设备　　　　□ 扩容设备

　　　　◣ 穿墙孔　　　　　◣ 地板洞　　　　▶ 箭头指向设备正面

图 4-20　传输机房设备布置平面图图例

注意：（1）工程图例的绘制均以 $3X$ 文字高度的字体大小为基准进行绘制。

（2）单击格式菜单栏图层命令分别建立对应的 6 种图层，然后逐一绘制各个图例。

1．原有设备绘制

（1）命令组合：矩形+选用尺寸长 490mm、宽 250mm。

（2）操作过程：单击状态栏上"正交按钮"为开状态，然后再单击矩形命令，光标在图纸的左下角适当位置开始抓取合适起始点，并按照规定尺寸确定大小即可。

2．新增设备绘制

（1）命令组合：矩形+线型颜色（蓝色）+线型 ByLayer，尺寸同原有设备。

（2）操作过程：操作同原有设备。

3．扩容设备绘制

（1）命令组合：选用矩形命令绘制，蓝色，线型 DASHED，尺寸同原有设备。

（2）操作过程：操作同原有设备。

4．穿墙孔绘制

（1）命令组合：矩形（选用尺寸长 280mm、宽 150mm）+直线+填充。

（2）操作过程：单击状态栏上"正交按钮"为开状态，然后再单击矩形命令，光标在图纸的左下角适当位置开始抓取合适起始点，并按照规定尺寸确定大小，打开对象捕捉抓交点，绘制一条左上至右下的直线，并进行左半部分渐近色填充。

5．地板洞绘制

（1）命令组合：矩形（选用尺寸长 280mm、宽 150mm）+直线+填充。

（2）操作过程：绘制矩形框，同穿墙孔方式。再绘制两条左上至右下的相连的直线，然后进行左半部分渐近色填充。

6．指向设备正面的箭头绘制

（1）命令组合：正多边形。

（2）操作过程：选用正多边形命令，输入边数 3，边长 130mm。

（二）本项目涉及的 CAD 绘图命令

机房设备布置平面图主要用到的命令有：直线+正交、镜像、多段线、捕捉交点、矩形、连续复制、偏移、修剪、旋转、移动、文字编辑、标注、标注块、设备器材表格块等。

（三）图纸布局内容绘制

本次绘制的图形为图 4-1 传输机房设备布置平面图内容布局。为方便说明绘制过程，此处附上比较详细的尺寸标注图（见图 4-21）。

1．绘制边框线

外墙边框线：直线+正交开+动态输入开，按实际数值输入各段长度。

内墙边框线：同外墙画法，墙厚度本例中取 240mm，删除多余线条即可。

2．绘制走线架

横向走线架共 3 行，第一横排走线架，上边横线条选用直线+正交开+动态输入，按具体数值 9050mm 输入，然后向下偏移 450mm 即可得到第二横排走线架。启用对象捕捉中的交点捕捉，绘制第一条竖线条，再用矩形阵列命令，生成 1 行、44 列，列偏移 200 的阵列，生成完整的走线架的绘制。第二和第三横排走线架可根据第一横排走线架，分别向下偏移 4355mm 和 1874mm。

右侧竖列的走线架的绘制方式以此类推。在横竖走线架交汇处，可只保留横排走线架，使图形更分明。

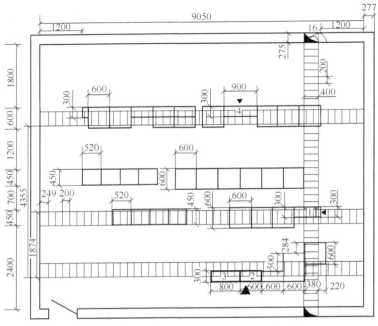

图 4-21　传输机房设备布置平面图布局尺寸说明

3．绘制原有设备（见图 4-22）

启用矩形命令，在合适的位置选用尺寸选项，小矩形长 520mm、宽 450mm，大矩形长 600mm、宽 600mm。若其中需要绘制一半大小的矩形框时，可开启对象捕捉功能的中点设置功能。

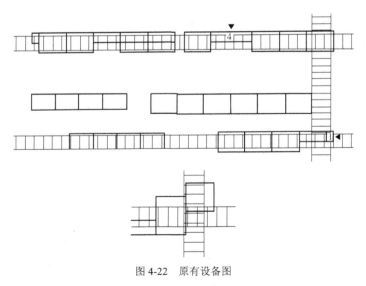

图 4-22　原有设备图

4．绘制新增设备（见图 4-23）

启用矩形命令：蓝色，线型 Bylayer，设备 3 尺寸选项长 800mm、宽 300mm，设备 4 尺寸选项长 600mm、宽 300mm。

5.绘制墙洞

竖列走线架的上下紧靠墙体内需要开洞。在绘制完矩形框后，启用直线+正交+极轴追踪命令，将一条直线角度选用 161°，一条直线角度选用 131°，相交。启用修剪命令，将多余线条删除后用渐近色将其左下方填充。

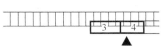

图 4-23 新增和扩容设备

6.绘制设备器材表（见图 4-24）

设 备 器 材 表

架号	设备名称	设备尺寸 （宽×深×高/mm）	数量	单位	备 注
1	列头柜	300×150×2200	1	套	原有设备（METO3 型）
2	中兴 SDH 机架（ZXONE 5800）	600×300×2200	1	架	新增设备
3	ODF（传输侧）	800×300×2200	1	架	新增设备
4	ODF（线路侧）	800×300×2200	1	架	原有设备（至南街、××网管大楼）
653	1873	1468	469	467	2386

图 4-24 设备器材表

选定需要的表格样式，置为当前，数据栏为六行六列。启用创建表格命令，添加表格后选择每列单元格，单击鼠标右键下的快捷特性选项，设置合适的单元格宽度和高度。对需要合并的单元格执行合并操作，最后在每个单元格内添加对应的文字内容即可。

7.绘制标注

平面图标注：在格式标注样式中选传输设备标注样式，置为当前样式，即可对相应的位置进行标注。

文字标注：选用设置好的格式下的文字样式，置为当前，字体宋体，字高 140mm。选用多行文字，添加文本框，对本次工程进行说明。

二、机房设备组架及面板布置图图例及图形实体编辑

（一）绘图所用主要 CAD 绘图命令

椭圆、阵列、矩形、偏移、标注及文字标注。

（二）图纸布局内容绘制

本次绘制的图形为图 4-2 传输机房设备组架及面板布置图。为了方便说明绘制过程，此处附上比较详细的尺寸标注图，如图 4-25 所示。

1.绘制图例（见图 4-26）

启用添加多行文字，输入需要的文字。

2.绘制机框（见图 4-27）

整个机框的绘制可以参照以下顺序和命令进行操作。

（1）机柜外边框：启用矩形绘制命令，设置需要的长宽尺寸；启用偏移命令得到内边框线；启用修剪命令去掉多余线条。外边框用蓝色，内边框用白色表示。

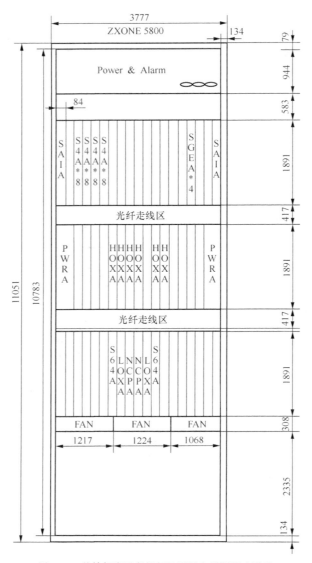

图 4-25 传输机房设备组架及面板布置图尺寸说明

图例：

ZXONE 5800 设备：
HOXA：A 型交叉板
LOXA：40G 低阶交叉板
SAIA：系统接口板
PWRA：电源板
S64A：1 路 SDH 制式 STM-64 光板
SGEA*4：4 路 SDH 制式 GE 透传板

图 4-26 图例示意

图 4-27 Power&Alarm 机框

（2）Power&Alarm 机框：启用直线+椭圆命令，选用设置好的文字样式添加多行文字内容。

（3）第二横排机框（见图 4-28）：启用直线命令绘制上下边框。打开对象捕捉，设置交点后绘制第一条竖线，然后使用阵列命令，1 行 18 列，列偏移 184。

（4）第三、四横排机框（见图 4-29）：将（2）的图形整体向下偏移 417 可得第 3 横排机框，同时去掉多余的两根线条。偏移第三横排机框的下边框线条 60，再将刚才的 2 行机框整体向下偏移 1951，即可得到第四横排机框。在需要的单板上添加多行文字并填写需要的内容，部分单板用蓝色表示。

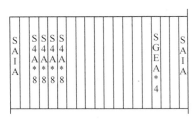

图 4-28　第二横排机框

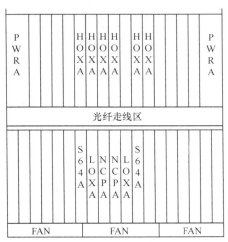

图 4-29　第三、四横排机框

三、机房通信系统图形实体编辑

（一）绘图所用主要 CAD 绘图命令

椭圆、圆弧阵列、图案填充、镜像、偏移、垂直线、图案填充。

（二）图纸内容布局绘制

本次绘制的图形为图 4-3 传输机房通信系统图及布线计划表图。为了方便说明绘制过程，此处附上比较详细的尺寸标注图，如图 4-30 所示。

1. 绘制机柜外边框

启用矩形绘制命令，设置需要的长宽尺寸；启用偏移命令得到内边框线；启用修剪命令去掉多余线条。

2. 绘制 STM-64 机框（见图 4-31）

启用矩形命令，按要求设置尺寸长和宽，添加多行文字，括号部分用红色。

3. 绘制 S4A*8 系列

（1）单个机框绘制（见图 4-32）：启用矩形命令绘制矩形框，按要求设置好尺寸长和宽。矩形框右侧竖线分 16 等分，并按相应的等分点绘制直线段，需要处置添加文本框后填写相应的文字。

（2）多个机框生成（见图 4-33）：对画好的图 4-32 启用阵列命令，4 行 1 列，生成下面的 S4A×8（SLOT40）～S4A×8（SLOT42）。此项完成后需对最下部的矩形作适当的修剪，文字部分按需要填写。

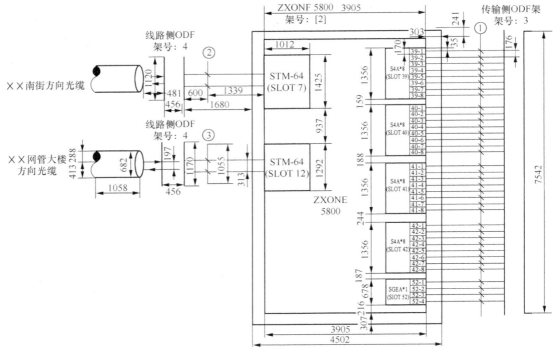

图 4-30 机房通信系统图内容布局各尺寸标注

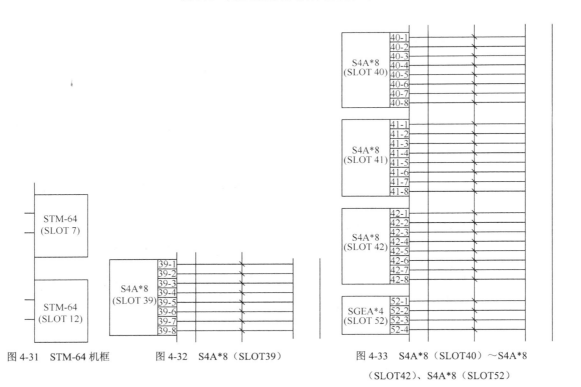

图 4-31 STM-64 机框　　　图 4-32 S4A*8（SLOT39）　　　图 4-33 S4A*8（SLOT40）～S4A*8（SLOT42）、S4A*8（SLOT52）

4．绘制光缆截面图（见图 4-34）

用矩形命令绘制合适尺寸的矩形框后分解，按轴端点绘制椭圆，将多余线条去除，并在需要的椭圆内部选择填充图案。连接光缆截面处用直线绘制线段、多段线绘制箭头。本图例中需两个如图 4-32 所示的机框，画好一个截面图后，另外一个可直接复制。

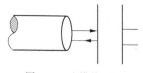

图 4-34　光缆截面图

5．绘制布线计划表（见图 4-35）

布线计划表

序号	用途	布线段落				条数	每条平均长度（m）	规格及数量	备注
		ZXONE 5800 机架 2	ODF 传输侧 机架 3	ODF 线路侧 机架 4	ODF 线路侧 机架 4			软光纤	
①	光通信线（LC-FC/PC）					72		8×72	中兴提供
②	光通信线（LC-PC/PC）					2	20	20×2	中兴提供
③	光通信线（LC-FC/PC）					2	20	20×2	中兴提供
481	1680	893	936	814	829	323	896	951	875

（左侧标注：1034　303　446　286　390　390　390　365）

图 4-35　布线计划表

选择设置 6 行 10 列的表格样式。创建表格后，选择每列单元格，单击鼠标右键选择特性，按需要尺寸修改单元格的宽度和高度，然后输入对应的内容。

四、其他图表绘制

绘制对象：传输机房电缆及软光缆布放路由图、传输机房-48V 电源、保护地线布线图及列柜空开分配图和传输机房光纤分配架面板排列及光纤连接表在课后作业中完成。

4.3.5　知识拓展

传输机房 CAD 常规制图步骤

1．图纸设置

设计图纸纸张一般为 A3，首先应进行打印设置，打开 CAD—文件—打印，选择 ISO A3 (420mm×297mm)后，单击确定。

2．图纸绘制

图纸设定 A3 完成后根据实际测量的机房长宽，画出机房平面图。

（1）根据现场所画机房草图长度，输入直线命令（快捷键为 L）—实际长度（mm）—实际宽度（mm），并用标注命令 Ctrl+M，标注出机房的长宽，机房平面图完成。

（2）根据现场实际情况画出机房内原有设备摆放位置。通常设备尺寸用（H×W×D）来表示，分别代表高×宽×厚，在画图时平面图只能体现设备的宽度和厚度，设备的画法：在命令行输入矩形命令 REC（快捷键），确定，用鼠标左键在操作窗口指定第一角点，并拖动鼠标，在命令行输入@X,Y 确定，设备绘制完成，X 代表设备宽，Y 代表设备厚，依次画出机房所有设备，并用标注命令 Ctrl+M，标注出所有设备到各个方向的距离，机房内原有设备摆放位置图完成。

（3）根据机房现场查勘情况画出本次新加设备摆放位置。新加设备画法与原有设备画法相同。新加设备通常沿原有设备顺序摆放，设备的正面需与原有设备正面对齐。在已完成的平面图上注明设备的正面，按图例不同分别标明原有设备和新加设备。同时在图上用不同的数字标明本次需要使用（如列头柜、ODF）和新加的设备，并附上设备器材表。

（4）根据本次传输方案画出通信系统图。通信系统图中需确定本次新加传输设备的上下行方向并上联至线路侧 ODF，传输设备业务端口均成端至传输侧 ODF。根据端口配置情况及设备至 ODF 位置距离附上布线计划表。

（5）走线路由图也就是设备间走线架图的绘制，机房内走线架的一般宽度是 400cm，根据现场走线架实际情况，将所有设备间的连线都画在走线架上，设备走线路由图绘制完成。

（6）添加必要的图签，至此整个布局图完成。

4.3.6　课后作业

（1）完成西路局传输机房电缆及软光缆布放路由图绘制。
（2）完成西路局传输机房电源保护地线布线图及列头柜空开分配图绘制。
（3）完成传输机房设备工程施工样板图模板绘制。
（4）完成镇北 2 楼传输机房设备安装工程施工图套图绘制。

学习单元 4　传输设备工程概预算手工编制

知识目标

- 掌握传输设备工程的预算基础知识。
- 掌握传输设备安装工程预算定额、费用定额的使用方法。
- 掌握工程量预算表（表三）、国内器材表（表四）甲的编制方法。
- 掌握建筑安装工程费用预算表（表二）、工程建设其他费用预算表（表五）的编制方法。
- 掌握建筑安装工程预算总表（表一）的编制方法。

能力目标

- 能完成工程资料收集、正确读图和工程量统计。
- 会套用预算定额子目、会正确使用预算定额说明。
- 能完成编制预算表格表一至表五。

4.4.1　任务导入

任务描述： 现有某西路局传输设备扩容新建工程，如图 4-1～图 4-6 所示。

（1）拟在某端站传输机房内新增中兴 ZXONE 5800 机架 1 架（架号 2），新增设备需安装抗振底座可靠加固（底座高度：320mm），配置详见××西路站设备组架及面板布置图；新增 ODF 架 1 架（架号 3），架内配置 72 芯 ODF 子框 1 个，新增 ODF 架需安装抗震底座可靠加固（底座高度：320mm）；本次工程业务纤均布放至机房新增 ODF 架（架号 3）。

（2）本次工程至南街局、某网管大楼尾纤布放位置详见××西路局传输机房设备布置平面图设备器材表，具体占用纤芯由局方在施工现场指定。

（3）本次工程新增 ZXONE 5800 设备从机房原有电源列头柜 1 架（架号 1）引电，详见该站电源、保护地线布线图及列柜空开分配表；工程施工地点距离施工企业 30km。建设单位要求设计单位在 1 周内完成该工程 CAD 制图及施工图预算编制。

根据任务书的要求，完成该工程施工图预算表一至表五的手工编制任务。

4.4.2　任务分析

要完成一个通信传输设备安装工程概预算手工方法编制，编制前应开展一系列技术储备工作。如熟悉概预算的编制依据、编制原则、编制程序和编制方法；熟悉通信传输设备安装工程的项目特点、施工流程、施工工艺及施工技术标准，收集包括预算定额、施工合同、设计合同、监理合同、设计会审纪要、补充子目工时取费标准等在内的工程有关的取费文件，收集工程设备及主要材料预算价格，会使用人工消耗预算定额、（机械消耗预算定额）仪表消耗预算定额以及费用定额等。

4.4.3　知识准备

一、传输设备工程概预算手工编制的流程

（1）读懂设计任务书的要求，明确施工图预算编制前的技术储备内容。

① 设计任务书要求：编制一阶段施工图预算设计、机房施工环境。

② 技术储备的内容：传输设备工程基础、工程预算基础，有线接入设备安装工程预算定额、传输设备安装工程费用定额的使用方法等。

（2）收集项目资料熟悉工程图纸，梳理确定预算子目，完成工程量的统计。

（3）按建筑安装情况分门别类统计设备工程安装工作量，套用预算定额子目，计算人工、主材、机械仪表工程用量，即编制预算表三、表四。

（4）选用价格计算直接工程费（＝人工费+材料费+机械使用费+仪表使用费），然后计算建筑安装工程费、工程建设其他费、工程预算总费用，即编制预算表二、表五、表一。

（5）预算套用子目审查和数据复核。

（6）编写本工程的预算编制说明。

二、预算编制前的技术储备

（一）传输设备工程基础

（1）传输的概念。把信息通过某种媒介从一个地方传递到另一个地方的过程，这个过程就是传输。简单地说，传输就是点对点的信息传送。

（2）传输设备工程项目的概念。传输设备工程一般为一个建设项目的单项工程，每个传输设备单项工程一般又分为若干个具有内在联系的单位工程组成，每一个单位工程又由若干个具有内在联系的分项工程构成。传输设备的分项工程则构成了传输设备工程造价计量的最小计量单元，也就是传输设备工程假定的建设产品。

传输设备工程项目的概念理解如图 4-36 所示。

（3）中继传输系统结构组成。中继传输系统一般由光发送端机、光纤尾纤 1、发送端 ODF 架、光缆接头 1、光缆、光缆接头 2、光纤尾纤 2、接收端 ODF 架、光接收端机以及 SDH 传输设备等组成，如图 4-37 所示。

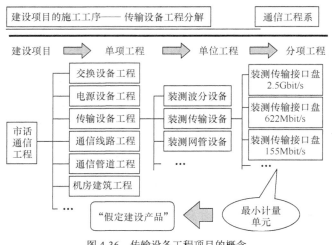

图 4-36　传输设备工程项目的概念

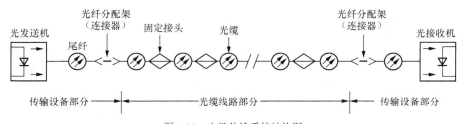

图 4-37　中继传输系统结构图

（4）局站通信系统的构成。局站通信系统主要由 SDH 分插复用设备或终端复用设备、ODF 光配线架（箱）、DDF 数字配线架（单元）等组成，如图 4-38 所示。

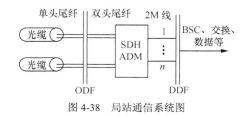

图 4-38　局站通信系统图

（二）传输设备工程设备及材料认识

（1）传输机柜的认识

① 传输综合柜：传输综合柜主要用于放置光端机、DDF 架、ODF 架，如图 4-39 所示。

② 传输 Optix 2500+和 OSN 3500 机柜：其作用是放置光端机，如图 4-40 所示。

图 4-39　电源机柜（左）、综合柜（中）

图 4-40　Optix 2500+（左）、OSN 3500 机柜（右）

③ 传输 DDF 架：DDF 架为 2M 线的连接起中间连接作用，如图 4-41 所示。

（a）DDF 正面视图

（b）DDF 架的接线图

图 4-41　传输 DDF 架

④ 传输 ODF 架：ODF 为光缆提供接口，如图 4-42 所示。

（2）传输设备的认识

① 华为光端机常见板卡功能介绍

线路板又称光板，其作用是把光信号转换为电信号号和把电信号转换为光信号，或者把光信号放大，用尾纤连接，发出激光信号，严禁用眼睛直视光口。

支路板：提供 2M 接口，常见的有 8 口、16 口、48 口。

交叉板：为信号提供传输路线，实现传输路线灵活选择的功能。

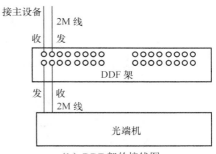

图 4-42　ODF 架

主控板：监控和控制整个光端机，其功能如电源机柜的监控模块。

时钟板：提供时钟参考，保证传输信息传递的时间一致性。

公务板：用来实现打电话的功能，但是无法拨打手机，只能拨到同一网络的光端机上。

② 华为光端机设备认识

（a）Metro 1000(Optix 155/622)光端机。用于承载 SDH 制式 155/622Mbit/s 光信号传输的 SDH 终端设备。

（b）Merto 3000(Optix 2500+)光端机的介绍。用于承载 SDH 制式 2.5Gbit/s 以下的光信号传输的 SDH 终端设备。

（c）OSN 3500 光端机介绍。用于承载 SDH 制式 2.5Gbit/s 以上的（即 10Gbit/s）光信号传输的 SDH 终端设备。

③ 中兴光端机设备认识

（a）中兴 ZXMP S320 光端机。ZXMP S320 是中兴通讯推出的 STM-1/4 紧凑型同步数字复用设备。该设备最大可提供 4 个 STM-1+2 个 STM-4 光方向的组网能力，可实现各种复杂组网的应用。

（b）中兴 ZXMPS385 光传输设备。提供最高速率为 10G（V2.0）/2.5G（V1.1）的新一代多业务传输设备。

（c）ZXONE/MSTP5800。ZXONE/MSTP5800 是基于 SDH 的多业务节点设备，其产品特点包含但不限于以下优点：

• 强大的业务调度与疏导能力：ZXONE 5800 具备超大高低阶交叉能力，从而实现各种颗粒业务在网络中的灵活调度，能够满足未来网络建设的需求。

• 丰富的槽位资源和业务接口，强大的组网能力：ZXONE 5800 具有丰富的槽位资源，支持 STM-1/4/16/64、GE、10GE、SAN 等业务的接入，同时支持 OTH 接口、集成波分功能。ZXONE 5800 支持传统 SDH 的各种组网方式（包括链路、环网、相交环、相切环等多种组网拓扑），Mesh 组网以及混合组网等多种组网方式，适应复杂的网络拓扑。

（3）传输连接介质的认识

① 光缆

光缆为光信号传输提供传输媒介。

光缆由纤芯、导管、铠装保护层、加强芯等构成。

常见光缆的纤芯种类有 12 芯、24 芯、48 芯、60 芯、72 芯等。

常用光缆的光纤类型有 G652、G655 和 G657，其中传输网络工程主要采用 G652 和 G655。

② 尾纤

尾纤用来连接光板和 ODF、跳纤、光路自环、连接测试设备等。

③ 光缆终端盒

光缆终端盒用于传输机房光缆的成端收容，一般分为 12 芯、24 芯终端盒等型号。

④ 传输 2M 线

传输 2M 线用来传输设备间的电信号，通常使用的是 50Ω电缆线。

三、传输设备安装工程预算基础

1. 施工图预算的编制依据

国家有关部门颁布的工程定额、技术标准或技术规范；上级公司批准的立项批复相关文件、施工合同、会审纪要文件、工程取费文件、勘察工作完成后获得建设方认可的网络建设方案及相关站点勘察信息等。

2．传输设备安装工程预算定额、费用定额的使用基础

传输设备安装工程预算定额有：

有线通信设备安装工程（册代号：TSY）

传输设备安装工程的预算定额、费用定额等相关工程定额的使用方法同本书项目一。

需要指出：

① 传输设备安装工程预定定额人工工日没有普工作业，均按技工作业方式取定。

② 传输设备安装工程中，安装机架、缆线及辅助设备工程量定额子目套用，请查询第二册《有线通信设备安装工程预算定额（第一章）》；安装调测光纤数字传输设备工程量定额子目套用，请查询《有线通信设备安装工程预算定额（第二章）》。

4.4.4　任务实施

本任务为传输设备工程概预算表格的手工编制。

一、已知条件

（1）本工程为某市至县 MSTP 二平面新建工程，本项目为其中的局站传输设备安装扩容单项工程施工图设计。本工程包含光传输设备及相关配套设备的安装设计。其中局站的通信电源的改造的安装等由建设单位另行立项解决。

（2）本期某市至西路局新建 SDH 系列 STM-64 系统 1 个，系统光纤传输波长为 1550nm。

（3）施工企业距离施工现场 30km。

（4）本工程根据企业要求，计取夜间施工增加费，但不考虑小型工程工日补偿。

（5）勘察设计费按（主设备集采价+运保费+配套设备材料+建安费）×0.045×1.1×0.8 计算。通信建设工程监理费按标准计取。

（6）设备运距、主要材料运距均为 150km，设备及配套材料运保费按 1100 元计取。

（7）本工程 ZXONE 5800 网元接入授权费用 125 元，中级技术培训费 500 元，督导费 450 元。

（8）本项目设备及配套材料价格表，见表 4-2。

表 4-2　　　　　　　　　　　　　　　设备及配套材料价格表

序号	名　称	规格程式	单位	单价（元）
	一、ZXONE/MSTP5800			
1	ZXONE/MSTP5800 欧标后安装子架整件（含背板和风扇）	subblrack(incude MB and FAN)	套	1000.00
2	后固定安装机柜整件（2600×600×300mm，含电源）	2.6m-300mm-B	套	730.00
3	网元控制板（不含 ASON 软件）	NCPA	块	772.00
4	A 型系统接口板	SAIA	块	62.00
5	A 型电源板	PWRA	块	47.00
6	40G 低阶交叉板	LOXA	块	1500.00
7	1 路 SDH 制式 STM-64 光板	S64A	块	2600.00

续表

序号	名　　　称	规 格 程 式	单位	单价（元）
8	8 路 SDH 制式 STM-4/1 光板	S4Ax8	块	2198.00
9	4 路 SDH 制式 GE 透传板	SGEAx4	块	2403.00
10	10G XFP 单模光模块（1550nm,40km,LC）	XFP-10G(S-64.2b,LC)	只	1206.00
11	622M SFP 单模光模（1310nm,15km,LC）	SFP-622M(S-4.1,LC)	只	32.00
12	155M SFP 单模光模（1310nm,15km,LC）	SFP-155M(S-1.1,LC)	只	31.00
13	GE SFP 单模光模块（1310nm,10km,LC）	SFP-GE(1000BASE-LX,LC)	只	99.00
14	机柜保护地线	Rack protection grounding cable	米	5.50
15	必配的工程敷料	Project dressing	套	153.00
16	光衰减器	Optical attenuator	个	36.00
17	ZXONE 5800 随机手册电子光盘	disk(CH)	张	20.00
18	ZXONE 5800 ASON 功能授权费	ASON License	个	73.00
	二、配套设备材料			
19	ODF 架	800*300*2200	架	3000.00
20	中兴 SDH 机架（ZXONE 5800）	600*300*2200	架	2700.00
21	72 芯 ODF 子框		个	150.00
22	适配器	FC 型	个	11.00
23	波纹管	直径 25MM	米	10.00
24	铜鼻子		个	20.00
25	电力电缆	RVVZ25 平方毫米	米	26.00
26	加固角钢夹板组		组	50.00
27	接线端子		个	9.00
28	熔断器/空开	63A	只	100.00
29	外部尾纤 LC（单模）	LC-SM	条	2.00

（9）本工程不计取已完工程及设备保护费、建设用地及综合赔补费、研究试验费、环境影响评价费、劳动安全卫生评价费、工程质量监督费、工程保险费、工程招投标代理费、建设期利息。

二、设计图纸及说明

（1）西路局传输机房设备布置平面图（见图 4-1）。

（2）西路局传输机房设备组架及面板布置图（见图 4-2）。

（3）西路局传输机房通信系统图及布线计划表（见图 4-3）。

（4）西路局传输机房电缆及软光缆布放路由图（见图 4-4）。

（5）西路局传输机房-48V 电源、保护地线布线图及列柜空开分配表（见图 4-5）。

（6）西路局传输机房光纤分配架面板排列及光纤连接表（见图 4-6）。

（7）图纸说明：

① 本次工程在××市及各县中心局间新建 2 个 10Gbit/s 的复用段保护环，用以承载城域网大颗粒业务。其中镇北、网管、长平、天池组成环一，镇北、网管、××西路局、××南街组成环二，采用中兴 ZXONE 5800 设备。本次工程局站通信系统光线路上下话路由华为 SDH 设备、光纤分配架、光缆终端设备等组成。为便于测试和管理调度，本次工程的群路侧光接口直接与光缆终端设备相连，支路侧光接口统一布放至新增的传输侧 72 芯 ODF 子框。

详见××市至县 MSTP 二平面新建工程西路局传输机房通信系统图。

② SDH 传输设备和光纤分配架安装在传输机房第 2 架和第 3 架位置，机房安装有双层走线架，所有设备走线均利用原有槽道采用上走线方式敷设，尾纤穿放在 5m 螺纹软管中，机房平面布置图如图 4-1 所示。

③ 本终端站光终端复用设备的内部组架如图 4-2 所示。

④ 本次工程选用的是中兴 ZXONE 5800 设备，线路侧 10Gbit/s 光接口采用 S-64.2b 型光接口，2.5G Mbit/s 光接口采用 S-16.1 型光接口，支路侧 155Mbit/s 光接口采用 S-1.1 型光接口。为了使光接收机不产生失真以及满足光传输网络中测试的需要，本工程中衰减器按 10 个计取。

⑤ 来自光线路的信号由光纤分配架用软光纤接至光放大 STM-64 光放大器子架接口，在架内接至 STM-64 终端设备子架的线路口。本站终端设备共配置 2 个 10Gbit/s 光接口，8 个 622Mbit/s 光接口，4 个 GE 数据接口，24 个 155 Mbit/s 支路口，终端或转接的 155 Mbit/s 信号由支路口输出后接至 155 Mbit/s 数字分配架。

⑥ 本工程各站需安装的主要设备见表 4-3，配套设备见表 4-4，工程完工后能提供的生产能力见表 4-5。

表 4-3　　　　　　　　　　　　　　主设备配置表

站点	ZXONE 5800（新建）						
	机柜	子架	交叉时钟板	系统控制与通信板	S64A	S4Ax8	SGEAx4
镇北	1	1	2	2	4	4	2
西路局	1	1	2	2	2	4	1

表 4-4　　　　　　　　　　　　　　配套设备统计表

站点	ODF 架					网线	电源线	电源端子（个）
	新增/扩容						25m²	
	机架尺寸	型号	新增 72 芯子框（个）	新增 FC 型适配器（个）	底座（个）			
西路局	800×300×2200	GPX2000 型	1	72	320（高度）		12	2 个 63A 空开（Mutil9）
镇北	800×300×2600	GPX2000 型	5	80		130	10	

表 4-5　　　　　　　　　　　工程完工后可提供 SDH 端口能力表

局点	新建	设备型号	提供生产能力			
	设备（端）		10G 光口（个）	622M 光口（个）	155M 光口（个）	GE（个）
西路局	1	GPX2000 型	2	8	24	4
镇北	1	GPX2000 型	4	8	24	8

（8）局站电源系统。

① 设备供电电源种类。本工程局站 SDH 设备使用直流-48V，网管系统电源为交流 220V。

② 直流供电系统。本工程节点新增机架所使用的-48V 直流电源和工作地线采用电力电缆按列辐射方式，由电力室直流配电屏引接至传输机房分支柜，再由分支柜引接至列头柜，通过列头柜分熔丝按架辐射至各机架。详见各站-48V 电源、保护地线及列柜熔丝分配表。本工程局站新增机架每架引接电源熔丝数量均为 1 主 1 备。

③ 保护地线。本工程新增设备机架需要引接保护地线。中心节点机房采用电力电缆从电力室或机房保护地线排引接至直流电源列头柜的保护地线端子板，再由列头柜保护地线端子引接至各设备机架保护地线端子；非中心节点机房则直接采用电力电缆从机房保护地排或电源箱保护地排引接至新增 SDH 设备机架保护地线端子。

（9）ZXONE 5800 机架告警信号由架顶告警输出端子接至列头柜告警端子，布放告警信号线 10m 1 条，材料由厂家提供。

（10）其他未说明的设备均不考虑。

三、统计工程量

设备安装工程量的统计可以按照图纸中设备的排列顺序，依次进行统计。具体实施时往往采用分类统计法逐一进行统计，以确保统计工作不易漏项。在实际工作中，常根据传输专业与其他专业的分工界面，采用四类统计法逐一开展对设备安装工程量的统计工作。

第一类　电源支撑类。统计的对象主要有：安装电源分支柜（新建/利旧）、电源列头柜（新建/利旧）、列头柜或电源分配柜带电更换空气开关、熔断器等。

第二类　设备安装类。统计的对象主要有：安装电缆槽道、走线架（单层/双层）、安装抗震机座或底座、安装端机机架、安装光分配架（整架/子架）、安装数字分配架（整架/子架）、安装 SDH 设备公共单元盘、SDH 设备接口盘（光口/电口/数据接口）、安装 WDM 波分复用设备等。

第三类　缆线布放类。统计的对象主要有：设备机架间放、绑软光纤（15m 以上/15m 以下）、布放单芯电力电缆（单芯/双芯）、布放列内列间信号线等。

第四类　传输网络测试类。统计的对象主要有：安装配合调测网络管理系统、线路段光端对测（端站）、保护倒换测试、复用设备系统调测（电口）等。

本工程可根据图 4-1 至图 4-6 的图纸说明及工程任务描述，分类统计出本工程所有需要安装的设备工程量。

1. 设备平面布置图

（1）安装中兴 SDH 端机机架（ZXONE 5800）：1 架。

（2）安装光分配架整架（传输侧）：1 架；安装光分配架子架：1 架。

（3）安装抗振机座：1 个。

（4）安装、配合调试网管系统：1 套。

2. 设备组架图及光缆通信系统图

（1）安装终端复用设备。安装测试 SDH 设备基本子架及公共单元盘（2.5bit/s 以上）：1 套。

（2）安装测试复用设备接口盘（TM）。安装测试传输设备接口盘（10Gbit/s）2 个（端口），安装测试传输设备接口盘（622Mbit/s）8 个（端口），安装测试传输设备接口盘（155Mbit/s）24 个（端口），SDH 系统复用设备系统调测（电口）24 个（端口）；安装测试传输设备接口盘（数据接口）4 个（端口）。

（3）安装完成后的测试。

① 数字线路段光端对测（端站）：1 个（方向*系统）。

② 保护倒换测试：1 个（环·系统）。

③ 复用设备系统调测：24 个（端口）。

3. 线料计划表、布放电力线缆

（1）布放软光纤：15m 以下的 72 条；15m 以上的 4 条。

（2）布放电力电缆：$RVVZ25mm^2=24+24+12+12=72m=7.2$ 个（10m 条）。

四、−48V 直流供电系统及保护地线布线图

布放列内、列间信号线：STM-64 终端设备至列头柜布放告警信号线 1 条。

1. 主设备及配套材料用量统计（见表 4-6）

表 4-6　　　　　　　　　　　主设备及配套材料用量统计表

序号	名　称	规　格　程　式	单位	数量
	一、ZXONE/MSTP5800			
1	ZXONE/MSTP5800 欧标后安装子架整件（含背板和风扇）	subblrack(incude MB and FAN)	套	1.0
2	后固定安装机柜整件（2600×600×300mm，含电源）	2.6m-300mm-B	套	1.0
3	网元控制板（不含 ASON 软件）	NCPA	块	2.0
4	A 型系统接口板	SAIA	块	2.0
5	A 型电源板	PWRA	块	2.0
6	40G 低阶交叉板	LOXA	块	2.0
7	1 路 SDH 制式 STM-64 光板	S64A	块	2.0
8	8 路 SDH 制式 STM-4/1 光板	S4A×8	块	4.0
9	4 路 SDH 制式 GE 透传板	SGEA×4	块	1.0
10	10G XFP 单模光模块（1550nm,40km,LC）	XFP-10G(S-64.2b,LC)	只	2.0
11	622M SFP 单模光模（1310nm,15km,LC）	SFP-622M(S-4.1,LC)	只	8.0
12	155M SFP 单模光模（1310nm,15km,LC）	SFP-155M(S-1.1,LC)	只	24.0
13	GE SFP 单模光模块（1310nm,10km,LC）	SFP-GE(1000BASE-LX,LC)	只	4.0
14	机柜保护地线	Rack protection grounding cable	米	1×12=12
15	必配的工程敷料	Project dressing	套	1.0
16	光衰减器	Optical attenuator	个	10.0
17	ZXONE 5800 随机手册电子光盘	disk(CH)	张	1.0
18	ZXONE 5800 ASON 功能授权费	ASON License	个	1.0
	二、配套设备材料			
19	ODF 架	800×300×2200	架	1.0
20	中兴 SDH 机架（ZXONE 5800）	600×300×2200	架	1.0
21	72 芯 ODF 子框		个	1.0
22	适配器	FC 型	个	72.0
23	波纹管	直径 25mm	米	5.0
24	铜鼻子		个	2×3=6
25	电力电缆	$RVVZ25mm^2$	米	12.0
26	加固角钢夹板组		组	1×4=4
27	接线端子		个	14.6
28	熔断器/空开	63A	只	2.0
29	外部尾纤 LC（单模）	LC-SM	条	72+4=76

2. 工程预算表编制结果

传输设备安装工程预算表编制结果见表 4-7～表 4-16。

表 4-7

建设项目名称：××西路局传输设备扩容新建工程

建设单位名称：××市电信分公司

建设项目总预算表

表格编号：GS-01　　　　第 1 页　共 1 页

序号	表格编号	单项工程名称	小型建筑工程费	需要安装的设备费	不需要安装的设备、工器具费	建筑安装工程费	预备费	其他费用	总　价　值			生产准备及开办费
									人民币（元）	其中外币 ()	
I	II	III	IV	V	VI	VII	VIII	IX	X	XI	XII
1	GS-01	××西路局传输设备扩容新建工程		38173.28		18268.96		5218.36	61660.60		
2		工程总计		38173.28		18268.96		5218.36	61660.60		

设计负责人：×××　　　审核：×××　　　编制：×××　　　编制日期：××年 4 月 9 日

表 4-8

建设项目名称：××西路局传输设备扩容新建工程

单项工程名称：××西路局传输设备扩容新建工程

工程预算总表（表一）

建设单位名称：××市电信分公司　　　表格编号：GS-01　　　第 1 页 共 1 页

序号	表格编号	单项工程名称	小型建筑工程费	需要安装的设备费	不需要安装的设备、工器具费	建筑安装工程费	预备费	其他费用	总 价 值		
									人民币（元）		其中外币()
I	II	III	IV	V	VI	VII	VIII	IX	X		XI
1	GS-02	工程费		38173.28		1868.96			56442.24		
2	GS-05	工程建设其他费						5218.36	5218.36		
3		总计		38173.28		1868.96		5218.36	61660.60		

设计负责人：×××　　　审核：×××　　　编制：×××　　　编制日期：××年 4 月 19 日

表4-9

单项工程名称：××西路局传输设备扩容新建工程

建设单位名称：××市电信分公司

建筑安装工程费用预算表（表二）

表格编号：GS-02   第1页 共1页

序号 I	费用名称 II	依据和计算方法 III	合计（元）IV
一	建筑安装工程费	一至四之和	18268.96
(一)	直接工程费	(一)至(二)之和	10827.93
1	直接费	1~4之和	9371.00
(1)	人工费	技工费+普工费	7433.28
(1)	技工费	技工日×48	7433.28
(2)	普工费	普工日×19	
2	材料费	主材费+辅材费	
(1)	主要材料费	主材费	
(2)	辅助材料费	主材费×3%	
3	机械使用费	机械使用费	1937.72
4	仪表使用费	仪表使用费	1456.93
(二)	措施费	1~16之和	
1	环境保护费	人工费×1.2%	89.20
2	文明施工费	人工费×1%	74.33
3	工地器材搬运费	人工费×1.3%	96.63
4	工程干扰费	不计列	
5	工程点交、场地清理费	人工费×3.5%	260.16
6	临时设施费	人工费×6%	446.00
7	工程车辆使用费	人工费×2.6%	193.27
8	夜间施工增加费	人工费×2%	148.67
9	冬雨季施工增加费	人工费×2%×0（不计列）	
10	生产工具用具使用费	人工费×2%	148.67
11	施工用水电蒸汽费	人工费×6%	
12	特殊地区施工增加费	工日×3.2×0（不计列）	
13	已完工程及设备保护费	不计列	
14	运土费	不计列	
15	施工队伍调遣费	2×0×5	
16	大型施工机械调遣费		
二	间接费	(一)至(二)之和	4608.62
(一)	规费		2378.64
1	工程排污费	不计列	
2	社会保障费	人工费×26.81%	1992.86
3	住房公积金	人工费×4.19%	311.45
4、	危险作业意外伤害保险费	人工费×1%	74.33
(二)	企业管理费	人工费×30%	2229.98
三	利润	人工费×30%	2229.98
四	税金	（一+二+三）×3.41%	602.43

设计负责人：××   审核：××   编制：××   编制日期：××年4月19日

表 4-10

单项工程名称：××西路局传输设备扩容新建工程

建筑安装工程量预算表（表三）甲

建设单位名称：××市电信分公司　　　　表格编号：GS-03　　　　第 1 页 共 1 页

序号	定额编号	项目名称	单位	数量	单位定额值		合计值	
					技工	普工	技工	普工
I	II	III	IV	V	VI	VII	VIII	IX
1	TSY1-005	安装端机机架	个	1.000	3.000		3.000	
2	TSY1-037	安装光分配架 整架	架	1.000	3.000		3.000	
3	TSY1-038	安装光分配架 子架	个	1.000	0.300		0.300	
4	TSY1-012	列头柜或电源分配柜带电更换空气开关、熔断器	个	2.000	1.500		3.000	
5	TSY1-072	放、绑软光纤 设备机架之间放、绑 15m 以上	条	4.000	0.700		2.800	
6	TSY1-071	放、绑软光纤 设备机架之间放、绑 15m 以下	条	72.000	0.400		28.800	
7	TSY1-076	布放单芯电力电缆（单芯）35mm² 以下	10m条	7.200	0.250		1.800	
8	TSY2-042	安装、配合调测网络管理系统 新建工程	套	1.000	20.000		20.000	
9	TSY2-006	安装测试 SDH 设备基本子架及公共单元盘 2.5Gbit/s 以上	套	1.000	4.500		4.500	
10	TSY2-047	线路段光端对测 端站	方向.系统	1.000	3.000		3.000	
11	TSY2-009	安装测试传输设备接口盘 10Gbit/s	端口	2.000	3.000		6.000	
12	TSY2-011	安装测试传输设备接口盘 622Mbit/s	端口	8.000	2.000		16.000	
13	TSY2-012	安装测试传输设备接口盘 155Mbit/s 光口	端口	24.000	1.500		36.000	
14	TSY2-016	安装测试传输设备接口盘 数据接口	端口	4.000	0.350		1.400	
15	TSY2-050	保护倒换测试	环、系统	1.000	5.000		5.000	
16	TSY1-085	抗震机座 安装	个	2.000	0.500		1.000	
17	TSY1-070	布放列内、列间信号线	条	1.000	0.060		0.060	
18	TSY2-049	复用设备系统调测 电口	端口	24.000	0.800		19.200	
19		定额工日合计					154.360	

设计负责人：××　　　审核：××　　　编制：××　　　编制日期：××年4月19日

251

表 4-11

单项工程名称：××西路局传输设备扩容新建工程　　　　建筑安装工程仪器仪表使用费预算表（表三）丙　　　　表格编号：GS-05

建设单位名称：××市电信分公司　　　　　　　　　　　　　　　　　　　　　　　　　　　　　　　　　　　　　　　第 1 页 共 2 页

序号	定额编号	项目名称	单位	数量	仪表名称	单位定额值		合计值	
						数量（台班）	单价（元）	数量（台班）	合价（元）
I	II	III	IV	V	VI	VII	VIII	IX	X
1	TSY2-047	线路段光端对测　端站	方向.系统	1.000	光功率计	0.100	62.00	0.100	6.20
2	TSY2-047	线路段光端对测　端站	方向.系统	1.000	数字传输分析仪	0.100	99.00	0.100	9.90
3	TSY2-047	线路段光端对测　端站	方向.系统	1.000	光可变衰耗器	0.100	99.00	0.100	9.90
4	TSY2-009	安装测试传输设备接口盘 10Gbit/s	端口	2.000	光功率计	0.100	62.00	0.200	12.40
5	TSY2-009	安装测试传输设备接口盘 10Gbit/s	端口	2.000	数字宽带示波器（50G）	0.030	1956.00	0.060	117.36
6	TSY2-009	安装测试传输设备接口盘 10Gbit/s	端口	2.000	数字传输分析仪	0.100	99.00	0.200	19.80
7	TSY2-009	安装测试传输设备接口盘 10Gbit/s	端口	2.000	光可变衰耗器	0.030	99.00	0.060	5.94
8	TSY2-011	安装测试传输设备接口盘 622Mbit/s	端口	8.000	数字传输分析仪	0.100	99.00	0.800	79.20
9	TSY2-011	安装测试传输设备接口盘 622Mbit/s	端口	8.000	光功率计	0.030	62.00	0.240	14.88
10	TSY2-011	安装测试传输设备接口盘 622Mbit/s	端口	8.000	光可变衰耗器	0.100	99.00	0.800	79.20
11	TSY2-011	安装测试传输设备接口盘 622Mbit/s	端口	8.000	数字宽带示波器（20G）	0.030	873.00	0.240	209.52
12	TSY2-012	安装测试传输设备接口盘 155Mbit/s 光口	端口	24.000	光功率计	0.100	62.00	2.400	148.80
13	TSY2-012	安装测试传输设备接口盘 155Mbit/s 光口	端口	24.000	数字宽带示波器（20G）	0.030	873.00	0.720	628.56
14	TSY2-012	安装测试传输设备接口盘 155Mbit/s 光口	端口	24.000	数字传输分析仪	0.100	99.00	2.400	237.60
15	TSY2-012	安装测试传输设备接口盘 155Mbit/s 光口	端口	24.000	光可变衰耗器	0.030	99.00	0.720	71.28
16	TSY2-016	安装测试传输设备接口盘 数据接口	端口	4.000	数据业务测试仪	0.050	1193.00	0.200	238.60
17	TSY2-050	保护倒换测试	环.系统	1.000	数字传输分析仪	0.200	99.00	0.200	19.80
18	TSY2-050	保护倒换测试	环.系统	1.000	光可变衰耗器	0.200	99.00	0.200	19.80
19	TSY2-049	复用设备系统调测　电口	端口	24.000	误码测试仪	0.250	66.00	6.000	396.00
20	TSY2-049	复用设备系统调测　电口	端口	24.000	数字传输分析仪	0.010	99.00	0.240	23.76

设计负责人：××　　　审核：××　　　编制：××　　　编制日期：××年 4 月 19 日

表 4-12

单项工程名称：××西路局传输设备扩容新建工程　　　　建筑安装工程仪器仪表使用费预算表（表三）丙　　　　表格编号：GS-05

建设单位名称：××市电信分公司　　　　　　　　　　　　　　　　　　　　　　　　　　　　　　　　　　　　　　　第 2 页 共 2 页

序号	定额编号	项目名称	单位	数量	仪表名称	单位定额值		合计值	
						数量（台班）	单价（元）	数量（台班）	合价（元）
I	II	III	IV	V	VI	VII	VIII	IX	X
21		合计							1937.72

设计负责人：××　　　审核：××　　　编制：××　　　编制日期：××年 4 月 19 日

表 4-13

国内器材预算表（表四）甲

（需安装设备）

单项工程名称：××西路局传输设备扩"容新建工程

建设单位名称：××市电信分公司　　　　表格编号：GS-07　　　　第 1 页 共 3 页

序号 I	名　称 II	规格程式 III	单位 IV	数量 V	单价（元）VI	合计（元）VII	备注 VIII	物资代码 IX
	[光电缆设备费]							
	一、ZXONE/MSTP5800							
1								
2	ZXONE/MSTP5800 欧标后安装子架整件（含背板和风扇）	subblrack(incude MB and FAN)	套	1.000	1000.00	1000.00		
3	后固定安装机柜整件（2600×600×300mm，含电源）	2.6m-300mm-B	套	1.000	730.00	730.00		
4	网元控制板（不含 ASON 软件）	NCPA	块	2.000	772.00	1544.00		
5	A 型系统接口板	SAIA	块	2.000	62.00	124.00		
6	A 型电源板	PWRA	块	2.000	47.00	94.00		
7	40G 低阶交叉板	LOXA	块	2.000	1500.00	3000.00		
8	1 路 SDH 制式 STM-64 光板	S64A	块	2.000	2600.00	5200.00		
9	8 路 SDH 制式 STM-4/1 光板	S4A×8	块	4.000	2198.00	8792.00		
10	4 路 SDH 制式 GE 透传板	SGEA×4	块	1.000	2403.00	2403.00		
11	10G XFP 单模光模块（1550nm,40km,LC）	XFP-10G(S-64.2b,LC)	只	2.000	1206.00	2412.00		
12	622M SFP 单模光模块（1310nm,15km,LC）	SFP-622M(S-4.1,LC)	只	8.000	32.00	256.00		
13	155M SFP 单模光模块（1310nm,15km,LC）	SFP-155M(S-1.1,LC)	只	24.000	31.00	744.00		
14	GE SFP 单模光模块（1310nm,10km,LC）	SFP-GE(1000BASE-LX,LC)	只	4.000	99.00	396.00		
15	机柜保护地线	Rack protection grounding cable	米	12.000	5.50	66.00		
16	必配的工程敷料	Project dressing	套	1.000	153.00	153.00		
17	光衰减器	Optical attenuator	个	10.000	36.00	360.00		
18	ZXONE 5800 随机手册电子光盘	disk(CH)	张	1.000	20.00	20.00		

设计负责人：××　　　审核：××　　　编制：××　　　编制日期：××年 4 月 19 日

表4-14

单项工程名称：××西路局传输设备扩容新建工程
建设单位名称：××市电信分公司

国内器材预算表（表四）甲
（需安装设备）

表格编号：GS-07　　第2页 共3页

序号 I	名　称 II	规格程式 III	单位 IV	数量 V	单价（元）VI	合计（元）VII	备注 VIII	物资代码 IX
19	ZXONE 5800 ASON 功能授权费	ASON License	个	1.000	73.00	73.00		
20	每个 ZXONE 5800 网元接入授权费用		个	1.000	125.00	125.00		
21	中级技术培训		项	1.000	500.00	500.00		
22	督导		项	1.000	450.00	450.00		
23	二、运保费		项	1.000	1100.00	1100.00		
24	三、配套设备材料							
25	ODF 架	800×300×2200	架	1.000	3000.00	3000.00		
26	中兴 SDH 机架（ZXONE 5800）	600×300×2200	架	1.000	2700.00	2700.00		
27	72 芯 ODF 子框		个	1.000	150.00	150.00		
28	适配器	FC 型	个	72.000	11.00	792.00		
29	波纹管	直径 25mm	米	5.000	10.00	50.00		
30	铜鼻子		个	6.000	20.00	120.00		
31	电力电缆	RVVZ25mm^2	米	12.000	26.00	312.00		
32	加固角钢夹板组		组	4.040	50.00	202.00		TXC0348
33	接线端子		个	14.616	9.00	131.54		TXC0372
34	熔断器空开	63A	只	2.000	100.00	200.00		TXC0494
35	外部尾纤 LC（单模）	LC-SM	条	76.000	2.00	152.00		TXC0495
	光缆小计					37351.54		
	光缆运杂费	小计×0.011				410.87		
	光缆运输保险费	小计×0.001				37.35		
	光缆采购及保管费	小计×0.01				373.52		
	光缆采购代理服务费							
	光缆合计					38173.28		

设计负责人：××　　审核：××　　编制：××　　编制日期：××年4月19日

表4-15

单项工程名称：××西路局传输设备扩容新建工程
建设单位名称：××市电信分公司

国内器材预算表（表四）甲
（需安装设备）

表格编号：GS-07　　第3页 共3页

序号 I	名　称 II	规格程式 III	单位 IV	数量 V	单价（元）VI	合计（元）VII	备注 VIII	物资代码 IX
	总计					38173.28		

设计负责人：××　　审核：××　　编制：××　　编制日期：××年4月19日

表 4-16

工程建设其他费预算表（表五）甲

工程名称：××西路局传输设备扩容新建工程

建设单位名称：××市电信分公司　　　　表格编号：GS-12　　　　第 1 页　共 1 页

序号	费用名称	计算依据及方法	金额（元）	备注
I	II	III	IV	V
1	建设用地及综合赔补费			
2	建设单位管理费	1.000×GCFY×0.015	846.63	1.000×工程总概算费用×0.015
3	可行性研究费			
4	研究试验费			
5	勘察设计费		2235.11	
5.1	其中：勘察费			
5.2	其中：设计费	1.000×(38173.28+18268.96)*0.045*1.1*0.8	2235.11	1.000×(38173.28+18268.96)×0.045×1.1×0.8
6	环境影响评价费			
7	劳动安全卫生评价费			
8	建设工程监理费	1.000×165000/5000000×GCFY	1862.59	1.000×165000/5000000×工程总概算费用
9	安全生产费	1.000×AZFY×0.015	274.03	1.000×建筑安装工程费×0.015
10	工程质量监督费			
11	工程定额测定费			
12	引进技术和引进设备其他费			
13	工程保险费			
14	工程招标代理费			
15	专利及专用技术使用费			
	总计		5218.36	
16	生产准备及开办费（运营费）			

设计负责人：××　　　　审核：××　　　　编制：××　　　　编制日期：××年 4 月 19 日

五、传输设备安装工程施工预算编制说明

1．编制依据

（1）本工程定额套用中华人民共和国工业和信息化部《通信建设工程预算定额》与《通信建设工程施工机械、仪表台班费用定额》2008 年版。

（2）取费标准及其他费用均按照工信部规(2008)75 号文发布的《通信建设工程概算、预算编制办法》、《通信建设工程费用定额》执行。

（3）勘查设计费：参照国家计委、建设部《关于发布<工程勘查设计费管理规定》的通知》计价格(2002)10 号规定以及国家发展改革委(2011)534 号关于降低部分建设项目收费标准规范收费行为等有关问题的通知进行计划。

（4）建设工程监理费：参照国家发改委、建设部《关于建设工程监理与相关服务收费管理规定》(2007)670 号文的通知进行计列。

2．造价分析

（1）本工程属设备安装工程，工程共分为：20××年××西路局传输设备扩容新建工程。本单项工程所在地距基地为 30km，由××施工企业施工。

（2）工程总费用：61660.60 元，其中建筑安装工程费：18268.96 元，小型建筑工程费：0.00 元，安装设备费：38173.28 元，其他费用：5218.36 元，预备费：0.00 元。

六、分组讨论

（一）传输设备工程的施工过程须经历哪些工序？

（二）如何统计传输设备工程量才不会出现遗漏？

4.4.5 知识拓展

传输专业与其他专业的分工界面，如图 4-43 所示。

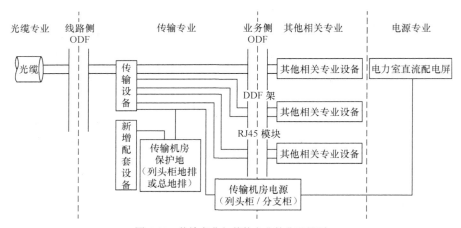

图 4-43 传输专业与其他专业的分工界面

1．与电源专业分工界面

（1）主要有以下几种界面划分，如图 4-44 所示。

① 以列头柜外侧接线端子为界。

② 以电源分支柜分路接线端子为界。

③ 以直流配电屏分路接线端子为界。

④ 以开关电源架分路接线端子为界（基站及小型接入机房）。

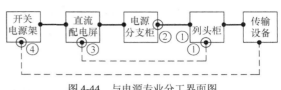

图 4-44　与电源专业分工界面图

（2）不同的工程分界点不一样，设计中必须与电源专业或用户沟通，明确分工界面。常规的分工界面在②、③和④。

（3）传输专业应给电源专业提供近、远期的电源容量需求。

传输专业查勘时必须查勘列头柜、电源分支柜及直流配电屏的总容量和已用电流量，如容量不够应及时向用户提出扩容需求。

2．与线路专业分工界面

（1）以光纤配线架 ODF 的外侧接线端子为界，ODF 设备及安装、ODF 至光端设备的双头尾纤由设备专业负责，ODF 以外的光缆及光缆引入由线路专业负责。

（2）ODF 架中有关光缆加强芯等金属构件的接地，以及光纤与尾纤的热熔接等由线路专业负责。

（3）在特殊情况下，如全部由线路专业完成的工程或用户有要求，可以 ODF 内侧接线端子为界，光缆成端 ODF 架的配置由线路专业负责。

3．与交换专业分工界面（见图 4-45）

（1）一般分工原则：以传输机房数字配线架（DDF）为界，传输专业提供的电路终端到DDF 架，包括 DDF 架安装及架内跳线。以外属交换专业布放。

（2）如交换侧专设 DDF，则传输侧 DDF和交换侧 DDF 之间的布线一般由后实施的专业

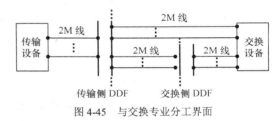

图 4-45　与交换专业分工界面

负责。若两专业同时进行，应由项目总负责人协调落实，并要征求用户意见。如交换需要提供 155M 光通路，则分界点为 ODF，原则同上。

4.4.6　课后作业

（1）完成西路局传输机房设备工程施工图预算编制及预算编制说明。

（2）完成镇北 2 楼传输机房设备工程施工图预算编制及预算编制说明。

学习单元5　传输设备工程概预算软件编制

知识目标

- 掌握预算文件的基本操作。
- 掌握工程项目基本信息的编制。
- 掌握工程量预算表（表三甲、乙、丙）的编制。
- 掌握国内器材表（表四）甲的编制。
- 掌握建筑安装工程费用预算表（表二）的编制。

- 掌握工程建设其他费用预算表（表五）的编制。
- 掌握工程预算总表（表一）的编制。

能力目标

- 能利用软件编制建筑安装工程量预算表表（三）、国内器材预算表（表四）甲。
- 利用软件根据项目特点设置费用参数，正确编制建筑安装工程预算表表（二）。
- 正确编制工程建设其他费用预算表（表五）、工程预算总表（表一）。

4.5.1　任务导入

任务描述：现有某西路局传输设备扩容新建工程，如图 4-1～图 4-6 所示。

（1）拟在某端站传输机房内新增中兴 ZXONE 5800 机架 1 架（架号 2），新增设备需安装抗振底座可靠加固（底座高度：320mm），配置详见××西路站设备组架及面板布置图；新增 ODF 架 1 架（架号 3），架内配置 72 芯 ODF 子框 1 个，新增 ODF 架需安装抗震底座可靠加固（底座高度：320mm）；本次工程业务纤均布放至机房新增 ODF 架（架号 3）。

（2）本次工程至南街局、××网管大楼尾纤布放位置详见××西路局传输机房设备布置平面图设备器材表，具体占用纤芯由局方在施工现场指定。

（3）本次工程新增华为 ZXONE 5800 设备从机房原有电源列头柜 1 架（架号 1）引电，详见该站电源、保护地线布线图及列柜空开分配表；工程施工地点距离施工企业 30km。建设单位要求设计单位在 1 周内完成该工程 CAD 制图及施工图预算编制。

根据任务书的要求完成该工程施工图预算表一至表五的手工编制任务。

4.5.2　任务分析

通过概预算软件工具快速编制架空线路工程概预算，除收集"手工编制概预算"学习单元所要求的相关资料外，还应开展以下技术储备工作。如熟悉软件方法编制概预算的特点、工作流程，熟悉概预算软件各表格模板的使用方法，会结合项目需要，会收集传输设备安装工程需要的技术资料、能够完成所需安装设备的工程用量统计和消耗量计算；会收集需要安装设备的预算价格等信息，会配合使用本专业的人工消耗预算定额、机械消耗预算定额、仪表消耗预算定额以及费用定额等纸质定额工具书等。

4.5.3　知识准备

传输设备工程概预算软件编制的步骤如下。

（1）读懂工程任务书的要求，明确施工图预算编制前的技术储备、传输设备工程预算基础、传输设备工程预算定额、费用定额的使用方法。

（2）整理收集资料熟悉工程图纸，梳理确定预算工序，明确工程量统计方法。

（3）编制工程项目基本信息表，正确选用定额库、工程类型库和材料库。

（4）录入传输设备工程预算定额子目，关联生成人工、机械、仪表工程用量。

（5）关联生成主材计费子目和工程量，删除多计项子目，增加遗漏项子目。

（6）选用价格计算直接工程费（直接工程费=人工费+材料费+机械使用费+仪表使用费）。

（7）正确设置器材平均运距，计取各类主材预算价。

（8）正确设置表一、表二费用可变取费参数，正确计列表五各项费用。

（9）预算套用子目审查和数据复核。

（10）完成软件编制结果报表文件导出。

4.5.4 任务实施

双击桌面上 MOTO2000 概预算软件快捷图标，弹出登录窗口，输入用户名和密码，单击确定按钮即可登录软件系统，登录后的软件页面，如图 4-46 所示。

（一）编制工程信息表，正确选用定额库、工程类型库和材料库

单击左上角"新建工程"按钮，弹出新建工程的"工程信息"录入界面。

根据项目信息表的填写要求和填写方法同本书项目一，如图 4-47 所示。

图 4-46　登录后软件页面

图 4-47　正确编制工程信息表

（二）录入预算定额子目和工程量，生成人工费、机械使用费、仪表费用表三

单击左边导航菜单的"工程量"按钮，可进入到"建筑安装工程量预算表（表三甲）"的编制界面。查询传输设备工程预算定额子目表，直接将预算定额子目表里面的"定额编号"录入到编号列，然后按回车键即可实现定额子目信息的录入，如图 4-48 所示。

在传输设备工程（表三）甲定额子目的录入过程中，对定额子目的挑选查找方法与项目一的"章节查询"或"条件查询"完全相同，输入需要的关键词可以快速实现定额子目的模

糊查询或精确查询，如图 4-49 所示。

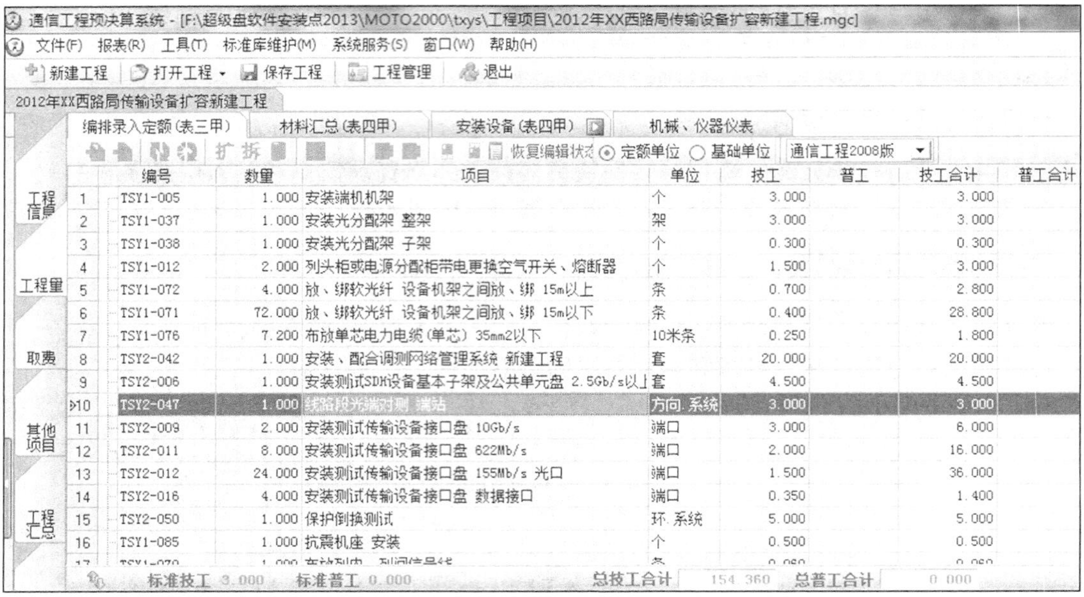

图 4-48 （表三）甲的数据录入

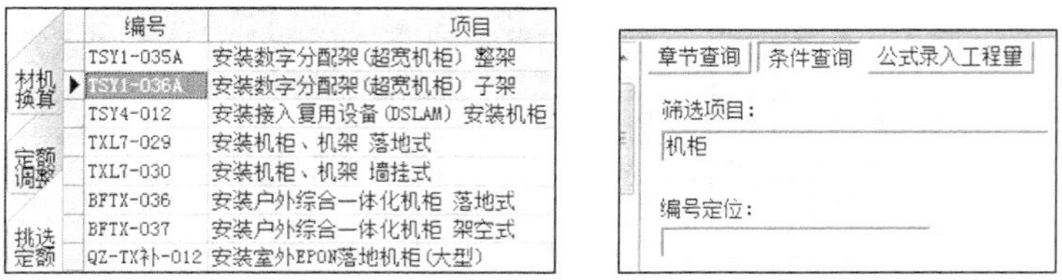

图 4-49 挑选定额及查询

本工程暂不涉及定额子目系数调整。若需要时，其系数调整的方法同项目一。

当在"工程信息"表勾选了"小工日自动调整"选项，则可以直接单击表三甲页面中的"查看结果"红色按钮，查看本工程的小型工日补偿工日情况，操作方法同项目二。

在上述工作都检查无误后，可以单击"机械、仪器仪表按钮"、再单击"机械台班（表三乙）和仪表台班（表三丙）"旁边的红色按钮"查看结果"可以查看对应选择的表格的预算费用情况。如果要退出"查看结果"状态，请单击"恢复编辑状态"按钮即可，如图 4-50 与图 4-51 所示。

图 4-50 关联生成的（表三乙）

若需要对生成的费用子目删除，可以选择对应子目名称右击，在弹出的对话框中选择删除即可。从查看结果可以看到，本工程没有机械使用费用的消耗。

定额编号	项目名称	单位	数量	仪器仪表名称	单位定额值 数量(台班)	单价(元)	合计值 数量(台班)	合价(元)
TSY2-047	线路段光端对测 端站	方向.系统	1.000	光功率计	0.100	62.00	0.100	6.20
				数字传输分析仪	0.100		0.100	
				光可变衰耗器	0.100	99.00	0.100	9.90
TSY2-009	安装测试传输设备接口盘 10Gb/s 端口		2.000	光功率计	0.100	62.00	0.200	12.40
			2.000	数字宽带示波器(50G)	0.030	1956.00	0.060	117.36
			2.000	数字传输分析仪	0.100		0.200	
			2.000	光可变衰耗器	0.030	99.00	0.060	5.94
TSY2-011	安装测试传输设备接口盘 622Mb/s 端口		8.000	数字传输分析仪	0.100		0.800	
			8.000	光可变衰耗器	0.030	99.00	0.240	23.76
			8.000	光功率计	0.100	62.00	0.800	49.60
			8.000	数字宽带示波器(20G)	0.030	873.00	0.240	209.52
TSY2-012	安装测试传输设备接口盘 155Mb/s 端口		24.000	光功率计	0.100	62.00	2.400	148.80
			24.000	数字宽带示波器(20G)	0.030	873.00	0.720	628.56
			24.000	数字传输分析仪	0.100		2.400	
			24.000	光可变衰耗器	0.030	99.00	0.720	71.28
TSY2-016	安装测试传输设备接口盘 数据接口端口		4.000	光业务测试仪	0.050	1193.00	0.200	238.60
TSY2-050	保护倒换测试	环.系统	1.000	数字传输分析仪	0.200		0.200	
			1.000	光可变衰耗器	0.200	99.00	0.200	19.80
TSY2-049	复用设备系统调测 电口 端口		24.000	误码测试仪	0.250	66.00	6.000	396.00
			24.000	数字传输分析仪	0.010		0.240	
				合计				1937.72

图 4-51　关联生成的（表三丙）

（三）关联生成主材计费子目和工程量，删除多计项子目，增加遗漏项子目，生成预算表（表四）

需要指出的是，传输设备工程的预算表（表四）软件自动生成的工程量比线路工程少很多，这是由于设备工程中安装的主设备技术升级换代较快，对应的配套工程材料也随之变化。要完成设备工程的国内器材预算表（表四）编制，则必须要根据项目的实际情况进行手工方式逐项录入每项定额子目的工程消耗量以及设备和材料单价。在录入时注意安装设备及材料的规格型号和计量单位。对同类项的材料子目应合并同类项后一次性录入材料用量。表四甲经逐项核对后，可以设置工程材料的运距或平均运距（本项目为150km），设置方法同项目一架空线路工程软件编制概预算部分。

特别注意：在设备安装工程中，一般将需要安装的设备与配套材料成套按设备费计列，因此应将国内器材预算表（表四）甲（主要材料表）各项"设备及材料"的类型选择为"光缆"类别，以便于计入软件设定的设备表。具体操作方法是：在材料汇总（表四甲）状态下将"光电缆列入设备表"前面的方框"打钩"；然后再单击切换到"安装设备（表四甲）"，单击本表格名称左边的红色按钮"查看结果"，可以查看光缆设备费，如图4-52所示。

代　号	设备名称	规格程式	单位	数量	价格	设备金额
	中兴SDH机架(ZXONE 5800)	600*300*2200	架	1.000	2700.00	2700.00
	72芯ODF子框		个	1.000	150.00	150.00
	适配器	FC型	个	72.000	11.00	792.00
	波纹管	直径25MM	米	5.000	10.00	50.00
	铜鼻子		个	6.000	20.00	120.00
	电力电缆	RVVZ25平方毫米	米	12.000	26.00	312.00
TXC0348	加固角钢夹板组		组	4.040	50.00	202.00
TXC0372	接线端子		个	14.616	9.00	131.54
TXC0494	熔断器/空开	63A	只	2.000	100.00	200.00
TXC0495	外部尾纤LC(单模)	LC-SM	条	76.000	2.00	152.00
						37351.54
	光缆小计					
	光缆运杂费	小计*0.011				410.87
	光缆运输保险费	小计*0.001				37.35
	光缆采购及保管费	小计*0.01				373.52
	光缆采购代理服务费	0				
	光缆合计					38173.28
	总计					38173.28

图 4-52　国内器材预算表（表四）甲（设备表）

（四）正确设置表一、表二费用可变取费参数，正确计列表五各项费用

当表三、表四均完成数据复核后，可以单击界面左边导航菜单"取费"按钮，在弹出的"自动处理计算表达式"（见图 4-53）对话框内设置好夜间施工费、施工现场与企业距离（本工程为 30km）等各项参数后单击"确定"按钮，即可完成对工程取费的设置。

本工程建筑安装工程预算费用的取费计算结果如图 4-54 所示。

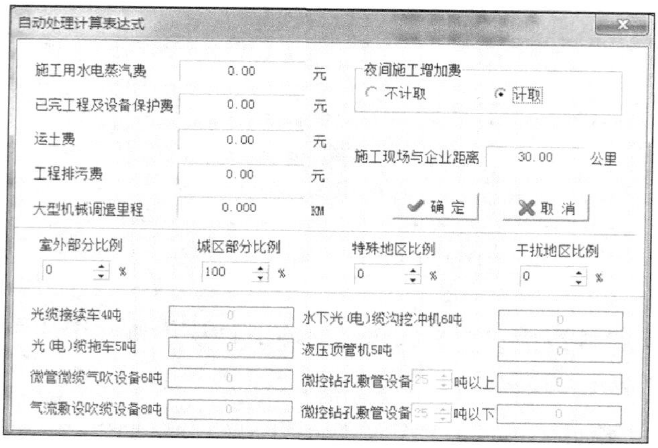

图 4-53　建筑安装预算表相关取费设置

序号	项目	代号	计算式	合计费用	依据
	建筑安装工程费	AZFY	ZJFY+JJ+LR+SJ	18216.45	一至四之和
一	直接费	ZJFY	JB+CS	10799.22	（一）至（二）之和
（一）	直接工程费	JB	A1+A2+A3+A4	9347.00	1-4之和
1、	人工费	A1	A11+A12	7409.28	技工费+普工费
（1）	技工费	A11	JGGR*48	7409.28	技工日X48
（2）	普工费	A12	PGGR*19		普工日X19
2、	材料费	A2	A21+A22		主材费+辅材费
（1）	主要材料费	A21	ZCFY		
（2）	辅助材料费	A22	A21*0.03		主材费X3%
3、	机械使用费	A3	JXFY		机械使用费
4、	仪表使用费	A4	YQFY	1937.72	仪表使用费
（二）	措施费	CS	B1+B2+B3+B4+B5+B6+B7+B8+B9+B10+B11+B12+B13+B14+B15+B1	1452.22	1-16之和
1、	环境保护费	B1	A1*0.012	88.91	人工费X1.2%
2、	文明施工费	B2	A1*0.01	74.09	人工费X1%
3、	工地器材搬运费	B3	A1*0.013	96.32	人工费X1.3%
4、	工程干扰费	B4			
5、	工程点交、场地清理费	B5	A1*0.035	259.32	人工费X3.5%
6、	临时设施费	B6	A1*0.06	444.56	人工费X6%
7、	工程车辆使用费	B7	A1*0.026	192.64	人工费X2.6%
8、	夜间施工增加费	B8	A1*0.02	148.19	人工费X2%
9、	冬雨季施工增加费	B9	A1*0.02*0		人工费X2%X0
10、	生产工具用具使用费	B10	A1*0.02	148.19	人工费X2%
11、	施工用水电蒸汽费	B11			人工费X6%
12、	特殊地区施工增加费	B12	(JGGR+PGGR)*3.2*0		工日X3.2X0
13、	已完工程及设备保护费	B13			按实计列
14、	运土费	B14			按实计列
15、	施工队伍调遣费	B15	2*0*5		2X0X5
16、	大型施工机械调遣费	B16	0		0
二	间接费	JJ	GF+GL	4593.75	（一）至（二）之和
（一）	规费	GF	C1+C2+C3+C4	2370.97	
1、	工程排污费	C1			按实计列
2、	社会保障费	C2	A1*0.2681	1986.43	人工费X26.81%
3、	住房公积金	C3	A1*0.0419	310.45	人工费X4.19%
4、	危险作业意外伤害保险费	C4	A1*0.01	74.09	人工费X1%
（二）	企业管理费	GL	A1*0.3	2222.78	人工费X30%
三	利润	LR	A1*0.3	2222.78	人工费X30%
四	税金	SJ	(ZJFY+JJ+LR)*0.0341	600.70	（一+二+三）X3.41%

图 4-54　建筑安装工程预算表（表二）取费结果

在完成表二取费后，单击左边导航菜单上的"其他项目"，在弹出的"参数生成计算表达式"对话框中进行工程类别、一阶段设计、建设单位管理费、勘察设计费（按合同录入）、工程监理费取定系数（选择按标准计取）等设置后，可以显示工程建设其他费用表（表五）结果，如图4-55所示。

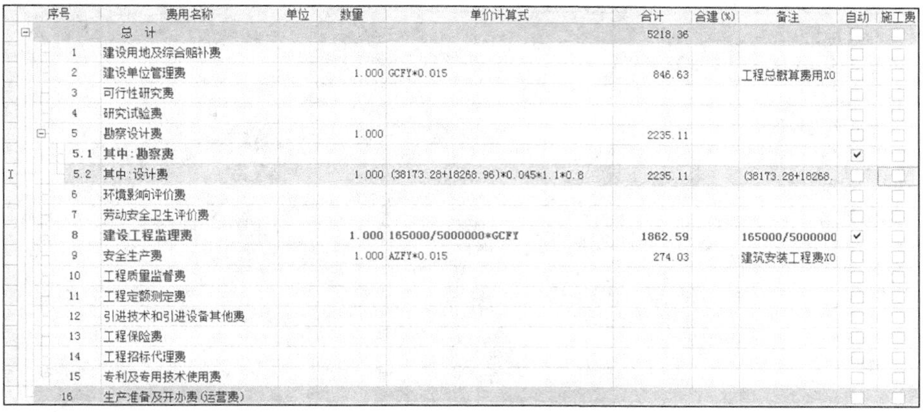

序号	费用名称	单位	数量	单价计算式	合计	合建(%)	备注	自动	施工费
	总　计				5218.36				
1	建设用地及综合赔补费								
2	建设单位管理费		1.000	GCFY*0.015	846.63		工程总概算费用X0		
3	可行性研究费								
4	研究试验费								
5	勘察设计费		1.000		2235.11				
5.1	其中:勘察费							✓	
5.2	其中:设计费		1.000	(38173.28+18268.96)*0.045*1.1*0.8	2235.11		(38173.28+18268.		
6	环境影响评价费								
7	劳动安全卫生评价费								
8	建设工程监理费		1.000	165000/5000000*GCFY	1862.59		165000/5000000	✓	
9	安全生产费		1.000	AZFY*0.015	274.03		建筑安装工程费X0		
10	工程质量监督费								
11	工程定额测定费								
12	引进技术和引进设备其他费								
13	工程保险费								
14	工程招标代理费								
15	专利及专用技术使用费								
16	生产准备及开办费(运营费)								

图4-55　工程建设其他费用表（表五）

（五）预算套用子目审查和数据计算复核

比照施工图纸和统计工程量内容，逐项检查套用定额子目是否有少计、多计、错计、重复计列的现象；同时逐项复核定额子目、定额单位和工程量计算是否有错误；检查表间的数据传递关系是否符合计算要求。

（六）完成软件编制结果生成文件导出

单击界面左边导航菜单"报表"按钮，在切换出的页面中，可以勾选"全选"，选择默认选项，也可以选择需要预览打印和结果输出的选项；然后单击"报表设置"按钮，在弹出的对话框内完成报表相关设置，如图4-56所示；单击"多页面预览"按钮，弹出"通信建设

图4-56　预览打印和输出设置

工程预算书"预览结果显示框,如图 4-57 所示。

在此状态下,再次单击"导出 Word",在弹出的对话框内选择导出报表的保存路径,即可导出预算结果编制文件,如图 4-58 所示。

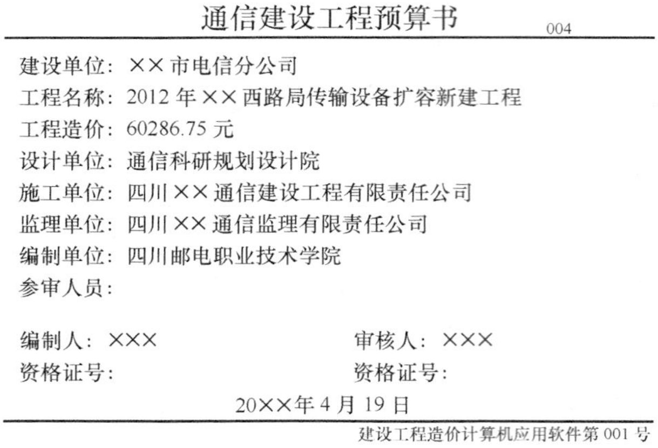

通信建设工程预算书   004

建设单位:××市电信分公司
工程名称:2012 年××西路局传输设备扩容新建工程
工程造价:60286.75 元
设计单位:通信科研规划设计院
施工单位:四川××通信建设工程有限责任公司
监理单位:四川××通信监理有限责任公司
编制单位:四川邮电职业技术学院
参审人员:

编制人:×××　　　　　　审核人:×××
资格证号:　　　　　　　　资格证号:
　　　　　　20××年 4 月 19 日

建设工程造价计算机应用软件第 001 号

图 4-57　预览输出

导出格式文件:　20XX年XX西路局传输设备扩容新建工程-004

图 4-58　导出路径设置

(七)分组讨论

(1)利用预算软件编制传输设备工程施工图预算的操作步骤有哪些?

(2)利用预算软件编制传输设备工程施工图预算需要注意哪些问题?

4.5.5　知识拓展

有关 MOTO2000 通信建设工程概预算 2008 版软件的使用可访问官方网站:http://www.motosoft.com.cn/download.asp。

4.5.6　课后作业

利用概预算软件完成镇北局传输设备安装工程施工图预算编制。